人类向何处去

[英] 奥拉夫·斯特普尔顿 著

姚国树 译

LAST

AND

FIRST

MEN

北京航空航天大学出版社
BEIHANG UNIVERSITY PRESS

图书在版编目（CIP）数据

人类向何处去 /（英）奥拉夫·斯特普尔顿著；姚国树译 . -- 北京：北京航空航天大学出版社，2020.1
ISBN 978-7-5124-3178-2

Ⅰ．①人… Ⅱ．①奥… ②姚… Ⅲ．①未来学—通俗读物 Ⅳ．① G303-49

中国版本图书馆 CIP 数据核字（2019）第 250785 号

人类向何处去

出版统筹：邓永标
责任编辑：曲建文　舒　心
责任印制：刘　斌
出版发行：北京航空航天大学出版社
地　　址：北京市海淀区学院路 37 号（100191）
电　　话：010-82317023（编辑部）　010-82317024（发行部）　010-82316936（邮购部）
网　　址：http://www.buaapress.com.cn
读者信箱：bhxszx@163.com
印　　刷：北京诚信伟业印刷有限公司
开　　本：880mm × 1230mm　1/32
印　　张：10.75
字　　数：256 千字
版　　次：2020 年 1 月第 1 版
印　　次：2020 年 1 月第 1 次印刷
定　　价：65.00 元

如有印刷质量问题，请与本社发行部联系调换
联系电话 :010–82317024

时间标尺 1

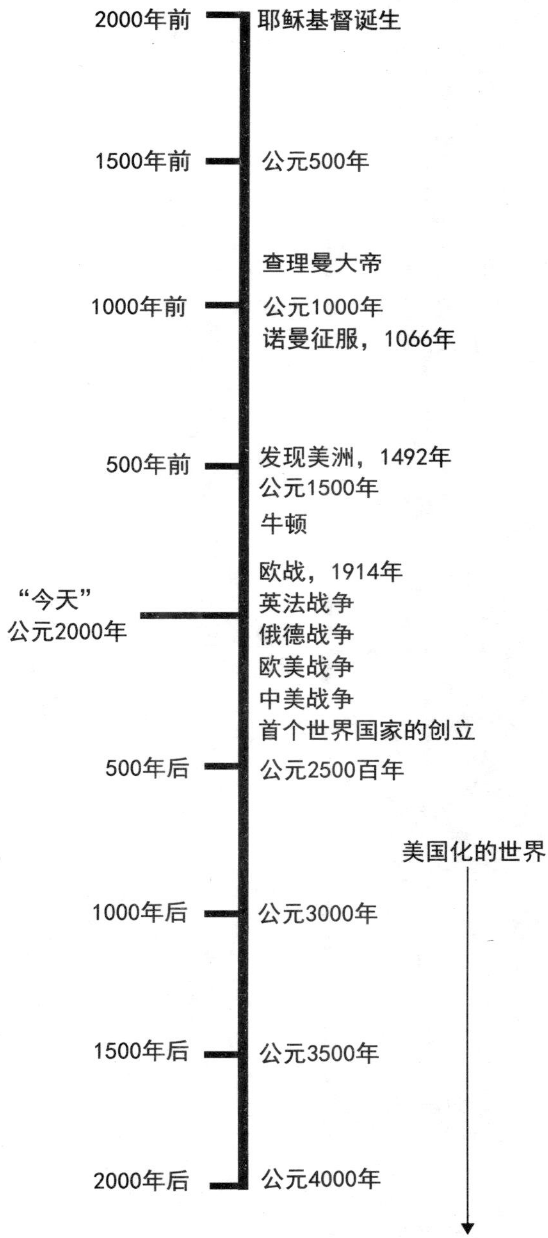
2000年前
耶稣基督诞生
1500年前
公元500年
查理曼大帝
1000年前
公元1000年
诺曼征服，1066年
500年前
发现美洲，1492年
公元1500年
牛顿
欧战，1914年
“今天”
公元2000年
英法战争
俄德战争
欧美战争
中美战争
首个世界国家的创立
500年后
公元2500百年
美国化的世界
1000年后
公元3000年
1500年后
公元3500年
2000年后
公元4000年

时间标尺 2

（单位为标尺 1 的 100 倍，难免有不精确之处，请见谅）

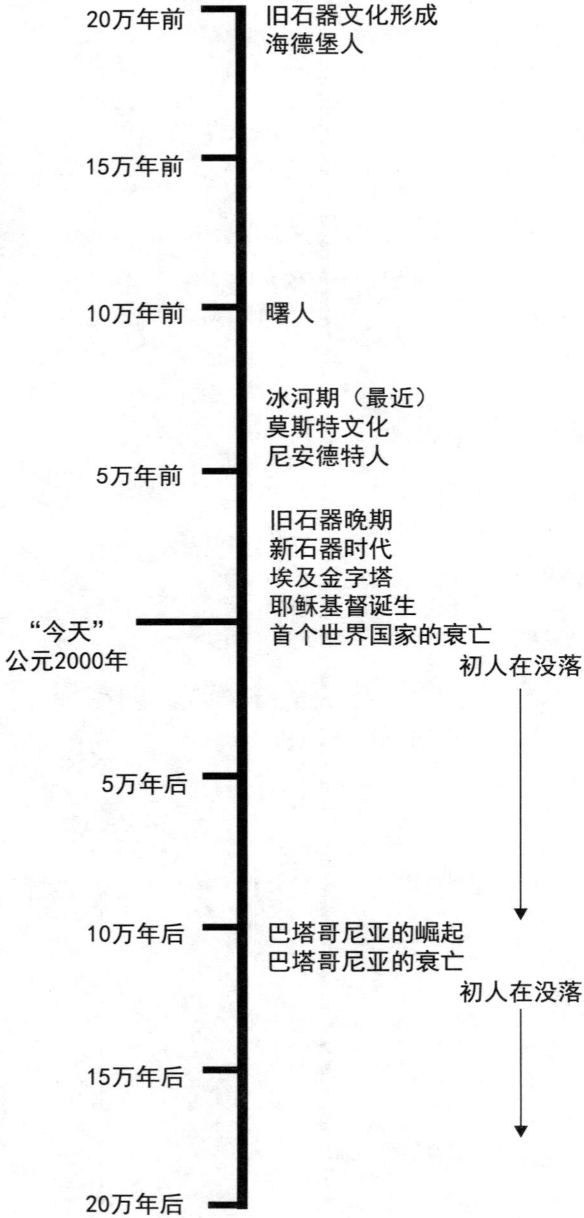

时间标尺 3

（单位为标尺 2 的 100 倍，难免有不精确之处，请见谅）

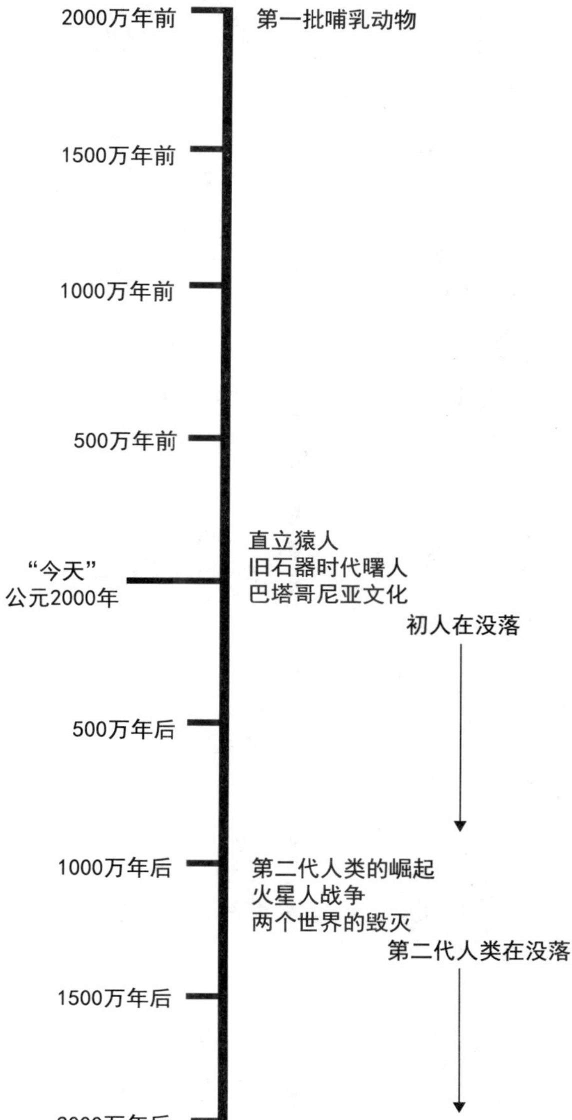

时间标尺 4

（单位为标尺3的100倍，难免有不精确之处，请见谅）

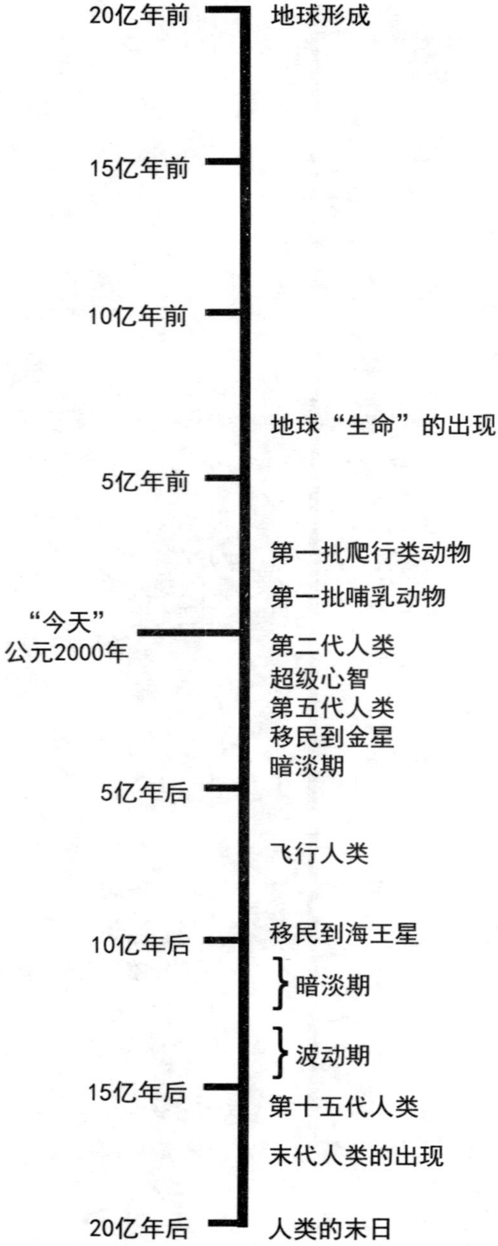

时间标尺 5

（单位为标尺 4 的 100 倍，难免有不精确之处，请见谅）

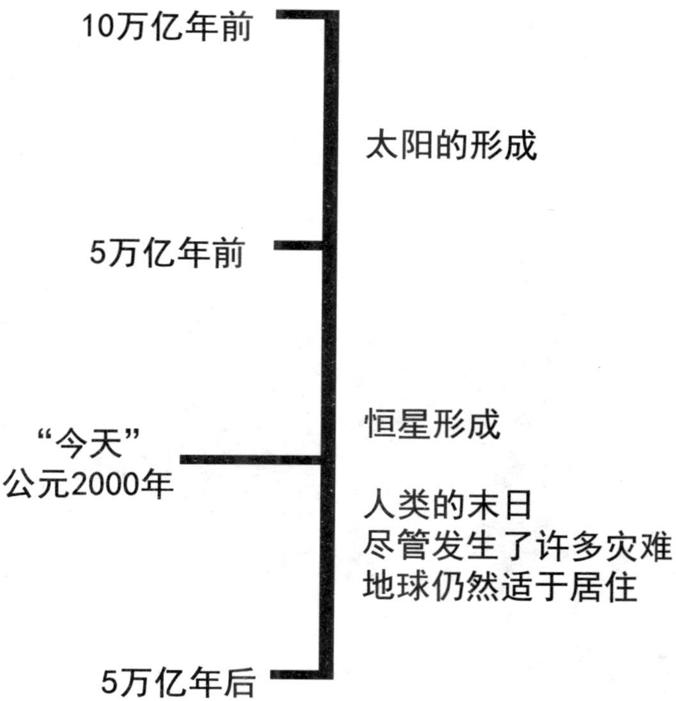

推荐序一

我第一次看到《人类向何处去》这本书是在南罗德西亚[①]，那时我还是个孩子。这件事本身就确实让人觉得很意外，因为多年以后，我来到英国，很久才发现人们对奥拉夫·斯特普尔顿的作品并不感兴趣。但在南罗德西亚一个偏僻的丛林农场，有个孤独古怪的读者对我说："如果你什么书都没读过，那一定要读一读这本书！"这个人在我的记忆中已变得模糊，但他（她）的话语却清晰地印在我的脑海里。

数十亿年的时间和繁星似锦的夜晚景色对我来说并不稀奇，因为它们是我父亲思考问题的天然（虽然不总是舒适）背景。我年轻时，大多数夜晚都会坐在房前的空地上，注视着清爽的天空和密布其间、有亮有暗的星辰，但当今由于光污染的原因，它们已经难得一见了。但是在静谧夜晚的灌木丛中，在鸟鸣兽走的衬托下，好像星辰们都在轻轻碰撞，发出丝丝的耳语声。靠在躺椅上凝视天空一个小时，让星光浸透你的双眼，你就会明显地发现天空远非寂静无声。你还会觉得，只要你一个箭步就会离地而起，但不是跨入那死一般的寂静，也不是那无边的空间，

① 南罗德西亚，是英国在非洲南部的一个殖民地，位于林波波河及南非联邦的北边，即今津巴布韦共和国。——译者注

而是一个洋溢着美妙乐音和婀娜舞姿的宇宙。

斯特普尔顿的想象很可能源于非洲，一时间，我甚至相信他肯定在非洲看过星星。但其实他一直住在威勒尔半岛，濒临迪河和默西河，距离利物浦不远。他在屋顶有一架望远镜，每晚花费大量的时间观测天体。他有历史学和哲学学位，还是成人教育导师（这使我很开心，因为具有独创性和独立性的人才往往会在成年人的社区活动中相遇）。《人类向何处去》（1930）使我有机会与赞赏该书的赫伯特·乔治·威尔斯进行交流。斯特普尔顿的后续作品，特别是《造星主》（1937）为他赢得了更多的崇拜者，包括科幻小说作家阿瑟·C.克拉克、西奥多·斯特金、布赖恩·奥尔迪斯和斯坦尼斯拉夫·莱姆。我觉得他对我的影响也跟他对其他人的影响类似：很难具体说是怎样的影响，但不管是标新立异的文风，还是他自称为富有想象力的普及天文新思想的作家，都让他广受赞誉。另外，考古学的发现无疑也对他产生了影响，因为人类早期起源和发展的整体范围几乎每年都在向前推进。布赖恩·奥尔迪斯断言，本书受到了温伍德·瑞德的《人类殉难记》影响，我认为他的观点是正确的。有些书会随着观念的更新而淡出视线，但在此之前仍然会留下巨大的影响力。

是什么铸就了非凡的奥拉夫·斯特普尔顿？是哪个星球一直将光照耀在他成长的沃土上？有谁知道！谁能说出，究竟是什么让他的思想素材凝聚为如此惊人的作品？他的成长经历很普通，长相也很普通：他在“一战”期间参加“公谊救护会”时留下了一张身着制服的照片，看上去是一位体贴而自尊的绅士。

我读过奥拉夫·斯特普尔顿在战争期间写给未婚妻艾格尼丝的信，

当时她在澳大利亚，而他在前线。我认为现在重读这些信，具体内容倒没什么变化，重要的是我们能从中窥见自己思想的变化，而且不是变得更好：在描述奥拉夫和艾格尼丝的通信时，“庄重”、“忠贞”、“责任”和“纯洁”等老套词汇都可以用得上，但字里行间并没有显示奥拉夫精神世界的博大。这些信件是浪漫的，但斯特普尔顿的宇宙观既无浪漫，更无感伤。在斯特普尔顿的宇宙世界里，不仅有关人类的一切都会因为宇宙整体的利益和以十亿年计的周期循环而消亡，而且“造星主”（它是黑暗的力量和清醒的智能）对天使、对灵魂、对宇宙间的生物都一视同仁。

迄今为止，还从未有过像斯特普尔顿这样的作家。他的作品被贴上了科幻小说、太空小说、纪实文学的标签，但他的写作生涯比这些人为分类的出现都要早。他一定会觉得这种划分极其可笑。他超越了这些风格的界限。读他的作品意味着，你要从短暂的、世俗的心态跃向一个超越当下时空概念的领域，未来人类的领域，一片我们作为一个物种尚未踏入的领域。

我最近一直在重读奥拉夫·斯特普尔顿的作品，并为我能在少年时便得以拜读《人类向何处去》，分享书中的卓越思想而深感荣幸。

多丽丝·莱辛

1988 年 1 月

推荐序二

1930年，一个温文尔雅、崇尚哲学思想的英国人，撰写并出版了一本古怪的书。虽然该书从全新的视角描绘了遥远的未来，但无人将其视为科幻小说。尽管作者凭借其纯粹的强大想象力，在书中展示了成功的创作成果，但毫无疑问，该书不能归类为小说。毕竟小说要有人物、事件、对话和活动，而这本书的情节完全是在庄严且一成不变的背景下展开的，丝毫没有涉及人类真实生活环境中的内容，如休息时饮杯咖啡、日常新闻、办公室里的钩心斗角、市镇美好的夜生活。从该书进行描写的视角来看，只有人类最基础、最广泛的生活才是最重要的。

该书受到当时大文豪的推崇。英国著名作家休·沃波尔评论说："如同太阳系一样具有原初的意义。"同时英国另一位作家阿诺德·本涅特称赞该书作者具有"惊人的、巧妙的想象力"。当时在政坛不顺、以写作为生的温斯顿·丘吉尔也对作者的远见卓识大加赞赏。

这并不是说作者对当代的苦难视而不见。"我已经尽力将书中的故事内容与当今人类发展前景的变化联系在一起，"他在序言中谈道，"在我的想象中，肤浅的崇美主义最终会战胜美国文化中最优秀、最有前途的所有内容。"很明显，他希望将宏大的推断与当代大国政治联系在一起，去发现"人类历史长河中一个早期的转折点"。

有趣的是，这恰恰使该书在开篇显得有些稚拙。奥拉夫·斯特普尔顿对眼前事件的预测可谓大错特错。实际上，他关于美国和德国的所有论断全都毫无根据。他好像对这两个国家心存厌恶，因为德国发动了“一战”；而美国在所有人眼中就是资本主义的化身。他的马克思主义信仰使其认为美国永远不会成为世界上的积极力量。然而讽刺的是，《人类向何处去》完整版是在半个多世纪后，由一家美国出版公司首次出版的；这家公司之前还出版了斯特普尔顿的另一部杰作《造星主》的新版，并取得了巨大成功。

尽管斯特普尔顿可能在某些涉及切身利益的方面犯了错误，但当我们把他放在更广阔背景下去全面分析时，便会发现他确实是个了不起的人。斯特普尔顿曾研究 19 世纪科学界的重大发现——达尔文 – 华莱士进化论，并在展现人类广阔未来的过程中，将之发扬光大。他还预见，作为自然体系中重要因素的“智能”也将发生进化。他认为生态压力已经成为地球演化的不争事实，也是社会发展的动力。他对天文学家近年来创立的恒星演化理论深信不疑，即恒星最后会从早期的气体聚集成团而形成星体，然后变成缓慢燃烧的红巨星和白矮星。斯特普尔顿能够将当代理论提炼加工，然后创造全新的不朽梦幻世界，这正是他的独创性所在。

但是，他的观点不具有我们通常所说的“人文主义”精神。叔本华对存在的玄思和斯宾格勒[①]的“轮回”说贯穿于这部作品中。人类在这个广阔的梦幻世界里不是万物之灵，而是“被丛林之火困住的小鸟”，在

① 叔本华和斯宾格勒都是德国哲学家。——译者注

自然界纷繁复杂的法则驱动下，朝着虽然能够领悟，但从未深信的宿命前行，直到黔驴技穷，直到“末人”倒地。

末人既不是圣洁的，也与上帝无关。“而众星球奏出的乐曲尽管穿越了他的身体，但他丝毫没有听到。”尽管作为科学家的人类能够体察到更宏大、更重要的事物，但其创造的惊天奇迹也是转瞬即逝的。H. G. 威尔斯[①]对“火星人”进行过令人难忘的描述——“身材高大、沉着冷静、孤傲冷漠、才智超群”。斯特普尔顿便是这样的“火星人”中的一员。

布莱恩·阿尔迪斯[②]称该书和《造星主》为“伟大、经典、形而上学般、史诗般的散文诗”。阿尔迪斯的评价准确而高调地概括了斯特普尔顿扣人心弦的写作风格。这两本书牢牢地抓住了小说家阿瑟·C. 克拉克和物理学家弗里曼·戴森[③]等人的想象力。这些知名人物与他们的前辈 H. G. 威尔斯和科学家 J. D. 贝尔纳[④]一道，极力弘扬英国思想家的宏大传统——将自身的事业推向最宏大的视野。英国人的这种处世哲学为我们思考未来提供了完美的思想基础。

本书为美国出版的第一部完整版书籍。随着情节的逐步展开，我们会觉得该书将其集聚的力量慢慢地释放出来，给读者带来花朝月夕的美感和心灵上的震撼。我相信，当人类即将消失的时候，每个人的内心都会受到冲击，都会对困扰着芸芸众生的问题进行思考：“星辰强大无比，人类在它们面前显得那么渺小……但当人类真正要消失的时候，却又

① H. G. 威尔斯，英国著名科幻小说作家。著有作品《时间机器》《星际战争》《隐身人》等。——编者注

② 布莱恩·阿尔迪斯，英国著名科幻小说作家。——译者注

③ 弗里曼·戴森，美籍英裔数学物理学家，普林斯顿高等研究院教授。——译者注

④ J. D. 贝尔纳，爱尔兰科学家，著名 X 射线晶体学家、分子生物学家、科学学创始人。——译者注

显得举足轻重。人类并非一事无成，他是万物赖以生存的永恒世界中一道永恒的亮丽风景。”的确，我们人类是自然的主宰。“人类至少是一首优美的乐曲，他还是一段由气势磅礴的乐曲为其伴奏的勇往直前的主旋律，也是一个为自己呼风唤雨、翻江倒海的大舞台。”

格里高利·本福德[1]

1987年12月15日

① 格里高利·本福德，美国科幻小说作家。——译者注

作者序

这是一部虚构的文学作品。我杜撰了一个似乎有可能，或者说至少不是完全不可能的故事，对人类的未来进行了一番描述；我已经尽力将书中的故事内容与当今人类发展前景的变化联系在一起。

虚构未来似乎是对极美好事物的肆意玄想。然而对有惑于当今时代与潜在未来的人来说，有克制地畅想我们生存的星球是一种有益的尝试。今天我们应当接受，甚至应当去研究各种对人类未来的严肃展望，目的不仅仅是了解我们要面对的纷繁复杂、往往富有悲剧性的事物，而且还要了解一个事实：许多我们最珍视的理想对思维层次更高的人来说是非常幼稚的。所以，虚构未来就是尽力地在人类广阔的宇宙环境中去观察人类，并调整我们的心态，去适应崭新的价值观。

但是若想使对可预见未来的畅想有价值，想象力就必须有章可循。我们必须竭力去保证虚构的内容不要超越文化所限定的范畴，怪诞的幻想毫无价值。但这并不意味着我们要想方设法去预测真实的未来，因为就目前的状况而言，这种预测是徒劳的、无济于事的。我们与历史学家一样，不会去着手预测未来而忽略研究过去，我们只能从众多合理的预测中甄选其一。但我们必须有的放矢。我们从事的活动并非科学研究，而是艺术创作。为此，这些活动对读者产生的影响也应当是艺术性的。

然而，我们的目的不仅仅是创作有品位的、令人称道的作品。我们要将历史与幻想完美地结合起来，写出神话般的故事。一部真正的神话，应该在某个特定的（现存的或逝去的）文化范围内详尽地——通常也是悲剧般地——去刻画该文化中最令人钦佩、赞赏的人物或事物。伪神话可能会严重地逾越文化基质所确立的可信界限，或者所颂扬的对象远远不及该文化的最优秀水平。正如本书不敢妄称预测未来，我同样不敢说它是真正的神话。但是，它确实是一篇关乎神话创作的文字。

我认为，我们憧憬的未来不应该是荒诞的。或者无论如何，对熟悉当代思想准则的现代西方人来说，不应该荒诞到毫无意义的程度。但如果我选择的事物丝毫没有怪诞的味道，那么其表面的可信性反倒会让读者难以接受。对未来，我们几乎可以确信：许多事物将是完全不可思议的。实际上，从一个重要的方面来讲，我的创作内容似乎误入一个无益的失控境地。例如，我幻想一个来自遥远未来的居民与今天的我们通信交往，我还幻想他有控制我们部分思维的能力，本书就是沿着这条主线展开的。然而，书中虚构的故事或许不会与我们的观念完全排斥。当然，我或许可以砍掉这个设定，同时不对主旨造成重大损失。然而，只有通过这样不寻常的、令人费解的设定，我才能够向读者传达一种可能性：时间的本质中蕴含着远超当下认知的东西。实际上，唯有如此，我才能诠释这样一个主张：人类当下的整体思维是迷乱的、犹疑的，而且只是一个初步的尝试。

如果未来的人类凑巧发现了这本书——比如他在收拾先人的遗物——他定会微微一笑，因为许多事情注定要发生，但它们发生的征兆却是无法被发现的。而且，即使在我们这一代，环境也会发生意想不到的巨大变化，让这本书很快就显得过时而可笑，但这无关紧要。今天的我们必须与万事万物尽可能建立起和谐的关系。尽管我们的形象在未来人心目中肯定会显得滑稽可笑，但我们依然会为今天的目标而奋斗。

某些读者或许会觉得本书旨在预测未来，于是毫无根据地认为我的预测过于悲观。但书中的内容并非预言，而是神话，或者说关于神话的文字。我们都希望未来最终会比我描绘的更美好。我们特别希望当代文明朝着理想中美好的乌托邦文明稳步演变。然而，人类文明会衰退甚至灭亡，所有的精神财富不可避免地会最终消失。这种观念很难被人接受。不过，作为一个可能发生的事件，我们还需要去面对。我认为这种灾难，这种人类的灾难，是任何经典的神话都必须承认的。

因此，当我愉快地意识到，在我们这个年代既有希望也有绝望的种子时，出于审美的目的，我在书中设想人类最终消灭了自己。当今社会有人发起真诚地企盼世界和平与团结的运动，诚然，如果明智而且幸运的话，它会取得成功。我们都期盼着它的成功。但是在本书中，我的态度是：它最终会失败。我认为这场运动无法阻止永无休止的列国战乱。在我看来，要想实现广泛的团结与和平，必须先打破人类固有的思维方式。但愿这不会发生！愿国际联盟或其他国际组织会力挽狂澜。但是，请记住这样一种想法：人类的全部规划或许只是一部更加宏大的戏剧中微小的、失败的一幕，结果也可能是悲剧性的。

为数不多的美国读者会感觉到，他们伟大的祖国在故事中扮演着不十分光彩的角色。在我的想象中，肤浅的崇美主义最终会战胜美国文化中最优秀、最有前途的所有内容。希望在现实世界中这不会发生。然而，美国人自己也承认有这种可能性。我希望他们会原谅我如此小题大做，将这种可能性作为人类历史长河中一个早期的转折点。

任何试图构想这部宏大戏剧的梦想，都必须考虑到当代科学对人类天性及其物质环境的看法。我为此请教了科学界的朋友们，充实了我原本浅薄的自然科学知识。特别是与利物浦的 P. G. H. 博斯韦尔、J. 约翰斯顿和 J. 赖斯三位教授的交流，让我受益匪浅。尽管他们也参与了一些构思，但他们不必为书中放纵的、有悖科学的言语负责。

承蒙 L. A. 里德提出了总体意见，E. V. 里乌提出了宝贵的建议。L. C. 马丁教授及马丁太太读了小说的全部原稿并不断地给予我鼓励和建议，在此特表感谢。对我妻子给予的极大理解与强有力的支持不胜感激。

在即将结束这段序言前，我要提请读者注意：本书中的“我”不是作者，而是一个生活在遥远未来的人。

奥拉夫·斯特普尔顿

于西柯比

1930 年 7 月

目 录

CONTENTS

引言　末人的一员

本书有两个作者：一个是当代人，属于书中第一代人类——初人；另一个不妨称为遥远未来时代的居民，也就是“我”，属于书中最后一代人类——末人。构想并撰写本书的人生活在爱因斯坦的时代。然而，我，作为真正启发作者灵感的人，唤起作者活跃思维的人，影响那个原始人构思的人，生活在一个对爱因斯坦来说非常遥远的未来。

动笔的那个人认为，他只不过是在构思一部科幻作品。尽管他设法去讲述一个貌似真实的故事，但他自己既不相信，也不希望别人相信这个故事。然而，这个故事是真实的。一个你们会称之为“未来人”的物种已经控制了这位当代人温顺却无能的大脑，并试图利用你们习以为常的手段，来实现全然陌生的目的。就这样，一个未来的新纪元与你们的时代发生了联系。请耐心地听下去，因为我们是末人，我们热切地期盼与地球上的初人获得联系。我们能够帮助你们，而我们也需要你们的帮助。

你或许不相信我的话。你们对时间的体悟很不完全，因此并不能理解时间，但这并无大碍。对这个事实，你们千万不要感到困惑，因为对你们来说体悟时间是个挑战，而对我们这些未来人来说却是轻而易举。有的人认为未来人的思维和意志会侵入当代人的头脑，这只是一种遐想，可能性很小，困难却很大。请你假装赞同这种设想，并认为下面的纪事是真正来自末人的信息，然后去预测这种观念所带来的结果。否则，我将不能赋予这伟大的历史以生命，而讲述这段历史本来就是我的使命。

当你们的作家虚构未来的时候，很容易将其想象为朝着某种乌托邦社会发展的过程。在乌托邦社会中，所有如你们一样的生物都会幸福地按照某种固定的人类本性去生活。但我不会描绘这天堂般的生活。相反，我会将人类的悲喜大事、环境及迁移变化带来的后果记录下来。在这个年代，至少我的精神世界和哲学思想已经成熟了，所以我一定要告诉读者，人类是如何被意外的危机逼迫着，去实施可厌而绝望的计划。

于是，我邀请你们在幻想出的你我之间的时空里翱翔。我邀请你去观察这段充满变革、忧伤、希望和无妄之灾的历史，这些在银河系的其他地方是无法看到的。但首先要思考宇宙中事物的量级。由于我要讲述的故事必须要进行压缩，所以看上去好像是许多穿插在一起的冒险故事和不幸灾难，其间毫无平静安宁的时段。但实际上，人类的发展不像山间的洪流在岩石间猛烈冲刷，而像缓慢流动的小河，很少被激流斩断。长久停滞而带来的沉寂、单调乏味的生活和辛苦的劳作，只是偶尔会被人类的冒险打断。不仅如此，这些看似短暂的事件实际旷日持久，之所以显得发展迅速，只是为了叙事的方便。

时间和空间的伸缩尺度尽管可以被原始人逐渐理解，但只有生活在更丰富多彩的自然环境中的人才能形象地感受到。巍峨的群山在少不更事的人眼中只不过是一幅平淡的画作，星光璀璨的夜空只不过是灯光点缀的屋顶。面对眼前的风景，我们可以在一个小时的漫步中慢慢欣赏，远方的山峰看起来仿佛是一个又一个平地。时间也是如此。不久的过去和不久的将来都在我们眼前渐次展开，而遥远的未来则被延展成了一个平面。对头脑简单的人来说，很难想象人类的全部历史只不过是星际生命的一瞬间，未来将要发生的事件也是发生在无数漫长时代之后。

在你的一生中，学会了如何测量时间和空间的大小。但是，如果你想按真实的大小去理解我作品中的事物，光会计算还远远不够。你要对时间和空间的巨大程度加以深刻理解，让你的大脑适应起来，能够明确你所处的时间和空间是多么渺小，你所称之为历史的人类文明是多么短暂。你无法像我们一样以十亿为单位进行思考，因为你的感觉器官和感知是“粗粒度的”，根本无法识别整体事态中微小的部分。但你至少可以通过深思，去不断地理解你所进行的计算的意义。

生活在你们那个时代的人回首自己星球的历史时，不仅会感慨时间的短暂，还会对生活日新月异的进步而感到震撼。在地球诞生之初，时间好像是静止的；而进入你们的时代后，时间又好像是飞速前进的。据说，你们本来在认知、学习、洞察力和心智方面就富有天赋，而且每个世纪都会比以往更加快速地进化。确实如此，美欧战争期间，你们中的一员研究出了一种神秘武器。这种神秘武器可以使质子与电子互相湮灭，从而产生巨大的能量。这种神秘武器可以毁灭世界，也可以为人类提供用不完的能源。神秘武器产生的能量，被称为“神秘能量”。“神秘能量”很大程度上影响了你们的生活，如果你们持续进化下去，谁都不知道下一步会怎样。当然，你会认为以后不会有什么不可逾越的障碍。

这种观点是错误的。你低估了横亘在你面前的山麓，所以你永远不会想到在这些山麓上方的天空中，有许多被阴云遮蔽的悬崖和雪原。在你们生活的年代，太阳系内生物的智力水平还在进化，而心理和心灵上的进步比起从前也更加复杂、不牢固和危险。尽管在一些微小的方面，你们取得了全面的进步，但你们身上高级思维模式的潜质尚未发芽生长。

无论如何，我必须帮助你们意识到时间和空间是如此浩瀚，而思维模式又是如此繁多。但关于这点，我只能给你们提示，因为彻底的理解需要超越你们的幻想。

生活在你们那个年代的历史学家，他们所需要把握的不过是历史长河的一个瞬间。但是，我要向你们展示的历史不是以百年为单位的，而是以千万年为单位的。诚然，我们无法从容不迫地走过这么长的时间，因为地球的一百万年只不过相当于你们的一年罢了。我们必须飞越，我们要像你们乘坐飞机那样前行，观察陆地上宽广的地貌。飞机驾驶员能看到的下面的居民是渺小的，然而就是这些人创造了历史，所以我们必须时不时地下降高度，放慢飞行，有时还会掠过屋顶，甚至在某些重要的地点还要降落地面，与这些居民面对面交谈。乘飞机时，首先是缓慢地攀升，视野里都是地面上穿梭不息的人群，逐渐才会变成浩瀚无垠的天空。所以，我们首先必须要对你们短暂的时代进行近距离的观察，包括你们的原始文明的兴衰。

第一章| 初人的衰亡

1. 第一黑暗时代

我们已经进入人类历史上的另一个阶段，它距离牛顿生活的年代不到五千年。在本章，我们讲述的跨度约为十一万五千年，下一章是随后的一千万年。那时第一世界国早已灭亡，相当于类人猿出现到你们现在。在第一世界国衰亡后一百万年中的前十分之一，即十万年时间里，人类彻底陷入没落。这段时期我们称之为第一黑暗时代，在这一时期结束前，人类又开始了新的奋斗，从蛮荒走向暴力，进而发展出新的文明。这段复兴期相对较短，从开端至结束仅仅持续了一万五千年。在其最终的衰亡阶段，整个地球遭到严重的破坏，人类的思想随后又陷入长达一千多万年的沉睡状态，这就是第二黑暗时代。这就是我们在这一章和下一章里要观察和研究的时间跨度。

人们或许以为第一世界国衰亡后，恢复工作只要几代人的光景便可完成。实际上，堕落要彻底得多，漫长得多，令历史学家们迷惑不解。危机发生之前和之后的一小段时间里，人类本性并无重大变化。但他们当初轻松地维持着世界文明，现在却无法在废墟上建立新秩序。人类的遗产尚未复苏便迅速衰落，直至陷入凄惨的荒凉状态。

导致这一结果的因素有许多，有的相对表面和短暂，有的则深厚和持久。命运似乎在利用许多手段主导着事件，让它们朝着预定的结果发展。不过，尽管这些手段不可抗拒地有着相同的意义，但任何一个力量都不够强。世界国家真正发生危机的时刻，造成人类无助的直接原因当然是疯病蔓延和普遍智力退化，这是细菌的作用。由于短暂的“癫痫”状态，人类在危机最猖獗的初期无力阻止衰退。流行病过后，即使文明已经被摧毁，人类本来可以制订更温和的计划，齐心协力，重新建设，但初人中只有少数人能做到真心奉献，大多数人天生热衷于个人追求。在这段黑暗时期，理想的破灭和身心的疲惫影响太大，以至意识健全的人都缺乏决心去应对。似乎不仅人类的社会结构，连宇宙自身的结构都已经崩溃。人类唯一的反应就是消极的绝望。四千年乏味的生活剥夺了人类的韧性。期待人类重新团结起来是毫无道理的，就如指望洞穴被洪水冲垮的蚂蚁拥有水甲虫的本领一样。

但初人之所以一蹶不振，还有更深层、更持久的因素。一个微妙的生理变化逐渐削弱了人类的身心健康，有人或许会称之为“物种的普遍性衰老”。每个人体内的化学平衡正在变得不稳定，这样人类独特的青春长驻的天资正逐渐消失。人体内的组织无法补偿生命的损耗，衰老似乎比以往来得更快了。这个灾难并非不可避免，但它是人类特有的影响力导致的，并被人为因素所加重。这是由于成千上万年以来，人类一直生活在非自然环境中，承受着巨大的压力，最后也没有找到改善的办法。

设想一下，第一世界国衰亡后，几代人迅速从黄昏滑落到黑夜。生活在这几个世纪的人们时刻能意识到世界处在普遍衰退的状态中，人类的强盛已成为过往。现在的人口几乎全都是旧秩序下的农民，而且由于农业一直被认为是发展缓慢和低下的职业，只适合迟钝的人，所以地球真成了乡巴佬的世界。这些人由于没有能源、机械、化肥，无法独立生存。实际上，他们中只有百分之十的人在后来的灾难中幸存下来。这一代人觉得文明只是个传说，他们每天的生活就是不停地耕耘，共同抗击强盗。妇女又沦落为性和家庭的奴隶。家庭或部族成了最大的社会单位。无休止的争吵和积怨在山谷间、在耕种者和强盗间爆发。小军阀快速得势，但很快又会衰败，从来没有幅员辽阔的统一政权。由于财富剩余不足，社会供养不起政府和正规军等吞金巨兽。

我们可以说，这一千年时间里没有发生明显的变革，人类只是在悲惨乏味地继续缓慢前行。这些近代的原始人被这个陈腐星球上的生活所束缚。不仅煤炭和原油已经枯竭，而且几乎没有任何种类的矿产资源等待人类用其软弱无力的工具和智慧去开采。特别是稀有金属，早已从地壳可开采的深度消失，这些材料是发达物质文明从事多种活动所必需的原料。耕种再次受到铁资源缺乏的限制，因为没有机械化开采设备，所以无法开采铁。人类又一次被迫使用石制工具，与他们的第一代祖先如出一辙。但是他们缺乏古人的技能和毅力，现在的工具不是旧石器时代精巧的石片，也不是新石器时代光滑对称的石制工具，而是将鹅卵石打碎，然后在天然石头上磨光了事。几乎所有的石器上，他们都刻上了万字或十字符号，这些符号是初人自始至终在使用的宗教符号，只是现在获得了新的意义。有的符号是以前一架俯冲坠毁飞机的编号，但后来被反叛者用来象征原动力神和国家的没落。但是，后代人重新将它解释为某个神圣祖先的手势，是人类发展全盛时期的纪念品，因为自此以后，他们注定要永远地衰落下去，直到神灵出手干预为止。我们几乎可以说，初人在不断使用这些符号的过程中，不知不觉地体现出了自身的双重性和自我挫败性。

“不可抗拒的衰败”的观念困扰着此时的人类，导致世界国家没落的那代人用过往的愉悦生活和奇迹般的成就压制着晚辈，还不断地灌输一种思想：年轻一代缺乏智慧，无力重建纷繁复杂的世界。随着现实生活环境的日益恶化，过去辉煌的传奇越发传奇。科学知识早就荡然无存，只保留下少量适于原始生活的实用知识。一小部分的旧时文化在遍布全球的混乱民间传说中确实被保存下来，但已经被严重扭曲，面目全非。所以当时有一个广为流传的观点：世界始于一团火，生命从火中逐渐形成。（在传说中）类人猿出现后，进化便停止了，直到圣灵下凡创造出雌性类人猿，这才造就出人类，然后才出现了神圣先祖的黄金时代。但不幸的是，不久人面兽心的人战胜了神，所以前行的步伐停滞了下来，转而进入长期的衰退。衰退无法阻拦，直到神灵降临与女人们同居，再次为人类带来生命之火。在第一黑暗时代里，这种神灵第二次降临的观念四处流传，稍微宽慰了人类对自身退化的模糊认识所带来的痛苦。

直到第一黑暗时代结束的时候，以往人们居住的高楼废墟依然是各地突出的特征，给人留下一种古老建筑依旧胜过当今原始茅舍的印象，因为人们生活在这些废墟下面，如同弱小的孙子们在高大伟岸的祖辈周围玩耍。以往的建筑质量非常优秀，材料都非常耐用，所以过了十万年的光景，建筑废墟的卓越依稀可辨。就绝大部分而言，它们现在当然与杂草和灌木丛生的碎片堆毫无差别，但大多数建筑的墙壁依然保存下了一部分。在有些地方，遗迹依然从充满瓦砾的地基上拔地而起，高度大约还有三四十米，甚至窗户都还在。有关这些废墟的荒诞传奇一时间流传开来，有的说那是过去的人们为自己建造的飞行宫殿。在这（对原始人来说非常漫长的）一千年时间里，人类一直和睦地生活在一起，敬重神灵，但最后他们被自己的荣耀冲昏头脑，开始趾高气扬，还说要飞到太阳、月亮和其他星星上去，把神灵从他们的美丽家园中驱逐出去。但是神灵们煽动人类发生争执，最终他们在高高的天空中互相争斗。快速飞行的宫殿坠毁在地球上，散落的碎片成了铭记人类愚行的永久纪念碑。另一个传说是，人类过去是有翅膀的，能自己飞行。他们生活在鸽房似的砖石建筑里，高耸于星星之上的屋顶激怒了神灵，随即将他们毁灭。无论如何，有关曾经强大的飞行王国如何衰亡的话题一直愚弄着这些懦弱的人们。他们固守原始的耕种狩猎生活，勉力对抗卷土重来的食肉动物，时时害怕创新会冒犯神灵。

2. 巴塔哥尼亚的崛起

几个世纪过去了，人类不可避免地分化成许多种族，分布在不同的地理区域。每个种族由大批的部落构成，每个部落几乎都对其近邻不了解。几千年后，这庞大的血统和文化多样性为新的生物渗透和复苏提供了可能。最终，随着许多种族之间的通婚，一个新种族脱颖而出，恢复了以往人类的尊严。先进和落后地区之间，“原始”与文明之间的真正差异又一次显现出来。

这种复兴始于南半球，复杂的气候变化使南美洲南部成为孕育文明的天然摇篮。另外，由于地壳向巴塔哥尼亚东部和南部大面积、高强度的扭曲，曾经相对较浅的海洋变成大片新的陆地，包括以前的马尔维纳斯群岛和南乔治亚岛，将美洲和南极洲连在一起，并继续向东和东北延伸，直至大西洋腹地。

另外，南美的种族环境状况碰巧比其他地方更理想。第一世界国衰亡后，该地区的欧洲因素大大衰退，以往的印第安秘鲁血统开始占优势。数千年前，这个种族已经创建了自身的原始文明。该文明惨遭西班牙人的破坏，但似乎是一件可怕但无足轻重的事情，人们在占领者的面前保持了令人惊讶的冷漠心态。尽管两个种族已经融合为紧密相连的整体，但在这片陆地的远端，人们依然保持着一种与主流美洲文化格格不入的生活方式。它表面上看是美国化了，但实际上基本保持着印第安特色，这对世界其他地区的人们来说是难以理解的。经历了昔日的文明，这种精神已经像冬日的种子一样潜伏着，蓄势待发，随着蒙昧卷土重来，这粒种子开始发芽，并静悄悄地向其他方向生长。这古老的原始文化与古老的世界主义文明留下的众多其他种族因素之间相互作用，使得人们的社会生活重新开始。于是在某种意义上，印加人最终战胜了自己的征服者。

于是，许多不同的因素交织在南美洲，结束了第一黑暗时代，特别是在巴塔哥尼亚新开垦的平原上。人类智慧的伟大旋律是从复制其以前的辉煌开始，但人们的内心充满了忧郁，因为严重的身体和心理问题阻碍了巴塔哥尼亚人前进的步伐。青春期尚未度过时，他们就进入衰老。在爱因斯坦时代，人的青春大约有二十五年，在世界国家时代被人为地延长了一倍。文明衰亡后，个体生命天然的短暂性再也不会被人为遮蔽了。在第一黑暗时代末期，十五岁的男孩已经开始步入中年。在它最辉煌的时代，巴塔哥尼亚文明为人类的生活提供了很大程度上的安逸和保障，使人的寿命能达到七十甚至八十岁，但敏感、灵活的青春时期最多只能保持十五年。所以，真正的年轻人在心理年龄步入中年以前，就不能对文化做出任何贡献了。十五岁时，他们的骨骼就已经开始脆弱，头发开始变白，脸上长满皱纹。他们的关节和肌肉开始僵硬，大脑反应迟钝，无法适应新情况，生活热情开始慢慢消失。

在如此状况下，人类竟然还能建立起文明，后代人在学习先辈之余竟然还能创新，这实在是奇哉怪也。而实际上，进步虽说不上迅速，却相当稳定。他们虽然缺乏年轻人的活力，但也逃避了年轻人追求的狂热时尚和娱乐消遣，从而保存了自身的精力。此时的初人已经摆脱了放荡不羁。尽管他们在年轻时会去冒险，让自己遍体鳞伤，但仍然具备清醒专注的优势。尽管疲倦和对放纵的担忧注定让他们达不到前辈的最高成就，但也避免了产生早期文明发展到辉煌时期但尚未衰退时的症状，即无意义的叛逆和心理冲突。另外，由于巴塔哥尼亚人的部分动物本性被抑制，所以他们更能够客观公正地去认知世界，更倾向于知性主义。在他们内心，理性行为很少被激情所颠覆，但也更容易由于懒惰或懦弱而遭遇失败。虽然他们惯于超脱，但只能避免精力的虚耗，而做不到摆脱生活牢笼，跃入更广阔的世界。

巴塔哥尼亚人的思维特质源于较弱的性冲动。许多鲜为人知的因素缓和了性欲过度。在过多性行为方面，初人与所有其他动物都不同，甚至包括性欲旺盛的类人猿。当然，这些因素并非千篇一律，但它们交织在一起的作用却是，人类步入老年时剩余的能量普遍减少。在黑暗时代，为了生存而奋斗的严峻现实迫使人类将性欲抛到了无关紧要的地位，然而这纯粹源自动物的本能。交媾成了偶尔渴望的奢求，自卫本能又一次成为急迫的长久需要。最终，当生活好起来时，性欲依然缺乏，原因是种族“衰老”。于是，巴塔哥尼亚文化与初人的早期文明都有着不同的气质。在此之前，人类的激情和幻想，至少有一半来自想要打破性禁忌与社会禁忌的冲动。一个成功种族的过剩能量由于被环境限制，而被迫投入性活动的河流之中，但被社会风俗的堤坝所抑制，最终河道被加宽让众人顺流而下。尽管有时河水如脱缰野马挣脱出河道，泛起一些垃圾，但总体来说，它是积极的。蓄势待发的河水随时都想朝各个方向溢出，开出自己的河道，如同旁逸斜出的树桩一样。这就是早期人类生活中的充实性、多样性、叛逆性，以及隐秘的激情与渴望。但在巴塔哥尼亚人身上却缺乏这些丰富多彩的内容。他们薄弱的性欲本身并非是弱点，真正应该注意的是，流入性欲河道里的能量泉水是否在之前就已经枯竭。

让我们设想一小群充满好奇心但头脑冷静的人在古布兰卡港东部立足下来，经过若干世纪，他们推移到平原和山谷地区。随后他们又来到曾经的南乔治亚岛高地，向北向西扩展到了巴西高原，并越过了安第斯山。巴塔哥尼亚人比邻居们更加高瞻远瞩，更加充满活力，更加目光敏锐，别人不是他们的对手。他们随遇而安、息事宁人的本性使他们的文化进步没有被军国主义和萧墙之祸拖延。与他们北半球的先人一样，他们历经了分裂和统一，衰退和复兴。但是总体来说，他们的建设事业比过去更加平稳，只是不那么煊赫。早期的人类在不到一千年的时间里便从蒙昧跨入文明，但衰亡也同样迅速。巴塔哥尼亚人则徐图缓进，用了十倍的时间才从部落文化发展到城市文明。

最终，他们形成了一个组织良好的庞大自治省共同体，政治和文化中心设在原马尔维纳斯群岛东北部新建的海边城市，欠发达的外围地带包括巴西和秘鲁的大部分地区。巴塔哥尼亚人生活的各个地区之间很少有激烈的冲突，这部分得益于人们天生的温和性情，部分得益于组织天赋。这些特性在世界大同主义的强大传统影响下得以加强。世界国家成立之前，人类挣扎在分裂的痛苦中，这个传统就是因此而生，并深深地印在人们的心中。作为神话中的要素，它甚至存续到了黑暗时代。它有着强大的力量，甚至当巴塔哥尼亚人乘船来到遥远的非洲和澳洲建立殖民地时，他们在内心里依然与母国连为一体。哪怕是来自南极洲海岸地区——这里是新浮出水面的陆地，气候温和——的北欧式文化掩盖了旧文明中心的光芒，人类的政治和谐也没有受到威胁。

3. 青春崇拜

巴塔哥尼亚人经历了早期人类经受的所有心理发展期，但方式却与众不同。他们有自己的原始部落宗教，它源于过去的黑暗历史，建立在敬畏自然力量的基础上。他们是一神论者，并将人格化的“力量”视为邪恶的“造物主”。他们最崇拜的英雄是一位半神，他废除了古老的可怕宗教。他们也经历过虔诚的仪式活动，经历过理性主义，也曾经对自然事物充满好奇心。

对希望了解他们特殊心态的历史学家来说，最有意义的内容是半神传说，这与第一代人类的早期文化主题相似，但又有差异，十分令人好奇。人们认为半神青春永驻，并被不可思议地视为所有人的儿子。人们并非把他视为自己孩子的“哥哥”，而是把他当作自己“最受宠爱的孩子”，而且在他身上确实体现出了年轻人的朝气蓬勃。当时的人类认为这些特质正从他们身上消失。尽管这些人性欲不强，但为人父母的意识却非同寻常地强烈。然而，对“最受宠爱的儿子”的崇拜并没有仅仅停留在为人父母这个层面，它也折射出了人们对自己逝去青春的向往和衰老带给人们的模糊意义。

人们相信这位先知的青春期有一百年之久，是“拒绝长大的男孩”。据说，他之所以能有这样的活力，是因为汇聚了人类微弱的活力，并浓缩了上百万倍。他曾经是，而且永远会是所有父母激情的结晶，因此被认为具有非同寻常的神性。首先他是人子，其次才是神。这种宗教思想认为神不是原初的造物主，而是人类事工[①]的成果。神就是纯粹的力量，无意中成为比自己高贵的人的父亲。值得人类崇拜的神是人类长期劳动的成果，是人类为实现其最终目标而永远追求的希望。然而，尽管这种崇拜是基于对年轻心态的向往，但人们也会因此感受到恐惧，有时甚至是现实的威胁。这种现实就是：青春永驻的未来永远也不会到来，人类注定要衰老死去，精神永远无法战胜终将腐朽的肌体，人类最终会黯然失色直至消失。据说只有将神圣男孩的教义刻骨铭心，人才有希望逃脱这厄运。

传说就是这样。现在该研究现实情况了。“最受宠爱的儿子”的传说是以真人为基础的，他也确实不同凡响。他出生在安第斯山南部，父

① 事工，是指基督教会的成员执行教会所指派的工作。参与事工，以基督徒的生命去帮助别人，是《圣经》之中所记载的使命之一。——编者注

母都是牧羊人。他首次被人熟知是由于领导了一场浪漫的“青年运动”，他传奇一生中的这段经历赢得了众多追随者。他激励年轻人为老一代人树立榜样；不惧怕传统，按自己的方式生活；享受生活，努力工作；总之要做集体中忠诚的伙伴。最重要的是，他宣扬“在思想上保持年轻”的教义。他说，任何人只要真诚地希望不要变老，只要心灵不入睡，只要他的心扉向所有使人年轻的事物敞开，向所有衰老的气息关闭，那他就不会变老。他说，发自内心的精神快乐才是返老还童的灵丹妙药，那将重塑爱和被爱的人。只要巴塔哥尼亚人互相欣赏彼此的美貌，不怀任何嫉妒之心，他们这个种族就会焕发青春。他有一支日益壮大的青年团，使命就是让人类彻底恢复青春。

这个有吸引力的信条似乎奇迹般地得到传播。年轻倡导者的身体特征在巴塔哥尼亚人中是独一无二的。当他的许多同辈人显现出衰老迹象时，他的身体依然年轻。另外他还保持了旺盛的性活力，这对巴塔哥尼亚人来说简直是奇迹。由于没有性禁忌，所以他尽情地做爱，在每个村庄都有情人，后代成百上千。在这方面，他的追随者们想努力达到他的水平，但只取得了很小的成功。但是这个倡导新思想的男孩不只是在身体上保持了年轻，在思维上也是一样。尽管他超出常人的性欲令同辈们感到吃惊，但对他来说这只是多余能量的适度释放。他这样做并没有使自己筋疲力尽，相反能够振作精神。然而，这种活力正被更有节制的劳动生活和冥思苦想替代。就是在这个时期，他开始在心态上与同伴们产生差异。大多数二十五岁巴塔哥尼亚人的头脑会陷入一潭死水，而他仍然在不断地创造着新思想，探索着未知世界。到了四十岁的时候，他的身体状况与青年别无二致，这时候才将深思熟虑的思想传播开去。他深刻的生存观无法被巴塔哥尼亚人理解。尽管一定程度上，他的思想是巴塔哥尼亚文化自己的表达，它所表现出来的活力却是几乎无人可以达到的。

事情终于发展到了极点：在文明首都的最高神庙仪式上，当人们匍匐在丑陋的造物主雕像前时，这位青春常驻的新思想倡导者大步走到圣坛前。他先看了看礼拜的众人，然后把目光转移到那雕像上，突然发出一阵洪亮的笑声。他用力拍击那雕像，然后喊道："丑陋的家伙，我向你致敬！但并非因为你是无所不能的神，而是因为你是最了不起的小丑。你的脸无比丑陋，但人们却还因此而敬重你！你内心空虚，却让人们敬畏你！"人群立即骚动起来。但是，这位年轻的破坏旧习者身上有着神性的光辉，再加上出人意表的自信仪态，还有身为"奇迹男孩"的声望。于是当他转向众人时，大家立即安静下来，耐心地听着他的训斥。

"一群傻子！"他喊道，"一群未老先衰的婴儿！如果神真的喜欢你们的谄媚，喜欢这般杂乱无章，那也只是因为他喜欢这个笑话，这是对你们的嘲讽，也是对他自己的讽刺。你们太注重形式，但缺乏理智的态度；你们太庄严，但只为了愚蠢的结果。你们渴望生存，但你们却无法生活。你们眷恋青春，但青春却离你们远去。我还是个孩子的时候就说过'让我们保持年轻吧'，你们拍手称赞，同时紧抱着玩具拒绝长大。对一个男孩来说，我当时说的话已经很好了，但还远远不够。现在我已长大成人，我会说'看在神的面上，长大吧'，当然，我们一定要保持年轻，但如果我们心理不长大，而只是身体在不停地生长，那保持年轻又有何用？要保持年轻，当然是要保持身体灵活和思维敏捷。成长根本就不是陷入思想僵化，将幻想破灭，而是升华，掌握人生搏击中所需的更卓越的本领。要想成熟，我们还要意识到，生活归根结底是一场比赛，一场非常严肃的比赛，毫无疑问，千真万确。当我们比赛的时候，就要拿出比赛的精神，使出全身的力气去拼搏，去胜利。可是我们往往只关注如何取胜，没有太关注比赛本身。我们只是想取得更好的成绩而已。当野蛮人与巴塔哥尼亚人较量时，他们忘记了那是场比赛，而只是发疯地想获胜。我们多么鄙视他们！如果他们发现他们自己要失败，就会变得野蛮起来；如果获胜，就会叫嚣、炫耀。无论输赢，比赛都被玷污了，而且他们意识不到，自己正在毁掉一件乐事。他们竟然要纠缠和谩骂裁判！当然，我自己也曾经那样做过，但不是在比赛时，而是在生活中。我曾经辱骂过生活的裁判。不管怎样，就算这样做，总比贿赂他要好，因为那是对他的侮辱，与你们现在用敬语、誓言所做的事情如出一辙。我从未那样做，我就是憎恶他。于是我学会了嘲笑他，更准确地说，是嘲笑你们放在他那个位置上的象征。但至少现在我看清了他的尊容，我要与他一起嘲笑我自己，因为我丧失了比赛精神。这一切皆由于你们！你们到这来谄媚哭诉，无理地向裁判索要偏袒！”

此时人们涌向他，想抓住他，但他阻挡住了他们，并向他们露出了年轻人的微笑，这微笑扫去了他们心头的厌恶感，内心产生了敬慕之情。于是，他继续说了下去。

“我想告诉你们，我的教训是从何而来的。我对爬高山有异乎寻常的兴趣。有一次，我爬上阿空加瓜山上的雪原峭壁，暴风雪将我困住。或许你们有的人知道这意味着什么。天空中弥漫着密密麻麻、快速飞舞的大朵雪花。我被大雪吞没，完全失去了自控力。挣扎了几个小时后，我掉进了一个雪堆。我努力地想站起来，但一次次摔倒，最后头被埋在雪里。一想到死，我就变得狂暴起来，因为我还要做许多事情。我疯狂地挣扎，但无济于事。于是突然间——怎么说呢？——我意识到比赛就要输了。太棒了！好极了！输赢无所谓了！那个时候，重要的是比赛本身，而不是获胜。我那时一直非常茫然，眼睛像被东西蒙住，成了胜利的奴隶。但是，我突然间觉得自由了，恢复了视力。现在，通过裁判的双眼，我看清了我自己，看清了我们所有的人。就如同一个演员通过自己在戏中扮演的角色、从作者的眼神中、从观众席上看到了整场演出。在这里，我扮演着一个好人的角色，使命尚未完成，就开始谈论粗心大意导致的悲伤。从戏中角色的角度来看，这种情形是可怕的；但若是站到旁观者的位置，从更宏大的世界中来看，这又是好事，大好事。我发现，对我们乃至全世界的人来说，情况都是如此。我似乎看到了无数民族都与我们一起参与到了这场宏大的表演中。我现在是从剧作家的角度看待问题，平静里蕴含着兴奋，极尽嘲弄却并无敌意。一切都清楚了。

“那时我好像已死到临头，但事实并非如此，因为我还有一线希望。无论如何，我被这新的世界观所鼓舞，所以我更加坚强起来，努力地从雪堆中逃脱出来。我再次来到这里，但我已面目一新，精神得到了解放。当我还是个孩子的时候，我说过‘我要成长为更加有活力的人’。但在那个时代，我从未想到会有比闪烁的青春更强大的活力，一种永不磨灭的炽热感觉。还有人不理解我的思想吗？难道没有人至少去渴望这种充满智慧的人生吗？你们要做的第一步就是不再谄媚生命本身，不再阿谀力量。行动起来，把它抛掉。在你们的心里打碎这可笑的塑像。我现在就要动手了。”

他边说边拿起大烛台将雕像打碎。这时，人群中又一次出现骚动，庙方将他抓了起来。不久，他便被判渎圣罪，然后被处死了。这最后的放纵言行是他多次鲁莽行为的最后的极致，当权者乐于借此铲除这位聪颖但又危险的狂人。

但是人们对这“神圣男孩”的狂热崇拜已相当普遍，因为他之前的教诲表达了巴塔哥尼亚人最根本的渴望。尽管他令人困惑的临终警语被追随者们传承了下来，但并没有得到真正的理解。他们只是看到了反对崇拜圣像的表面行为，但对他规劝的实质精神没有领悟。

几个世纪过去了，新宗教的思想传遍了整个文明世界。这股普遍的热情似乎在某种程度上使人类的精神活力得以恢复。肌体的活力也随之发展，因为在男孩死前，他无可匹敌的生物“突变”或者说精神“返祖”影响了成千上万的后代人，这些人又广泛传播了这有益的种子。毫无疑问，这种新气质让巴塔哥尼亚迎来了鼎盛时期，极大改善了人类的物质条件，将人类文明推进到北方大陆，并使人们可以凭着重振的热情去解决科学和哲学难题。

但是，这场复兴并不持久。倡导者的后代们为他们感情强烈的生活感到骄傲。在身体、性生活和思维方式方面，他们都因不自量力而失败，变得衰弱无力。另外，强有力的气质也由于接触内心衰老之人而逐渐被冲淡乃至淹没。所以过了几个世纪，人类又回到了中年的精神状态。与此同时，神圣男孩的构想逐渐被扭曲。起初，他的思想是要让青年人活出青年该有的样子，包括赤胆忠心、放肆玩乐、同志情谊、肉体愉悦，还有纯粹的恶作剧。但是不知不觉中，主旨却变成了引导年轻人经历悲哀的成熟期。躁动的少年变成了长者心中童年应有的样子，天真而温顺。狂暴的力量被遗忘，沉积在人们内心中的感觉则变成了对父母抚养管教行为的一种滑稽可笑、不可自制的盲目崇拜。同时，这骇人的想法受到冷静谨慎的人们赞颂，而这些人的思想品质正是中年人所欣赏的。

这种被扭曲的青春形象不可避免地成了人类青年男女们的巨大精神压力。作为社会高尚品德的模范，它受到了推崇。但是年轻人唯有压抑天性才能做到这一点，因为它已不再是青春的体现。以往妇女被推上神坛的同时也深受其累，现在青年也陷入同样的窘境。

巴塔哥尼亚的历史中，确有一些人对神圣男孩有比较透彻的理解。但只有极少数的人能够体察他最后一次演讲中的精神。由于长期处于青年状态，他成人后的心态其实是与巴塔哥尼亚人格格不入的。这个民族的悲剧性并不来源于束缚自身成长过程中带来的“衰朽”。他们感到自己已经老了，于是渴望再度体验青春。但由于他们一贯不成熟的思想，他们永远无法意识到：真正的青年激情不是求得的，目标也不是返老还童，而是前进到更有洞察力、更有远见，同时富有活力的新阶段。

4. 灾难

在随后的岁月里，巴塔哥尼亚人终于发现了先于他们的文明。在抛弃之前建立在恐惧基础上的宗教的同时，他们也遗忘了过往辉煌的传说，开始将自己视作新思想的先锋。他们故乡所在的新生大陆上自然没有古老社会秩序的遗迹，而旧世界中随处可见的废墟被解释为天地造化。但随着自然知识的进步，考古学家再现了被遗忘的世界。在中国的一座毁坏高楼的地下室，他们发现了一批金属板，事情于是出现了转机。金属板是用特别持久耐用的人造材料制成的，上面雕刻着密密麻麻的文字，实际是一千个世纪前的印刷刻板。不久又发现了其他的物品。一点点地，古老语言终被破译。在不到三个世纪的时间里，古文化的脉络终于被揭示了。目前，人类的未来发展压在当代文明身上，如同古代高楼在脚下的陋屋小村旁轰然倒塌。探险家们发现，他们费尽心力开垦出的土地其实早就被征服过，只是后来又失去了。他们还发现，在物质方面，他们的光辉成就在过去的人类面前显得微不足道。他们还发现，在才智方面，他们所获得的一些零碎成果只是当年恢宏知识大厦的一小部分。巴塔哥尼亚的自然知识体系还赶不上牛顿之前的欧洲。在此之前，他们只不过初窥科学的门径，剔除掉了少量迷信而已。现在，他们突然间继承了丰富的思想遗产。

对一个有强烈知识追求的民族来说，这本身就是令他们困扰不已的经历。但带来更大压力的一点是，随着研究的进行，他们深刻意识到过去不仅辉煌而且疯狂，而且从长远来看，还是疯狂占据了上风。巴塔哥尼亚人的思维是理智的、实证的，所以他们从不会不经验证就接受古老的知识。考古学家的发现被交给物理学家和其他领域的科学家进行进一步研究。很快，欧美社会高峰期的坚实思想、灿烂价值就与世界国家的退化产物区分开来了。

这种与更发达文明相碰撞的结果是戏剧性的，也是悲剧性的。巴塔哥尼亚人分成了两派：一派守旧，一派革新。前者认为新知识就是邪恶的谎言，后者则主张坦诚地面对现实。对前者来说，事实令人沮丧；后者虽然感到震撼不已，却也在其中感受到了超乎寻常的威严感和希望。地球只是星云中的一个小颗粒，这种观点是新信条中最不具颠覆性的一条，因为巴塔哥尼亚人早已经放弃了地心说。最令守旧派痛苦的理论是：人类早就拥有了他们渴望的活力，然后将其消耗殆尽。另一方面，革新派极力主张利用大批新知识。他们还主张，凭借这些知识，巴塔哥尼亚人或许可以用心智上的卓越弥补活力的不足。

意见分歧如此表面化，这在巴塔哥尼亚人的世界里是从未发生过的。民族主义等事物出现了。活力更强的南极洲沿岸地区变得现代了许多，而巴塔哥尼亚本身却紧抓着过时的传统不放。当时爆发了几场战争，但随着物理和化学在南极洲地区的进步，南方人发明了北方人无力抵挡的武器。在几个世纪的时间里，新文化取得了胜利。整个世界再次得到统一。

迄今为止，巴塔哥尼亚文明都处于中世纪状态。在物理和化学的影响下，它开始发生变化。风力和水力开始用于发电。人们努力勘探着浅层再也找不到的矿藏。建筑工程开始使用钢材，电力飞机被制造出来，但并未取得辉煌成就。这并非空穴来风：巴塔哥尼亚人生性谨慎，本就不适于空中冒险，不过倒是在改进飞机的效率。自然地，他们将失败归因于缺乏适用能源，如汽油。缺乏油煤的情况确实一直困扰着他们。火山能当然是可以利用的，但这一技术从未被曾拥有丰富资源的古人真正掌握，巴塔哥尼亚人在这方面也是彻底遭到了失败。

实际上，巴塔哥尼亚人完全掌握了开发风力与水利资源的技术。整个地球的资源任由他们索取，而且全球人口不超过一亿。单凭现有资源，他们永远无法在生活奢侈方面与第一世界国的居民比拼，但他们本来是可以建立起自己的乌托邦的。

但事情并非必定如此。虽然人口增长缓慢，但工业发展却导致大量社会冲突。他们的先辈就险些被类似的冲突毁掉。他们似乎认为只要物质力量强大，所有的问题都会得到解决。这种强烈的非理智观念，其实是他们最热衷地渴望获得更强大活力的表现。

在这种情况下，古代历史的任何事件、任何线索都会让他们着迷。获取无限物质力量的秘密曾经被人们知晓，而后又丧失。巴塔哥尼亚人为何不能凭借出众才智去重新发现它、利用它、建立人间天堂呢？毫无疑问，古人们摒弃这种危险的能源是正确的。但是巴塔哥尼亚人头脑冷静，性格单纯，所以没什么好担忧的。有的人认为，与其寻找新能源，不如探索抑制衰老的良方。但不幸的是，尽管物理科学进步迅速，但更精妙的生物科学一直比较落后，这主要是因为古人自己在这方面的铺垫就不多。于是，才智最卓越的巴塔哥尼亚人都受到未来成就的感召，汲汲于研究物理问题。政府通过建立并资助实验室工作来鼓励科学研究，全力推进这个领域的工作。

但是研究课题难度很大，尽管巴塔哥尼亚的科学家非常勤奋，却缺乏坚韧不拔的精神。经过了大约五百年断断续续的研究，秘密才最终被揭示，而且未必完全。他们发现，只要初期投入巨大的能量，他们就能让一种特殊原子中的正负电荷湮灭。而且，这种技术并没有多大的局限性。无论如何，人类已拥有了一种用之不竭、容易操纵的能源。尽管新能源是可控的，但并非毫无危险，也无法保证不会有人用它做愚蠢的事，或者将它泄露出去。

不幸的是，新能源发现时，巴塔哥尼亚人比从前更加不团结。由于工业发展和温顺天性，巴塔哥尼亚社会的阶级分化比当年更加极端，尽管自有其独特性。普通巴塔哥尼亚人对哺育子女有着强烈的欲求，从而阻止了统治阶级像以前的统治者一样做出残酷的行径。除了工业发展占主导地位的第一个世纪，工人阶级没有遭受到严重的身体伤害。温情脉脉的政府承诺，所有的巴塔哥尼亚人一定会得到衣食保障，所有的人都会有充足的休闲和娱乐机会，但对大众的管制也越来越多。如同第一世界国时期，公职再次被控制在少数工厂主手里，但情形略有不同。从前大企业的主要动机是激发几近神秘的创造能动性，但现在的寡头自认是民众的父母，目标是“培育具有年轻心态的人，这些人要淳朴、快乐、精力充沛、忠诚”。他们的理想国家介于由好心但严苛的成年职员管理的预科学校，与股东职责只是将所有权力交托给才华横溢的董事的股份制企业之间。

社会体制运行良好，而且延续了很久。这一切不仅得益于巴塔哥尼亚人与生俱来的温顺，还得益于统治阶级招贤纳士的良好政策。他们至少从旧文明时代中吸取了一个经验：尊重智慧。在严格的考试制度下，最聪颖的孩子从各个班级里被挑选出来参加培训，最终成为领导者。即使是领导者自己的孩子也要参加相同的挑选和考试，只有合格后才能被派遣到“年轻领导人学校”。腐败不可避免地存在，但总体上是好的。挑选出的孩子会在理论和实践方面接受刻苦的训练，日后成为组织者、科学家、牧师和逻辑学家。

才华并不出众的孩子受到的教育与年轻领导者不同。“己不如人”深深刻在了他们身上。他们学会了尊重地位高的人，因为这些人凭借才能被安排从事专业性强的艰苦工作，为社会服务。但这并不是说，不太聪颖的孩子接受教育后只能去做苦工。相反，社会期望他们成为祖国温顺的、勤奋的、快乐的儿女。他们学会了忠诚和乐观。他们接受各种专业训练，被鼓励尽可能地结合实际水平去发挥其聪明才智，但被严格禁止从事某些国家事务及宗教和理论科学研究工作。青春之美的思想成为官方教育之本。孩子们继承了年轻人所应具有的传统美德，具体来说就是诚实和单纯。作为一个阶层，他们非常健康。体育是巴塔哥尼亚教育中非常重要的部分。另外，日光浴作为一种宗教仪式极其普遍，尤其是在工人阶级中，因为据说它可以使身体保持“年轻”，使内心平静。被统治阶级的大部分闲暇时间花在消耗体力、脑力的竞技和体育上，此外还有音乐和其他形式的艺术，因为它们被认为是适合青少年的文娱活动。政府对艺术产品施行了审查制度，但很少执行，因为巴塔哥尼亚公众迟钝而繁忙，只能理解一些最浅显、最有地位的艺术。他们完全专心于工作和娱乐，没有性束缚的痛苦。他们的超脱生活通过信仰崇尚年轻和忠诚社会的官方宗教得以满足。

平稳的社会状况在工业大发展的第一个世纪后又持续了四百年。但随着时间的推移，两个阶级之间的心理差异开始增大。人才在工人阶级中变得越来越稀少，高官越来越多地从高官的后代中招募，直至最后成为世袭阶层。双方的分歧进一步扩大，统治者开始失去与被统治者的思想沟通。他们犯了一个错误，但如果他们的心理能跟上其他科学的发展步伐，这个错误是可以避免的。面对工人们的日益愚钝化，统治者们开始把他们当作孩子来对待，而统治者们也忘记了这个事实：尽管工人阶级很单纯，但他们毕竟是成年人，他们需要感觉到自己是人类伟大事业中的自由伙伴。从前，他们被长期灌输有关责任感的幻觉。但由于分歧扩大，工人阶级越来越被当成婴儿而非青少年看待，越来越被当成宠物而非人类对待。他们的生活受到了越发琐碎的规制，尽管出发点是好的。同时，社会对他们教育程度的关注越来越少，这就使得他们无法获取知识、领会人类共同的使命。在这种情况下，人们的性情发生了变化。尽管他们的物质条件比已知的任何时代都要好（除了第一世界国阶段），但他们变得情绪低落、心怀不满、恶意中伤，对上级不再心怀感激。

新能源就是在这种情况下被发现的。世界人口由两个截然不同的群体组成：一个是人数相对较少的高知识阶层，他们热情地投身社会和自身文化的发展；另一个是人口庞大的愚钝群体，他们是身体健康但心灵空虚的产业工人。两个阶级之间的严重冲突早已被一种药物的使用问题激发。这种药物能让人亢奋，因此受到一批人的推崇。领导者们以毒副作用为由宣布禁售，但动机遭到无产阶级的误解。从表面看，引发仇恨的是这一起事件，但实际上是长久以来不知不觉地积聚在公众心头对领导者的憎恶。

有谣传说将来机械能会用之不竭，人们期待着迎来永恒盛世，那时每个人都将拥有无限的能源。人们将不再需要去工作，娱乐时间将会大大增加。不幸的是，新能源首次大规模使用是在采矿业，开采深度前所未有，目的是寻找早已在地表附近消失的矿藏。矿工的工作艰苦而危险，时有伤亡和骚乱。统治者将新能源用于镇压骚乱者，效果相当残忍，他们宣称慈父之心正因愚蠢的孩子在流血，但这种惩罚可以防止更糟糕的邪恶行为发生。统治者规劝工人们要用“神圣男孩”在生命最后的超然态度去面对困难，却遭到了嘲笑，这也是种瓜得瓜。随后又爆发了罢工、骚乱和暗杀。工人阶级与主人的博弈同羊和牧羊人之间的关系别无两样，因为工人阶级没有能力组织大规模行动。由于一场悲哀徒劳的反抗，巴塔哥尼亚终于毁灭了。

新矿区爆发了一场小纠纷。管理人员拒绝让矿工将技能传授给儿子，理由是职业教育要由学校负责。干预家长权利引发的愤怒让积怨突然爆发。暴乱者占领了一个供电室，胡乱操作了一阵机器后，无意间让令人生畏的物理能量挣脱枷锁，席卷全球。第一次爆炸的威力很大，足以炸毁矿井上面的山脉。那些山区里有大片放置危险化学元素的空地，这些化学品被第一次爆炸发出的光线引爆，于是又点燃了附近的物品。爆炸形成的灼热风暴席卷了整个巴塔哥尼亚，而且不断引爆新的可燃物，于是愈演愈烈。风暴狂扫安第斯山和落基山一线，强大的热量将其变为焦土。它还毁掉了白令海峡，并像一窝巨大的火蛇迅速地爬滚到了亚洲、欧洲和非洲。火星人已经注意到相邻星球的光亮突然增强，像猫一样紧盯着小鸟一般的地球，但两者相距遥远，猫对小鸟鞭长莫及。很快，海洋里出现了沸腾现象，水下剧烈翻腾，巨浪冲垮海岸，流向溪谷。最后由于海水蒸发和海底裂缝张开，海平面总体大幅度下降。火山地区开始奇异地活跃起来。南北极的冰冠开始融化，但也让极地不至于像其他地方一样陷入火海。此时，大气层变成了由水汽、毒气、灰尘组成的云团，不断被飓风搅动着。由于电磁场持续衰减，地表温度逐渐升高，最终只有北极和北极附近的个别地区有生命幸存。

巴塔哥尼亚人临终时的痛苦是短暂的。非洲和欧洲的若干偏远定居点躲过了火焰风暴，但几周之后还是遭受了蒸汽飓风的袭击。三个月内，两亿人口因烧灼、高温、窒息几乎损失殆尽，只有不到三十五人因恰巧在北极附近地区而幸免于难。

第二章 | 变迁

1. 陷入困境的初人

人类时常被罕见的命运捉弄，它们常常是友好的，但有时也是可怕的。一艘到北极探险的船只就遇到了一次。这艘船在长途跋涉，跨越北极海域时被大块浮冰群包围。船上的补给品可以供船员使用四年。当灾难发生时，它已在海上航行了六个月。它是一艘帆船，早在新能源投入使用前就上路了。全体船员由二十八名男子和七名女子组成。若是放在之前性欲较强的时代，这样的男女比例加上朝夕相处、与世隔绝的环境，冲突迟早会发生。但对巴塔哥尼亚人来说，这样的境地不是不可以忍受的。七名女子除了负责探险队的日常起居外，还能为所有男子提供适度的性满足，因为巴塔哥尼亚女性的性欲并不比男性弱。这个小小的共同体里有时的确会有嫉妒和纠纷，但都服从于强大的团队精神。全体队员当然是精挑细选出来的，接受了人际关系、忠诚度、身体状况、技术职能各方面的考察。他们都声称是神圣男孩的后代，而且都来自统治阶级家庭。巴塔哥尼亚人强烈的抚养情怀在这次航行中有一个奇特的体现：他们带上了一对小巧的宠物猴。

船员首次接收到灾难的征兆是一股猛烈的干热风使冰面融化。天空变成黑色。极昼离奇地变成了闷热的长夜，还有诡异的雷暴。倾盆大雨不断砸落在甲板上。刺激性的烟雾和尘土形成的云团使眼睛和鼻子感到不适。海底地震让浮冰群动荡变形。

爆炸发生后的一年，帆船在北极附近充满暴风雨和冰山的水域费力地前进。迷失方向的小团队开始摸索着向南航行。但在他们向前航行的时候，空气变得更加炙热刺鼻，暴风雨也更加猛烈。帆船又在北极海域迎着斜风航行了长达十二个月，而且由于南边恶劣的气候，不时还要撤回北方。但是，最终情况稍微有所好转，人类的少数幸存者艰难地靠近了他们最初设定的目的地：挪威。然而他们意外地发现，那里的低地成了无生命的炙热荒漠，高地上峡谷间的植被已经开始在一片片暗绿色的土地上顽强地生长起来。他们的基地城市已经被飓风夷为平地，当地人的骨架还散落在街上。船继续南行，所到之处都是废墟。船员们本以为混乱情况只是个别现象，于是绕行不列颠群岛，循原路返回法国。但是，法国已变成可怕的火山峡谷。随着风向的改变，他们周围的海洋上空时常掉落大量的碎片，而且是炽热的。他们奇迹般地逃出生天，转头向北，然后小心谨慎地驶过西伯利亚沿岸，最终在一条大河的河口勉强落脚。船只停靠抛锚后，队员们开始休整。但此时团队的规模比以前更小了，因为六男两女死在航行途中。

现在这里的情况更加严峻，因为许多植被被烧焦，所以时常可以看到动物的尸体。但是，大爆炸初期的狂暴势头正在明显地减弱。

此时，航行者们开始意识到所发生的一切。他们还隐约记得新能源迟早会毁灭地球的奇异预言，现在显然这预言成真了。全球爆发了灾难，他们仅仅由于远离灾区，加上北极浮冰的帮助，这才逃脱厄运，而其他人类可能已经全部遇难。

遭到毁灭的地球上，这几个精疲力竭的人未来的命运可谓是绝望到了极点，所以其中有的人主张自杀。大家对这个念头并无激烈异议，除了一名意外怀孕的女子。她强烈的抚养天性被唤醒了，恳求队员们为了她的孩子坚持下去。她意识到孩子会降生在一个艰苦的生活环境中，所以她坚定地、失去理智似的反复强调说："一定要让我的孩子活下去。"

所有的男人都耸了耸肩。但是随着疲惫的身躯逐渐恢复，他们开始意识到自己的地位有多么重要。船上的一位生物学家将大家共同的思想表达了出来。假如船上的所有人——无论男女——都有神圣的责任感，那么他们至少是有幸存机会的，真实的机会。他们是人类精神仅有的受托人。无论多么艰辛与痛苦，他们定会成为地球的新主人。

这一共同的目标激励着他们，将他们团结得比以往更紧密。"我们都是普通人，"生物学家说，"但我们会变得伟大起来。"特殊处境确实赋予了他们崇高性。这些善良的人由于共同的目标和遭际培育出了深深的友谊之情，这种感情是不可言喻的，只有采取奉献的行动才能表达。孤独处境和责任感中，他们不仅感受到团结友爱，还进行了实现神圣理想所需要的活跃交流。

队员们开始在河边建立居住地。尽管整个地区都已被破坏，但通过种植、嫁接和风飘来的种子，植被很快就恢复了。土壤里到处生长着适应了新气候的绿色植物。动物受到的摧残远比人类严重，除了北极狐、少数小型啮齿动物和一群驯鹿外，所有陆地动物无一幸免。北冰洋里的动物，如北极熊、鲸鱼和海豹，都幸存下来了，很多鱼类依然存活。大批鸟儿从南方飞来，但由于缺乏食物相继死去。不过，某些种类的鸟儿已经适应了新的环境。地球上所有幸存下来的动植物都渡过了短暂而痛苦的调整期。许多过去常见的物种在新世界里失去立足之地，而一些之前的小角色却壮大起来。

队员们发现，他们可以利用挪威一处被毁仓库里的种子种植玉米，甚至水稻。但是，高温、不断的暴雨和阳光的缺乏使农业生产十分艰难，产量水平波动剧烈。另外由于空气污染严重，人体组织最终无法适应，这导致队员长期处于疲惫状态，非常容易患病。

孕妇在生产时死去了，但孩子幸存了下来。于是，这孩子成了队员中最神圣的人，因为他在每个人的内心都激发起了巴塔哥尼亚人特有的父母之情。

居住人数逐渐地受疾病、飓风和火山喷发气体的影响而减少。但队员与环境之间适时地建立了一种平衡，队员们通过艰苦努力使生活变得舒适愉快。然而随着他们的成功，人际关系开始恶化，性格差异引发了冲突。此刻，有两名男子成了新的领袖。准确地说，一个是领袖，另一个是批评家。原来的探险队队长在应对新局势方面被证明是个无能的人，最终自杀。队员们一致地选举副领航员为新领袖。另一名领袖是风格迥然不同的年轻生物学家。两个人之间的沟通与合作在确定人类未来发展方面起到了很大的作用，而且他们自身也值得去研究，此处只能做一概述。在所有的紧要关头，领航员拥有绝对的权威，处理任何事情都要靠他的决断力和模范作用。但在形势不那么险峻，似乎不需要强调纪律时，他在执行纪律时同样严格，于是引发了大家对他的抱怨。他与年轻的生物学家之间逐渐形成了一种亦敌亦友的奇特处事策略。尽管生物学家总是批评领航员，但态度上却是友善尊敬的，还说队员们之所以能活下来，全要归功于此人的才干。

队员们登陆后三年，尽管少了几个人，活力也衰退了，但在狩猎、农业和建造方面已步入正轨。三个相当健康的婴儿使他们的长辈既开心又烦恼。毫无疑问，领航员的本领逐渐失去了用武之地，而科学家的知识越来越珍贵，因为英雄领袖在耕种和家禽养殖技术方面是门外汉，矿藏勘探也一窍不通。他和其他队员之间龃龉日增。最后，当他命令队员将船航行到条件更好的陆地进行探索时，发生了激烈的争论。所有的船员都表示赞同，但科学家们表示拒绝。他们一部分人深刻地理解降临到地球的灾难意味着什么；另一部分人则对潜在的艰巨性表示抵触。

队员们内心出现了强烈的情绪变化，但双方都保持了克制，毕竟长时间的磨炼使他们互相尊重，对团队也是忠诚的。但是，突然间的性欲爆发使一触即发的局势陷入灾难。之前，一名女子在大家的赞许下成了领袖的妻子，颇受宠爱。但她现在坚持要与一名科学家同床共枕，以此宣示自己的独立。领导者对他们的行为感到震惊，愤怒之下杀死了年轻的科学家。小小的团队立刻分化为两个派别，并发生了流血冲突。不久，文明人类的幸存者们意识到了冲突导致的愚昧和无理，于是协商做出了重大决定。

队员们一分为二，一队五男二女，以年轻生物学家为首，继续在原地生活。前领袖与另外的九男二女决定驾船去欧洲，探寻更美好的陆地。他们宣誓，只要有条件，次年就会与对方取得联系。

这个决定使双方恢复了友好。所有人都为开拓者们准备行装，启程时还进行了庄重的告别仪式。每个人都为痛苦对立的结束而感到宽慰，但除了宽慰还有痛苦的分离之情，因为他们曾是一起为神圣事业而奋斗的伙伴。

这次分别的意义远比想象中的重大，因为它最终导致形成了两个截然不同的人种。

留下来的人们没有收到另一队探险者的任何消息，便以为对方遭到了不幸。可实际上，探险者向西和西南航行，穿过现在已是一群火山的冰岛，来到拉布拉多。在这次航行中，他们遇到了暴风雨和海洋灾变，几乎失去了一半的队员，最后船也开不了了。最后，海难发生在岩石岸滩上，只有木匠的助手、两个女子和那对猴子成功上岸。

这些人发现他们所在的地区比西伯利亚还要闷热。但与西伯利亚一样，拉布拉多有许多植被茂密的高地。男子和两个女人起初连找食物都很难，但逐渐地适应了食用浆果和根茎。然而随着时间的推移，气候摧残了他们的心理，后代陷入不幸的原始状态，退化为类人猿的水平。

西伯利亚的居民们此时处于困境，但他们坚强地应对着。经过深思熟虑，科学家们认为地球在几百万年后才可能恢复正常，因为尽管灾难最初带来的地表剧变早已停止，但核爆炸产生的潜在能量要经过成百上千万年才能从火山口释放出去。这位才能卓绝的领导者对局势的评估就是这样。地球会经历漫长的不适于人类居住的时代，只有西伯利亚沿岸一带除外。人类注定在很长时期内都会被限制在艰苦的环境中生活。唯一的希望是保护好人类残存的文明成果，等待有利的时机，焕发生机。为了实现这一梦想，队员们必须扩大人口规模，让后代过上有教养的生活。对他们来说，最重要的是尽可能多、尽可能长期地将自己了解的巴塔哥尼亚文明记录下来。“我们就是种子，”他说，“要谨慎从事，把握好时机，传承人类的遗产。不利的因素我们无法抗拒，但胜利的机会是存在的。”

事实上，他们真的获胜了。起初他们多次险些遭到毁灭，但最终保留住了人类的生气。只要密切观察他们的生活，我们就不难发现，他们每个人都紧张地扮演着自己的角色。尽管共同的神圣使命将他们紧紧地团结在一起，如同一个躯体上的不同肌肉，但他们毕竟是不同的个体，有着不同的性格。毕竟孩子是人类枝干上稀有的珍贵花蕾，孩子们引起了渴望抚育后代的长者们之间的竞争，他们会努力争取与孩子的亲近，这些努力有时是克制的，有时则是公开的。对孩子的教育，众人分歧也非常大。尽管所有年长者都喜爱他们，但至少团队中那位有远见的领导者认为，孩子的首要使命是传承人类精神，他们需要经过严格的培养，承担起他们神圣的职责。孩子在个人志向与性格上受到的外界干扰，像人体肌肉之间的拮抗一般一直存在着，而这个小社会也就这样延续着。

在漫长无聊的冬天里，团队中的成年人一直都在记录人类的知识。领袖很看重这项崇高的工作，但其他人常常感到厌烦。每个人都被分配了一个领域去整理，他们思考后先在石板上写出草稿，然后提交审议修改，最终深深地刻在硬石碑上。几年中，他们刻了几千块石碑，然后存放在专门开凿的洞穴里。通过这种方法，他们记录下了地球和人类的历史，还有物理学、化学、生物学、心理学和地质学的知识梗概。每个抄写人还详细地写下了自己专业领域的情况，表达了自己的生命观。另外，他们精心编纂了一部宏大的图解词典和语法书，希望遥远未来的人类能够理解它。

几年时间已经过去，这项庞大的工程仍在继续着。共同体的创始人日渐乏力，而最年轻的新一代仍处于青春期。两个女人中一个已经死去，另一个也几乎成了残废，两位母亲都承受了巨大的痛苦。一名青年男子、一名男婴、四名年龄各异的女孩将决定人类的未来。不幸的是，他们的珍贵性反而让自己受累。他们受的教育并不严格，一方面被溺爱，另一方面却又受到严厉管束。他们的内心没有什么美好的事物，而是被溺爱和说教折磨着。于是他们开始远离长辈，对强加给他们的责任感到厌烦。自己没有同意便被带到这样残破的世界上，所以他们拒绝接受通向虚无未来的沉重义务。狩猎与拓荒时代的艰苦生活让他们勇敢、忠诚、互相关心。他们只愿活在当下，活在现实，而不愿活在听来的文化教养里，尤其厌恶将冗长的陈词滥调雕刻在花岗岩石板上。

最年长的女孩生理成熟后，危机终于来临了。领袖告诉她，她的责任是马上生儿育女，并命令她与同母异父的兄弟，也就是领袖的儿子发生关系。由于她在母亲最后一次难产时接过生，所以拒绝了领袖的要求。受到强行逼迫时，她便扔下雕刻工具逃走了。这是第一次严重的叛逆行为。几年后，老一代人卸下权力，新的生活方式应运而生，人们开始享受主动、冒险、有趣和无忧无虑的生活，然而这导致社会的舒适性和组织性都不如以往了，人类在健康和活力方面也退步了。农业和畜牧业的试验被冷落，建筑物年久失修，但狩猎和探险技艺得到应用。人们将闲暇时间花在冒险和计算的游戏上，花在跳舞、唱歌和讲爱情故事上。音乐和浪漫文学成了人性中较高级部分的主要载体，而且承载了模糊的宗教意义。先辈们信仰的理性遭到嘲讽：难道他们能用可怜的科学去讲述现实？讲述复杂多面、瞬息万变的现实？现实将永远存在，人力岂能与造化相比？人类的智慧使人们在狩猎和耕种方面是游刃有余的，这是常识的世界；但如果人类在遥远的原始时代使用这些常识，他们会发现自己如同身处荒原般困苦。让他们生活在自然赋予的环境中吧！让他们那年轻的神永远活在他们心中吧！让他们自由发挥斗志昂扬的、非理性的、神秘的活力，最终让这股力量在他们身上显示出美好的外表，而非理智的行为吧！

现在，只有老人还在刻石碑了。

当初的男婴已经进入巴塔哥尼亚人的青春期。一天，他看到海豹的后肢像尾巴一样时，好奇心瞬间被激起。老人们胆怯地鼓励着他。他还做了其他一些生物学观察。老人还引导他去思索整个地球的宏伟生命历程，理解他们兢兢业业推动着的使命。

与此同时，孩子们学业虽然荒废，性欲和为人父母的天性却占了上风，他们纷纷坠入爱河，很快生下了孩子。

于是，这个小共同体就这样一代代地延续了下去，不同时代取得的成功、居民的心气、对未来的希望都各有不同。随着条件的变化，人口数量也在波动，最少时只有两男一女，但逐渐增长到几千人，这个规模是受到沿海地带粮食生产能力所限。从长远来说，尽管环境并未阻碍肉体延续，但导致人类智力衰退。由于西伯利亚沿岸一直保持了热带气候特点，且南边不远处就是火山群，所以思维的活力与敏锐逐代萎缩。部分原因可能是近亲婚配的普遍存在，但这也有好的一面。尽管思想活力有所衰退，但某些有利的特征却得以巩固。这一群体的创建者代表了第一代人类所保留下的最优秀的血统。他们刚毅勇敢，集体归属感强，富有求知欲，是当时人类的最优秀代表。尽管经历了衰退期，但他们不仅活了下来，还传承了好奇心与团体精神的美德。即使他们能力不如以往，求知欲望和种族团结意识却仍得以保持。尽管他们对人和宇宙的观念逐渐陷入原始神话的状态，但他们对未来，对他们已经难以理解的神圣石碑却保持了一种强烈、朴素的情感。数千甚至数百万年以来，人性已经天翻地覆，但对智慧的模糊钦佩却保存下来。这是辉煌历史留下的扭曲传统，是对美好未来的一份哀婉动人的忠诚。当然最重要的是，两败俱伤的冲突几乎从未发生在他们身上，于是加强了种族统一和谐的明确意志。

2. 第二黑暗时代

我们现在要进入第二黑暗时代，只谈对人类未来产生了影响的若干因素。

几个世纪过后，大爆炸积聚的能量慢慢消散。又过了几十万年，大量喷发的火山开始平息。几百万年后，地球的绝大部分地区又开始成为生命的家园。

这段时间，地球发生了许多变化。大气变得更加清新、纯净和平静。随着气温下降，霜雪偶尔在北极地区出现，不久北极冰冠再次形成。同时，内部压力的增加也为地球带来了新的张力，于是陆地再次发生变化。南美大部分地区沉入地下爆炸后形成的洼地，但在巴西和西非之间升起一块陆地，并将两者连接起来。东印度群岛和澳大利亚连为一体。青藏高原深深下陷，向西移动，与阿富汗共同形成了海拔超过一万两千米的山脉。欧洲沉入大西洋，各个大洲上，河流四处蜿蜒流淌。新的冲积区开始形成。新的地层在新洋底沉积下来。新的动植物从仅存的北极物种中进化出来，并向南发展至亚洲和美洲。新生森林和草原上出现了多种高度分化的驯鹿后代和大批啮齿动物。这些动物中有大大小小的北极狐后代捕食其他动物，其中一种体型巨大，外形如狼，很快成了新秩序中的“兽中之王”，直到被后来进化出来的北极熊后代取而代之。有一个属的海豹重返大陆，进化出蛇一般细长的身体，在沿海的沙丘间敏捷地移动。在沙丘上，蛇一样的海豹一般会悄悄地接近并猎食啮齿动物，甚至跟到它们的洞穴觅食。到处都有鸟，现在已经放弃飞行的鸟类占领了许多从前灭绝的动物留下的大片空地。昆虫几乎因大火灭绝了，但后来它们又迅速繁衍，凭借多种生存本领重振族群，很快恢复了以往的繁盛。甚至全新的微生物也迅速出现了。总之，地球动植物的生活习性都有了很大的变化，形态交杂，适应了新的生活方式。

两个人类共同体的发展程度相差很大。拉布拉多的人类共同体受到炎热气候的影响更大，也不像西伯利亚的人类共同体那样有保存人类文化的意志，与兽类无异，但他们最终占领了整个西半球。生活在亚洲的人类在第二黑暗时代的一千万年里，人口数量一直较低。海水的流入切断了南下通道。古老的泰梅尔半岛曾是人类大量聚居的地方，现在则变成岛屿北部的海角。这个岛的沿岸地区之前是叶尼塞河、下通古斯卡河和勒拿河领域。随着闷热气候的缓解，人们举家迁往该岛南岸，却被大海拦住了去路。温和的环境使他们重建了一定程度的文化，但他们已没有能力利用自然给予的新恩惠，因为从前的热带气候条件削弱了他们的能力。另外，在长达一千万年的第二黑暗时代末期，极地气候向南蔓延到他们生活的岛上，庄稼颗粒无收。作为家畜主力的啮齿类动物也大批死亡，为数不多的鹿群由于缺乏食物也慢慢减少。于是稀少的人群逐渐退化为北极地区的一小股野蛮人，这样生活了一百万年。从心理上来说，他们陷入瘫痪状态，几乎彻底丧失创造力。山丘上的采石场被冰雪覆盖后，他们没有足够的智慧去峡谷开辟新场地，而是退化到使用骨制工具。他们的语言也退化了，只能用咕哝声表示某些常见动作，另有一些表达情感的略复杂的方法。从感情上来说，他们还是保留了部分教养。另外，尽管他们几乎已经没有了开拓创新的智力，但本能的反应中却依稀有高级智慧的痕迹。他们有强烈的社会意识，尊重个人生活，为人父母的责任感也很强，对待宗教也常常特别虔诚。

地球上的其他地区恢复生机后不久，巴塔哥尼亚灾难过去近一千万年之后，一群野蛮人漂浮在冰山上，被风吹向南部，跨过海洋后到达亚洲大陆。这些人非常幸运，因为北极的恶劣气候在不断恶化，最终岛上的居民全部灭绝。

幸存者在新环境扎下了根。经过几个世纪，他们逐步扩展到了亚洲腹地。他们的人口增长速度非常缓慢，因为他们不想生育，而且思想顽固。但生存条件此时得到了极大的改善，气候开始变得温和，因为俄罗斯和欧洲已变成了浅海，获得了大洋洲暖流的滋润。除了北极熊的后代小灰熊和体型巨大如狼的狐狸外，该地区没有其他的危险动物。各种啮齿动物和鹿为他们提供了丰富肉类，他们还可以食用体型习性各异的鸟类。木材、水果、野生谷物和其他富有营养的植物在雨水充足的火山地表上茁壮生长。另外，火山持久喷发又为地壳上层提供了丰富的金属元素，使土壤更加肥沃。

在这个新世界，人类用几十万年的时间从稀少种群发展成了许多种族。人类通过种族间的冲突与融合，食用吸收了火山土壤中化学养分的植物，活力得到了恢复。

第三章｜ 第二代人类的崛起

1. 新人种的出现

巴塔哥尼亚灾难后大约一千万年，新人种的形成已现端倪。此时许多地区的生物都在发生着变异，许多变异都是相当有利的。人类在活力迸发的新环境中度过了几十万年，终于进化出了第二代。

第二代人类身材高大，头颅更宽大，但总体比例与先辈相差不大。他们的头相对身体来说是大了些，脖子也粗。他们的手尽管大但不乏精巧。硕大的身躯对体力要求也高；他们双腿健壮匀称，超过了之前的人类。他们的脚趾不再分离，结实的脚掌骨长成一块，行动起来效率更高。在背井离乡到西伯利亚生活期间，初人长出了厚厚的毛发，第二代人类中的多数种族终生都会通体是金色毛发。他们眼睛很大，一般是翠绿色的；相貌刚毅如同花岗岩雕刻一般，但很有精神。就第二代人类的外表来说，人们会说大自然最终复制并远远超越了很久以前高贵但不幸的最早的人类：史前穴居的猎人与能手。

第二代人类与早期人类在思想上的差异让他们摆脱了大部分思想遗留，这些遗留的思想对初人的束缚远比他们认识到的要严重。他们不但没有了阑尾、扁桃体和其他无用器官，各个身体部位也被组织成了一个更坚固的整体。他们体内的化学物质可以更好地修复破损组织。他们的牙齿尽管小一些也少一些，但彻底摆脱了龋齿的困扰。他们的腺体器官使他们的青春期始于二十岁，成熟期要到五十岁才会来临。他们的身体机能从一百九十岁时开始衰退，经过若干年的思维衰退后，他们总会在真正衰老之前死去。这就好比一个人完成了自己的使命，平静地回忆自己的生涯，此时已经没有什么事情能吸引他的注意力、阻止他入睡了。母亲需要怀胎三年，孩子出生后哺乳期长达五年，在此期间及以后的七年里都不会再次怀孕。他们大约要到一百六十岁才进入更年期。妻子与丈夫一般身材，在初人看来简直是女巨人；即使是女巨人来了，第二代人类的活力与人性也会让她们敬佩不已。

在性格方面，第二代人类与之前的人类差异巨大。他们有相同的遗传因子，但表现形式截然不同，而且他们只有经过思考后才会行动。性活力已经恢复，但性欲特征发生了奇特的变化。从前，异性之间身体和心灵的接触会带来快乐；现在，快感的内核中升华出了一种对生命的强烈欣赏之情，既是身体上的，也是心理上的。性情薄凉的人很难想象本能性欲的这种延伸，因为他们不能清楚地意识到，直接影响异性情欲的因素，首先就是对飞禽走兽、一草一木的良性审美。新人类也拥有为人父母的欲望，这种欲望表现得很强烈，也更加广泛，演变成了想要对一切需要帮助的生命进行关爱、奉献的内在欲望。对早期人类来说，这种炽热、自发的利他主义只出现在杰出的人身上。然而对新一代人类来说，所有普通的人——无论男女——都拥有强烈的利他主义精神。与此同时，亲子之情的占有欲弱了，却更加真切。在初人身上，这种爱其实也并不常见，至少比他们内心所认为的要少。人类的自信心也发生了很大的变化。以前一个人的大部分精力主要用于发扬自我，与他人竞争，而且大部分的慷慨行为本质上是出于私利。但对第二代人类来说，竞争性的自我追求和亲近朋友、防备敌人的行为减少了。在过去，如果人们不能将支持者与自己的利益紧密相连，社会就无法实现长远的目标。但对第二代人类来说，角色发生了逆转。很少有个人尽全力谋取私利，除了那些符合或附属于公共利益的私人墓地。人类只拥有放眼全世界的共同责任感，并且只要每个人都尽到自己的本分就能唤起人们的拼搏精神。所以，第二代人类与上一代人类的差异体现在内心的思想层面，而不是外在的身体层面，不过他们在坚守世界主义方面没有任何区别。第二代人类属于不同的部落和民族，他们对战争也并不陌生。但即使在刚开始发展的年代，人们最信奉的也是人类整体，而且战争也因为对敌人的怜悯之心而受到压制。于是，他们将压抑的力量用到激烈运动方面，友谊第一，比赛第二。

但如果说这些人最强烈的兴趣在于社会，那是不正确的。他们从不颂扬所谓“国家”“民族”“世界”这样的抽象观念。他们最独特的基因特征确实不是群体性，而是好奇心——天生对个体产生的兴趣，个体包括现实的人和个体志向。他们把同胞视为各有独特需求、独一无二的人，而且凭借惊人的直觉对他们有着生动的理解。早期人类之间的精神隔阂几乎是不可逾越的。即使是心爱的人，即使是对人的性格有特别洞察力的天才，也无法相互间准确了解。但第二代人类既能对自己，也能对他人有更加深刻准确的认识。他们能做到这些并非凭借独特的能力，而仅仅是因为他们更乐于互相了解，洞察力更强，想象力也更活跃。

第二代人类对高级脑力活动也有天生的兴趣，具体说是对精微之物的兴趣。即使孩子也本能地对所处世界、自身行为、探索科学表露出一种真正美好的兴趣。例如，小男孩不光喜爱搜集蛋和水晶之类的东西，还喜欢钻研表达不同蛋类和水晶形状的数学公式，以及贝壳、叶状体、叶子和草茎节的无数周期变化。除此之外，他们的许多童话中都包含着难解的哲学难题。孩童们喜欢听可怜的“虚像”是如何从“现实王国”中被驱逐出去的。故事里，一维的“直线先生”在二维世界中醒来，勇敢的“曲调”小伙子消灭不和谐音“野兽”，并从美妙的音乐国度迎娶悦耳的“音符”新娘。初人通过勤奋的学习才开始对科学、数学和哲学产生兴趣，但第二代人类天生就偏爱这些研究，而且这种偏爱有着与原始本能相比毫不逊色的活力。当然，这并不是说他们不需要学习，而是说，他们在高级活动中表现出的热情堪比前辈在较低级活动中表现出来的。

从前，人类的神经系统难以保持有机和谐的状态，而且受它控制的躯体经常会发生“反叛”行为。但对第二代人类来说，神经系统处于绝对的控制地位。因此，激情与理性意志之间，公益与私利之间的冲突在第二代人类中产生的影响很小。

在感官能力方面，他们也超过了前辈。例如，视觉得到了极大的进化。第二代人类有五原色，两个新原色为互补关系，一个介于蓝绿之间，另一个则位于光谱中原本是“偏红蓝色”的位置，延伸到了原本人眼看不见的紫外线部分。而光谱另一端的红外线，他们也能看见，是一种特殊的紫色。由于他们有巨大的视网膜以及增大的视杆和视锥，他们对颜色辨别得更敏锐了。

辨别力的提升，再加上异常丰富的心理意象，使他们对新兴事物的领悟力大大提高。初人的智力水平到十四岁基本就定型了，而第二代人类的智力水平到四十岁之前都在提升。所以最聪颖的初人必须凭借旷日持久的推理才能解决的问题，第二代人类中一般的成年人凭借敏捷的洞察力就可以解决。极其睿智的头脑使第二代人类摆脱了大部分长期困扰前辈的混乱思维和迷信思想。除了拥有高超智力，他们的意志力也极其灵活。实际上，在打破陈规陋习方面，第二代人类也比首代人类能力更强。

总之，环境造就了一种高贵的人类。本质上，二代人类与早期人类属于同一类型，但他们经历了广泛的进化与提高。从某种程度上来说，初人必须通过多年学习和强大自制力实现的目标，第二代人类可以轻松愉快地完成。特别是初人不可企及的两个能力，现在连普通人都已获得，即公正无偏的认识力与毫无保留的爱人如己。在这方面，第二代人类的确可以被称作“天生的基督徒”，因为他们时刻心甘情愿地以耶稣的方式去相互关爱，并将慈爱融入社会政策。他们在早期的奋斗历程中一直信仰爱，一直通过不同方式表达爱，直到生命终结。另一方面，公正客观的认知天赋让他们很快就学会对命运感恩。而且，由于他们天生思维严谨，所以往往在虔诚的爱与注定的命运之间深深纠结。

我们几乎可以肯定地说，人类精神突飞猛进的条件已经创造好了。尽管第二代人类超越了初人，但他们仍缺乏某些使心灵进一步发展的才能。

然而，他们的优秀品质中包含了一个初人不曾有过的异常缺陷。在他们谦卑的个人生活中，很多时候唯有大无畏的英雄方可力挽狂澜，将个人命运从衰退中解脱出来，指引他们去探索新领域。在初人中，这种英勇行为是由强烈的自尊引发的。正是由于无数唯我主义的盲目潮流，初人才得以迈进。但是需要再次说明的是，在第二代人类身上，自尊从不是一个强烈的行动动机。他们只有在社会归属感强烈或爱上某个人的时刻，才会勉励自己去做孤注一掷的努力。每当利害关系只涉及个人进步时，第二代人类就会毫不迟疑地选择稳妥而非冒险；他们会选择由体育、友谊、艺术或知识带来的快乐，放弃自尊。所以从长远来看，尽管第二代人类幸运地几乎彻底摆脱了权欲和虚荣，（而早期人类则深受个人主义和尚武精神的折磨），而且过上了长期的田园安逸生活，文化水平也很高，但是他们朝彻底地、自觉地统治整个地球这个目标迈进的速度却惊人得缓慢。

2. 三个物种的奇遇

几千年时间里，新一代人类遍及从阿富汗到中国海域的广泛地区，进军印度，最远到达新形成的澳大拉西亚大陆。他们的扩张主要是通过文化渗透，而非军事侵略。一些初人的残余部落，由于新一代人类不能与他们正常通婚，所以无法适应更加高尚的文化，结果被新文化抛弃或吞没，最终逐渐消失。

之后数千年，第二代人类保持着“高尚野蛮人”的状态，又历经短暂的畜牧阶段，而后进入农业阶段。这期间，他们派出了一个探险队，穿越新形成的兴都库什山，到非洲探险。在这里，他们遇到了上一代人类探险船员的后代，这些人数百万年前从西伯利亚航行到了这里。这些野蛮人当时向南挺进，穿过美洲，跨过大西洋地峡进入非洲。

这些野蛮人非常矮小，身高只到更优秀的第二代人类的膝部。他们经常弯腰借助胳膊行走。他们头颅扁平，鼻子长而古怪，与其说像人，倒不如说跟狒狒相近些。然而在野蛮生存状态下，他们还是保持了非常复杂的、以嗅觉划分的等级制度。他们的嗅觉能力确实得到了进化，但以牺牲智力为代价。一些气味由于令人厌恶而变得神圣，这些气味只有患有某些疾病的人才会发出，这些病人受到其他人的尊重。虽然他们的身体已经因为受到疾病的折磨而变得虚弱，可还要承受内心的恐惧，所以健康的人不敢与他们对抗。这些独特的味道按照“高贵度”进行分级，所以气味比较温和的人要对浑身散发腐臭气息的人表示尊重。这些病变具有刺激生殖活动的特殊作用，不仅引发了别人的尊重，而且使生育率大大提高。因此，尽管疾病流行，智力迟钝，大量出生的新人口还是席卷了两个大洲。虽然这些病变是致命的，但发展速度并不快。另外，病入膏肓的人通常不能自己进食，但勇于奉献的健康人会无私地帮助他们，即便被感染也心甘情愿。

最令人震惊的事实是，他们中有很多人受到其他物种的奴役。第二代人类进一步向欧洲扩张时，他们来到了森林地带，成群的小型猿猴起而反抗侵入者。很快他们就明白了，任何侵扰森林里顺从、低能人类的行为都会招致猿猴的愤恨。由于猴子使用了一种原始的弓和毒箭，所以给入侵者带来了很大麻烦。这种类人猿会使用武器和其他工具，而且拥有惊人的战争协调能力。这强有力地说明它们的智力已经超过了人类以外的一切物种。第二代人类现在面对的，是世界上唯一掌握多种技能、实践能力高超、堪与人类比肩的物种。

入侵者继续向前推进，他们看到猴子会把低能人聚在一起，赶到远处，免得双方接触。他们还注意到，这些被驯化的低能人彻底摆脱了野蛮亲属中流行的疫病，也正是由于这个原因，后者非常鄙视被奴役的健康人。后来这些低能人被猴子驯化为驮兽，他们的肉还可作为美味可口的饭菜食用。第二代人类还发现了一个由枝条编制而成的树上城市，而且显然正在建设中。因为低能人正在拖曳木材并举到空中，猿猴则用骨矛驱赶他们。同样明显的是，猴子树立权威很大程度上是依靠恐吓而不是武力。它们将一种罕见的芳香植物汁涂抹在自己身上，这些汁液把低能人吓得魂飞魄散，所以只能向猿猴屈服。

现在的入侵者只是先锋队，他们到山区来是为寻找火山喷发后沉积在地球表面的金属。他们是友善的，对猴子没有敌意，只是对它们的习性和才智感兴趣。但猴子却对这个更强大的物种表现出了憎恶，它们立刻在树顶上聚集起来，数量有成千上万之多，用毒箭歼灭了来犯之敌。只有一个幸存者逃到了亚洲。过了几年，他带着大批人马回到此地，但目的不是惩罚，因为第二代人类生性温和，不知怨恨为何物。他们在森林外围建立了自己的基地，谋划着与树居猿猴沟通，并进行物物交换。于是过了一段时间，他们被允许畅通无阻地进入该地区，并开始了他们伟大的矿藏勘探使命。

我们如果认真研究这些与众不同的智能生物之间的关系，一定会很有启发，但现在没有时间做这项工作。猴子在自己的领地表现出了或许更胜人类的机敏，但它们的才智只有在非常有限的领域内才能充分发挥。它们能够灵巧地发现更好地满足自身欲望的新方法，但它们完全缺乏自我批判的能力。除了正常本能的需要，它们内心又逐渐出现了许多后天的、习惯性的迫切需要，然而其中多数是有害的奇风异俗。而第二代人类尽管在智力上有时会被猴子超越，但从长远来说，他们无可匹敌地表现出了更加出众的才华，而且拥有更加健全的心态。

这两个物种的差异，可以从他们对金属的反应上清晰地察觉出来。第二代人类寻找金属的唯一目的是继承古代的先进文明，而猿猴第一次看见金属铸块时便神魂颠倒了。它们之前就仇恨入侵者特有的优势和物质财富，现在由于这种嫉妒心，加上天生的占有欲，铜和锡在它们眼里成了权力的象征。为了使工作不受影响，入侵者们将本土的篮筐、陶瓷和各式工具作为酬劳送给猿猴。但是它们一看到这些粗鄙的金属工具，就要求在自己的土地上生产同样的产品。这一要求得到入侵者的欣然同意，因为这省去了从亚洲将货物运送过来的麻烦。但是对猴子来说，金属并无实际用途，它们只是将金属囤积起来，而且越发贪婪。一只猴子要是没有费力地扛着金属，到哪里都不会受到尊重。过了一段时间后，不携带金属被认为是不体面的行为。他们与异性交往时，常把这高尚的象征物戴在身上掩盖生殖器。

猴子获得的金属越多，渴望得到的就越多。为了占有和贮存更多的金属，它们常发生流血冲突。这种内部冲突最终导致它们齐心协力地阻止金属外流。有的猴子甚至建议用拥有的金属锭制造更强大的武器，将入侵者们驱逐出去。然而这一策略遭到了抵制，不仅仅因为他们不懂得加工金属，更因为它们一致认为，将这种神圣的材料拿来做任何事情都是鄙俗的。

低能人类中间有关驱除入侵者的争论日益激烈。他们受到主人的粗暴虐待，不仅劳累过度，而且还被蓄意而残忍地折磨着。这种折磨不是由于猴子残酷的欲望，而是来自它们的一种奇怪的滑稽心态，或者说是一种变态的愉悦感。例如，猴子强迫这些“家畜”工作时身体直立，这在当时是违反他们的本性的。猴子还让他们吃自己的粪便或孩子。奇怪的是，猴子通过这些获得了天真和放纵的快乐。如果有人跳出来反抗，猴子会立刻失去那种愉悦感，变得轻蔑傲慢，勃然大怒，根本不理解对方的心态。猴子相互之间确实能做到友善大度，但偶尔幼稚的滑稽行为也会过火。它们中如果有谁做了让同伴误解的事，它就会受到愚弄，往往会被折磨致死。但总体上来说，这个社会里只有被奴役的物种被苦痛折磨着。

入侵者对这残酷的低能愚钝行为感到颇为愤慨，冒险提出了抗议。对猴子来说，这是莫名其妙的。牲畜是干什么用的，不是为高级动物服务的吗？显然，猴子认为入侵者终归还是缺乏更优秀的智能，因为他们理解不了奇异的美丽。

最终，导致冲突的诸多原因使猴子想出了永久解脱的办法。第二代人类也容易感染低能“亲属”的某些疾病，他们只是由于地理阻隔才幸免于难。这一点已经很明显了。一方面出于报复，另一方面由于猴子看见别人受苦就高兴，它们决定利用人类的这个弱点。在这片领土的偏远地区生长着一种坚果，人类和猴子都觉得这种坚果是美味。猴子之前就曾用它去交换多余的金属，而第二代人类的先锋团正准备用大篷车装满坚果运回家乡。在这种情况下，猴子发现了机会。它们小心翼翼地在大量坚果上涂抹了在尚未被驯化的低能人类中传播的病菌。很快，装载携带病毒的坚果的大车就来到亚洲各地。第一次接触这些微生物的人种遭到了灾难性的伤害。不光开拓者共同体被彻底摧毁，大多数人类也都死亡了。低能人类却早已适应了病菌，而且由于病菌的作用，繁殖速度很快。但是对生活在更加精巧的有序社会的第二代人类来说，事情就没有那么简单了。他们如秋叶般凋谢，然后死亡，文明也已破碎。此后生活在亚洲的几代人，人口数量骤减，幸存下来的都是原始野蛮人，而且都染上了病症，大多残废。

尽管发生了这场灾难，但人类的长远潜力并未被影响。经过了几个世纪的时间，人类终于摆脱了病菌的困扰，又一次开始文明建设。又过了一千年，拓荒者再次越过高山，进入非洲，这次没有遇到任何敌人。智能猿猴早已消失。由于猴子身体要承受金属的重压，而且过分迷恋金属，最终被蓄养的低能人推翻消灭了。

3. 第二代人类的鼎盛期

大约二十五万年的时间里，第二代人类经历了多个繁荣与衰退的循环。他们的人种非常卓越，迈向文化发展的进程却并不那样稳健和成功。从第二代人类的角度来说，他们与整个人类一样，总是有可能被灾祸击碎最美好的梦想。例如，第二代人类受到漫长冰河期的困扰，冰川范围最大时甚至到达印度南部。慢慢侵入的冰川逐渐将许多部落推进到各个半岛的尽头，使人类文明衰退到原始人的水平。当然，最终人类的整体水平也有所恢复，但又遭到其他灾祸，其中对人类打击最大的是细菌传染病。第二代人类的身体极其活跃，也更容易受病菌侵袭，无数个充满生机的蒙昧文化、“中世纪”文明都被瘟疫彻底摧毁了。

但所有降临到第二代人类身上的自然灾害中，最糟糕的一次却是由自身体质的自然变化引起的。如同剑齿虎的尖牙最终长大到难以进食，第二代人类的大脑长大到了危险的、不协调的程度。他们的头骨里曾经有足够的空间，可现在这珍贵的自然产物里的空间却日益狭窄。循环系统从前运转正常，现在越来越难以向狭小的颅腔内部供血。这两个因素产生了严重的后果。先天性低能越来越普遍，还产生了各种后天的精神疾病。人类处于这种危险的境地长达数千年，几乎灭绝。但在某些地区，一种放纵型文化正在迅速形成。在这些地方，身体的劣势反而成了一种优势。其中一股出现在长江流域，这里的城邦突现短暂的辉煌，神经病患者、天才和低能人皆居住于此。这种文明长期发展的结果是描写绝望情绪的杰出文学作品大量涌现，而绝望恰源于对人和世界的现实与前途之间差异的感触。后来当人类如日中天之际，却依然喜欢揣摩过去悲惨的呼声，为的是提醒自己：生活中潜藏着怎样的恐惧。

同时，大脑越发失调，人类的组织也就越发涣散。毫无疑问，如果第二代人类中没有进化出更稳定的人种，那就会重蹈剑齿虎的覆辙，这是演化方向所决定的。一种头骨更大、心脏较强健的第二代人类首先在北美洲出现，他们是从被第二代人类占据的非洲移民过去的。凭借难得的幸运，新人种在地中海占据了主导地位。他们自由地与之前的人种通婚，于是美洲很快遍布了这个优秀、健康的种族，人类这才得救。

但是，第二代人类又过了十万年才达到鼎盛时期。我不会详尽描述这段人类历史交响乐，但它确实是一段华美的乐章。许多早期人类在奋斗生涯中创作的主旋律不可避免地被重复，但融入一些与众不同的特征，曲调也进行了调整，不妨说是从小调进化为了大调。许多种族的原始文化再次交替出现，这些种族或逐渐变成文明民族、野蛮民族，或产生了“中世纪”文化，它们又依次消亡或改变形式。地球有两次合为一家，而且延续了成百上千年，但最终被灾难毁灭。崩溃并非完全不可预料，因为与早期人类不同，第二代人类没有煤和石油。第二代人类建立的两个早期全球社会中根本就没有机械动力。结果，尽管当时人类的社会结构是世界性的，复杂而有序，但是生活方式却是“中世纪的”。在每个大陆，精耕细作、技艺精湛的农业生产从溪谷地区蔓延到山区和沙漠灌区。熙熙攘攘的花园城市中，每个市民都忙于农事，有时也会做些手工艺。当然，他们也会利用闲暇时间进行娱乐和思考。五大洲内部和不同洲之间不得不通过马车、大篷车、帆船保持交通联系。帆船再次盛行，风靡程度远远超过了从前。每个大洋上都有许多船头船尾雕刻着图案的木制红帆大型快速帆船，在露出水面的海豚光滑鱼鳍的帮助下，运载着各地农产品和旅客，这些旅客正要去异域度过欢乐的安息年。

第二代人类拥有高超的智力，而且不受反社会的利己思想羁绊，再假以时日，终于取得了上述成就。但好景不长，能使人患上一种诡异的疲惫症的病毒感染了全世界，这种病毒会让人的内分泌系统陷入难解的紊乱状态。但是由于人类缺乏生理学知识，所以毫无察觉。几个世纪以后，山区和沙漠地区的农业生产停滞，各行各业技能衰退，人类的思想活动千篇一律。毫无生机的社会使人们意志消沉。最终民族间失去联系，互相遗忘，自己的文化也被忘却，各个民族瓦解为原始部落。地球又一次进入休眠期。

几千年后，疫病早已平息，几个伟大的民族各自孤立地形成了。当他们最终互相接触时，感到彼此间如此陌生。各方都经历了痛苦的文化变革，还有流血冲突，才最终使世界再次统一。但是第二次世界统一秩序仅保持了几个世纪，因为潜意识里的深刻差异使各个种族很难完全真心相对。所有人都希望统一，但又无人相信统一，最终还是宗教起了作用。一个信仰一神论的民族希望将自己的信仰传播到泛神论盛行的其他地区。这是第二代人类第一次，也是最后一次陷入世界范围的内战。由于战争源于宗教，所以演变成了前所未有的残忍暴行。尽管人类使用的武器很原始，但斗志昂扬，双方的国民军死伤枕藉。结果农田变为废墟，城市被大火烧毁，河流乃至空气都被污染。战争给人类带来了极度的恐惧，低等物种目睹之后都不免惊愕。可是战争过去很久以后，这些狂热信徒仍然在策划破坏活动。衰落最终不可避免地降临了，这是更加彻底的衰败。灾难性的启示渗入每一个敏感的第二代人类的内心，背叛人性的负罪感、纷乱斗争的悲喜剧让他们不堪重负，消磨了他们的全部精力。他们用了成千上万年才再次实现全球统一。但是，他们已经吸取了教训。

第二代人类建立的第三个，也是最持久的文明发扬了第一个全球闻名的中世纪精神，而且青出于蓝，人类进入自然科学时代。化肥提高了农作物产量，世界人口也得以增长。风力和水力发电为人力和畜力提供了能量补充。多次失败后，他们学会了利用火山能和地热能驱动发电机。不到几年，整个文明的物质生活面貌便为之一新。在工业迅猛发展的过程中，第二代人类避免了以往欧美国家和巴塔哥尼亚人犯的错误。一个原因是他们的同理心更强，除了宗教战争会使人类远远背离之外，他们所有人都唇齿相依，情同手足，亲切活泼。另一个原因是他们比英国人还讲求实际，比俄罗斯人还对财富不屑一顾，比希腊人还热切地追求思想生活。即使有充足电力的辅助，采矿业与加工业仍然不比之前轻松。但是，每个人都对同胞有着生动的同理心，所以经济力量被私人独占的现象很少发生。另外，赤子之心还让他们避免了工业发展的种种弊病。

第二代人类发展的鼎盛时期，文化里蕴含着尊重个性的思想。然而，这里的个人既被视为目的，又被视为工具——能实现遥远未来更丰满个性的工具。尽管第二代人类比前辈们长寿，但也会被人类生命的短暂和个人成就的渺小所困扰。特别是等待他们去理解、去赞美的世界是那样广大无边，个人所能做到的又是那么少，这个对比是多么鲜明！于是，他们决心繁育出更加长寿的人类。此外，尽管他们比前辈们更乐于参与他人的事业，但在相互理解的过程中不免会出现扭曲和错误，由此带来了困苦。与前辈一样，他们对自我和他人的意识也有过更朴素的观念，也曾尊崇过各种不同的人物，包括野蛮英雄、浪漫主义者、思维敏捷的思想家、直率友好的朋友、颓废的艺术家、和蔼的长辈、严厉苛刻的批评家。他们断定，由于每个人自己就是某种人性的体现，所以他们应该努力去感受其他每个类型的人性。他们甚至还认为在理想的社会中，每个成员应该建立与同胞的某种独特感应，并通过这样的心灵感应形成思想的统一体。这个理想似乎遥不可及。于是他们的文化中便出现了一条黑暗的主线：渴望精神联合又害怕孤独。他们的先辈从未受过如此折磨。

这种渴望统一的梦想影响着人类的性生活。首先，心理和生理在他们的人性中密不可分，所以当心灵无法沟通时，性行为就失去了意义。所以，随意的性关系逐渐被打入另册，用与表达更亲密感情的性关系不同的方式对待。随意的性关系被视为生活中令人愉悦的粉饰，为人们提供了风流潇洒、欢畅地表达多愁善感的内心、诙谐取乐，当然还有身心陶醉的机会。但是，它们同时又被认为仅仅是朋友之间表达快乐心情的方式。夫妻固然情投意合，但只有身体交媾才能受孕。在这种情况下，夫妻要经常避孕，情人之间却从不这样做。心理学家最有益的发明之一就是自我暗示，它能随人心意地助孕或避孕。当然这对身体无害，也不会产生不良的影响。

第二代人类的性道德经历过初人所了解的所有阶段，但当他们建立统一世界文化后，性道德具有了前所未有的表现形式。首先，无论男女，都被鼓励去性交，只要是为了丰富生活；其次，从较高的心灵结合层面来说，严格的一夫一妻制遭到反对。人类中较高级的种族将性交视为精神联合的象征，而他们早就渴望将精神联合推广至全人类。所以爱人最珍贵的礼物并非是贞操，而是性体验。他们感觉到性生活与精神的联系越是紧密，受孕的可能性就越高。然而，尽管一夫一妻制并未得到赞颂，但这种更高级的结合经常会让两人终生相伴。但由于寿命要比初人长，所以偶然的长期结合会被有意制止，然后随着活力的恢复又会重新出现。但是，有些男女会维持长期的、多人的婚姻模式。成员交换时有发生，有时还会先解散，过几年经验更充实时再次结合。这类各种形式的“群婚”得到了赞赏，因为它们意味着一种活泼的性参与行为开始向更广阔的范围延伸。对初人来说，短暂的生命使他们无法体验这种新颖的婚姻形式，因为性生活与精神的紧密关系显然是不可能在不到三十年的共同生活中就实现的。我们如果对第二代人类的社会制度进行仔细研究，一定会觉得很有趣，但没有时间去做这项工作了，甚至对他们超越前辈们的杰出知识成就也没有足够的时间进行研究。很明显，第二代人类的自然科学和哲学对本书读者都是难以理解的。一言以蔽之，他们没有像初人一样沉迷于虚假的抽象和既精妙又浅薄的形而上学理论。

直到第二代人类在科学和哲学领域超越了初人的最高成就时，他们才发现西伯利亚的巨大石碑文库。当一组工程师在准备挖天井获取地热能时，发现了这个秘密。石碑已经残破不堪，然而，他们在图解字典的帮助下还是逐步进行了整理和翻译。第二代人类对这意外的发现非常感兴趣，但他们的关注点与西伯利亚先人的意图不同，因为石碑上记录的内容并非科学和哲学真理，而是生动的历史资料。另外石碑上记录的宇宙观既天真又武断，但对洞察早期人类的思维来说还是很难得的。由于古老世界没有什么遗产在火山喷发期保留下来，所以第二代人类迄今无法对其前辈们有一个清晰的了解。

考古发现中，只有一件古物具有历史学意义以外的价值。西伯利亚社区的生物学领袖记下了一段经文：神圣男孩传。最后一段是先知最后的发言，这段发言曾使巴塔哥尼亚人非常困惑。然而，这段短文对第二代人类来说是意味深长的，如果全盛时期的初人看到这段经文，必定和第二代人类有同样的感受。但是对初人来说，“神圣男孩”所鼓吹的“冷静的狂喜”是理想而非真实的体验。第二代人类却在先知的字里行间感受到了自己熟知的敏锐洞察力。不久前，备受折磨的长江城邦里的天才也表现出了同样的洞察力。后来健康的人类也偶然有这种体会，但总伴随着羞愧感，因为它已经与病态心理联系在一起。但是，现在越来越多的人认识到这种洞察力是健康的，于是第二代人类开始探索如何用健康的方式表达它。从生活在遥远过去的这位年轻信徒的生平和最后演讲中，他们发现了一种相当成熟的生活态度，人类此刻正需要这种信条。

全世界最终达到相对的完善平和，进入长久的全盛时期，实现了社会和谐与文化繁荣。几乎所有在这个发展阶段能用智力达到的事情都完成了。人们实现了健康长寿、心情舒畅、共同幸福的生活目标，普遍感觉到聚集所有力量，跨入新思想境界的时代已经来临了。人们意识到，此时的人类只不过是粗糙杂乱的自然产物。现在人类已经到了掌握自我控制能力，迈向更大格局未来的时代。为此人类开展了两项伟大的工作：探究人性理想和寻找重塑人性的现实方法。世界各地的人们都过着幸福的生活，彼此间感到非常快乐，社会各个组织都保持着生机和活力。世界大家庭最终开始投入到崇高使命中去，人们深深地被这种思想所激励。

但是在太阳系的其他地方，迥然不同的生命正用奇异的方式追求着人类难以理解的目的，虽然归根结底，两种目的是同一的。不久，这两种生命就要相遇，但双方之间的关系并非合作。

第四章｜ 火星人

1. 火星人的第一次入侵

兴都库什山变得更宏伟了，山麓小丘上建设了许多度假中心，来自亚洲的青年男女经常来到这里，寻找像攀登阿尔卑斯山那样危险刺激和艰苦磨炼的机会，实现灵魂的升华。兴都库什山进入初夏的时候，人类首次发现了火星人。早起散步的人们注意到天空中有奇异的浅绿色彩，还发现晴朗天空中升起的太阳黯淡无光。观察者们惊讶地发现那团淡绿色竟是无数朵小云，云朵之间是湛蓝的天空。他们用望远镜观察，发现每个绿色斑点的核心都有淡淡的浅红色，还观察到了连成串初人看不到的移动的红外线光束。这些离奇的云朵尺寸基本一样，最大的看上去比月轮小，但形状不断变化，变化速度比云卷云舒快得多。实际上，尽管他们的形状和移动方式像云彩，但他们在外部特征和行为表现方面有着明显的生物特征，让人联想起显微镜下的原始变形虫。

整个天空都被云朵填满，有的地方密密麻麻，有的地方稀疏一些。人们观察到他们在移动，都朝着一处高耸山峰而去。最早抵达的已经用缓慢的速度、变形虫似的姿态滑落到岩壁上。

此时，几架电动飞机升空去近距离查看这奇怪的现象，从漂浮的云朵间穿过，途中并未受阻，飞机上人的视野也始终清晰。

山上一大群云朵汇聚到一起，从峭壁和雪地滑落入高耸的冰河峡谷。云朵沿着冰河垂直下落到某个高度后，先头部队放慢速度，停了下来，许多同伙纷纷落在上面。过了大约半个小时的时间，整个天空再次变得晴朗，只有自然的云彩。但是，冰河上方仿佛形成了一团凝固的雷雨云，颜色异常黯淡，只有表面的淡绿色斑点和气泡还在活动。过了几分钟，这怪异的物体开始凝缩成一个较小的团块，颜色更暗了，继续向下移动，越过陡峭的冰河末端，落入松树覆盖的峡谷。此时，山脊挡住了首批观察者们的视线。

峡谷下游有一个村庄，许多居民看到怪异浓密的云团向他们移动时，慌忙爬上机械车辆逃走了，个别人因为好奇待在原地。他们被朦胧的黄褐色大雾吞没，同时被奇特的浅红色闪光击中，纷纷倒在地上。现在天空完全暗了。灯光几乎只能照到胳膊那么远。村民呼吸困难，感到喉咙和肺部疼痛。所有人都剧烈地打喷嚏和咳嗽。云团流经了整个村庄，一切物体都受到了巨大压力。云团并非沿着某个固定的方向运动，有时还会反向运动，好像碰到人体或墙壁，要用胳膊撞开似的。不出几分钟，云团缩小，很快离开了村庄，只留下少数烟雾似的物体流进小巷。这些烟雾也很快消散，迅速地追赶上了云团主体。

当气喘吁吁的村民身体稍微恢复时，他们给峡谷下游的一个小镇发出信息，催促他们暂时疏散。这条信息不是通过无线电发送的，而是通过细细的光束。光束恰巧穿过了那些有毒的物质。在信息发送的过程中，云团停止了前进，轮廓也变得模糊参差、支离破碎，分解开的雾气随风消散。几乎就在信息刚发送后，云团的轮廓又开始变得清晰，静止了长达十五分钟的时间。下游小镇的十几个大胆男青年出于好奇靠近云团。云团就在峡谷转弯处，他们刚靠近，它便迅速收缩，变成了一间房子大小。云团现在看上去既像一团不透明的浓烟，又像水母。那伙年轻人冒险走到离云团几米远的地方之前，它都没有动。这时人们看到，年轻人已失去了勇气，转身返回。但是他们还没退出三步，长长的鼻状物迅速从云团中伸出，速度之快如同变色龙的长舌伸出捕猎，把他们包裹住。鼻状物慢慢缩回，年轻人已经被粘在里面。胶状的云团剧烈翻滚了几秒钟，然后将咀嚼过的尸体一下喷射出来。

杀人云团现在沿着大道向小镇挺进。它靠在第一间房子上，瞬间将其压碎，然后继续前行，四处徘徊。杀人云团如同熔岩流一般将面前的所有东西推倒。居民逃之夭夭，但有的人被吞噬。

此刻人们用附近的装置发射出强力光柱，光柱射入云团内部。云团的破坏力随之削弱，开始解体，膨胀。它像巨大的烟柱开始上升，在离地面很高的位置，又分散为一大群先前那样的绿色云朵，但数量明显减少了。最后云朵变成均一的浅绿色，逐渐消散了。

火星人首次入侵地球就这样告终了 。

2. 火星上的生命

本书的主旨是人类，涉及火星人只是因为他们与人类产生了关系。但是为了解地球与火星悲剧性的交往过程，我们还是有必要看看火星上的情况，认识一下当时与地球人外表差异巨大、本质却相差不多，而且想要占据地球的火星人。

在区区几页里详细介绍人类世界的生理、心理特征与历史是极端困难的，反过来介绍火星人也一样。完成这两项任务需要百科全书和图书馆才行。然而，我不得不通过某种方式来努力说明这些外星人的痛苦与快乐，他们经历了漫长的奋斗历程才造就了奇异的地外智慧。他们在某些方面不及人类，但有些方面又超过了人类。

火星的质量相当于地球的十分之一，所以引力也弱得多。引力微弱，加上大气层稀薄，所以火星的气压比地球低得多。而且，火星上缺乏空气和水资源。火星上没有海洋或河流，只有浅湖和沼泽，而且到了夏季就会干涸，气候总体上干燥寒冷。由于火星上没有云彩，所以总是天气晴朗，沐浴在遥远太阳发出的微光下。

火星历史的初期，空气和水是充足的，地热使气温保持在较高水平，所以在沿海地区出现了生命，进化历程与地球类似。原始生命分化为初级动物和初级植物两种类型。后来多细胞的生物出现了，并开始以不同的方式适应环境。多种植物遍布火星表面，比如高大纤细、顶部长着冠毛的植物就覆盖了大片火星表面。软体动物和昆虫在陆地上爬行或在水中游荡，还有的善于跳跃，行动迅速。有一类细长足的蜘蛛类动物，样子与甲壳类动物或体型巨大的草蜢有几分相像。它们跳跃着捕猎，逐渐掌握了各种技能，智慧也发展起来，于是像早期人类控制地球一样控制了火星，但要晚于人类。

但与此同时，生命所需的物质快速消失了，比如空气，特别是水蒸气。火星因此发生了巨变，令动植物难以适应。此外，一种特殊的致命生物开始利用这种变化进行扩张。火星与地球一样，生命都是从众多“准生命”中发展出来的。火星上的新生命就是从这样一种准生命单元中演化而来的。这些单元之前并未充分演化，给其他生物带来的影响一直很微弱，但偶尔会作为罕见的病毒出现在动物的呼吸系统中。这些准生命单元极其微小，比地球上的细菌甚至病毒还小许多。他们最早出现在沼泽池塘里，这些池塘每到春季就干涸，成为干裂泥土连成的洼地。这些准生命单元有一些附着在空气中的尘埃粒子上，形成了在非常干燥的环境下生存的习性。准生命单元靠吸收风吹来的尘土上的化学物质和空气中的少量水分维持生命。他们还可以通过几乎与植物相同的光合作用来从阳光中获取能量。

从这方面来说，这些准生命单元与其他生物是相似的，但还具有其他生物在进化之初就失去的能力。地球上的生命体和火星上的类地生命体，通过神经系统或其他形式的器官间物质接触，将自身保持为统一体。进化程度最高的生命体拥有高度复杂的中枢：大脑。神经就像电话一样把身体各部分与大脑连在一起。所以，地球上的生命体都拥有连贯的物质系统，且保持着形态上的一致性。但是，火星上的准生命单元最终进化成了一种非常与众不同的复杂生物，其行为的协调和意识的统一不必通过身体各个部分的物质接触来实现，而是依靠与地球生命体完全不同的身体基础。这些极微小的准生命单元对一切轻微震动都很敏感，这是地球生命所无法感觉到的直接敏感性。这些单元自己也能发出震动。在此基础上，火星生命终于进化出了不必进行物质接触也可维持自身组织的有意识个体。所以典型的火星生物形式是云朵，即受群体意识控制的若干自由活动的生命体。但是为了某种目的，原本各自独立的小云朵可以汇成流动的巨型云团。入侵地球的火星生物就是如此。

我们不妨说火星生物依赖的不是“电话”线，而是数目庞大的移动

"无线电台"，他们会根据各自的目的发送、接收不同波长的信号。单一个体发出的信号肯定很微弱，但由许多个体组成的庞大群体在互相联系时，远距离的通讯便可以实现。

另一个重要特征也使火星上这处于主宰地位的生命与众不同。地球生命体内的细胞常有改变其外形的能力（从而改变肌肉活动的整体机制）。火星生命体也有类似的特性，体内自由运动的微小单元会特化，在周围产生一个磁场，排斥或吸引周围的生物体单元。这样，在由实际分离的单元个体组成的系统内部就形成了一种内聚力。内聚力的稳定性表现在烟雾形态与稀薄胶状物形态之间的转换上。这些生物体单元的表面边界明确但不停地变化，而且存在张力。通过单元间集聚的互相排斥力，这些单元可以对其周围的物体施加压力。火星"云团 – 胶状物"收缩到最小时可以产生巨大的力量，而且可以进行精确控制。云团整体在地面像软体动物一样蠕动时，这种磁力会发挥作用，并且也是云团内各部分之间输送无生命物质和有生命单元的动力来源。

一个准生命单元所产生的磁场比"无线电"联络场的范围要小。由单元组成的有序群体之间的情况也如此。所以，第二代人类在空中看到的每个云朵都是独立的运动单元，但云朵之间也进行着"心灵感应"式的沟通。火星生物在执行所有公共任务——比如入侵地球——时，其庞大的磁场内几乎自始至终保持着完全统一的意识。但是成员只有在汇集成相对稠密的小型"云团 – 胶状物"时，才会互相吸附成为单一的行动单元。我们应当注意到火星人有三种形态：首先是"散开队形"——独立稀薄的云朵，通过心灵感应沟通，往往有统一的集体意志；第二种是"团体联合云"，集中度更高，防御力也更强；第三种就是密度极高、威力极大的“云团－胶状物”。

除了这些非常明显的特征外，火星生命与地球生命之间没有根本差异。前者体内的化学物质比后者稍微复杂了一点，比如硒在火星生物体内扮演着重要角色，而地球生物体内则没有该物质。另外，火星人同时保持着动物和植物两种生物特性，这点是非常独特的。但除此之外，两种生命从生物化学角度来说是完全相同的。两者都需要从地表获取营养物，都需要阳光。两者都要经历自身“血肉”内的化学变化。当然，两者都将自己视为有机整体。在繁衍后代方面，两者确实存在一个差异：火星人的准生命单元拥有生长、分裂的能力。所以，火星云团式生命是由亲本体内无数单元的分裂，然后将新个体排出体外产生的。由于这些单元高度分化，各司其职，所以新云团中会有多种不同类型的单元。

在火星早期进化阶段，火星生命繁殖结束后，亲子便相互分离，毫无联系。但是，之前无用而初级的射线发射能力现在进入特化的轨道，使繁殖产生的个体间保持着联系，相互协调的能力也不断增强。再后来，这些有组织的群体自身也通过射线与后代保持联系，于是形成了更多、更大的特化群落。随着群体复杂性的提高，其放射能力也变强了。到了火星进化的全盛时期，星球上的所有生物（除了幸存下来的进化失败的其他动植物）有时会形成单一的、兼具生物学与心理学特征的超级个体。但一般来说，这只有在遇到事关整个种族的事务时才会发生。通常火星人个体以云朵形式存在，例如那些使第二代人类感到惊讶的云朵。但在集体陷入危机时，每个云朵都会突然被唤醒，将自己视为整体的一员，感觉到许多个体的存在，并根据整个群体以往的经历去理解其感觉到的事物。

综上所述，主宰火星的生命群体介于由高度分化单元组成的严明军队与受大脑控制的身体之间。与军队一样，火星生命的群体可以在不损伤有机统一的情况下变换队形；有时会分散成自由行动的个体，有时又会组成阵型执行专门任务；生命群体由自由的、富有经验的成员组成，这些成员全都自愿服从命令。另一方面，这个群体又不像一支军队，因为它只在成员的意识偶尔统一的时候才会形成。

统一与分离之间的不断转化不光是整体物种的特征，每个云朵也有这一特性。每个云朵有时是个体，有时又是群体的成员。但是当整个物种罕见地融为一体时，个别的云朵是几乎不会脱离出去的。每个云朵都是由许多高度分化的群体构成的组织，而这些群体则是由更小的分化群体构成，以此类推。每个由自由流动单元构成的自由流动群体都是一个特殊“器官”，发挥某些特定职能。有的负责吸引和排斥；有的负责化学变化；有的负责储存太阳能；有的负责发出放射线；有的负责吸收和储存水分；有的负责特殊的刺激反应力，如察觉机械压力和振动、温度的变化和光线。此外，有的分化为发挥类似人脑功能的单位，但它工作的方式有些特殊。不同“器官”会发出波长各异的大量“无线”信息，所有云朵都会对这些信息产生共鸣。“大脑”单元的功能就是按照以往的经验接受、联系和理解这些信息，并用与相关器官一致的波长做出回应。

所有这些准生命单元，除了高度分化的单元以外，就如同空气中的细菌和病毒一样能够独立存活。这些单元与整个群体发出的射线失去联系的时候仍能作为单体生存，直到重新被群体控制住。他们都是自由飘动的个体，但正常情况下也会在云朵电磁场的影响下，被指引到各处完成各自任务。在这种影响下，部分个体可能会被严格限制在互相协调的位置，例如视觉器官内的组成单元。在进化初期，有些单元分化为专门负责搬运微小水滴的单位。后来他们能搬运的水滴更大了，数百万个单元就这样一起保存着这种对生命极其珍贵的液体。最终，这个功能被用到了视觉上。像牛眼一般大的水质透镜被这些单元组成的框架支撑着，焦点的位置上有视网膜，视网膜同样被许多单元固定在自己的位置上。这样火星人就能够在需要时产生各类眼睛、望远镜和显微镜。当然了，这种视觉器官的产生和使用大多是潜意识的，如同人类眼睛的对焦机能。但是，后来火星人极大地提高了对生理过程的有意识控制能力，从而拥有了卓越的视力。

在研究火星人心理前，我们必须注意一下他们的另一个生理功能。身体进化完善，但思想远未进入文明的火星人早已不再依赖风吹来的火山灰中蕴含的化学物质，而是在夜晚像地球表面草地上齐膝高的薄雾似的，将高度分化的管状单元伸入土壤中，像植物的支根一样吸取化学养分。他们有时也利用白天时间来做这项工作。过了一段时间后，火星人会直接吞噬枯萎的植物来补充养分。最终进入文明阶段的火星人通过运用机械和器官分化极大提高了利用土壤和阳光的能力。然而即使如此，由于他们进行的活动越来越多，植物越来越不够用了。于是他们不得不开始耕作，但干旱的火星表面只有很小面积的土地能结果。地球上的水和植被吸引着他们，最终火星人决心来一次遥远的冒险旅行。

3. 火星人的心理

火星人与地球人的心理截然不同，但本质上却完全相同。他们的身体如此奇异，欲望也好，对环境的认识方式也好，不可避免地会与地球人有所差异。火星人拥有与地球人不同的历史，而且有与地球人不同的困扰。归根结底，火星人心智的作用也是维持生命、发展生命、发挥身体机能。从根本上来说，火星人与其他生物一样，自由地运用着身体和心智。但从外表来看，他们的内心与身体一样与人类有所不同。

与人类相比，火星人与众不同的特征是，他的个体既容易与其他个体分离，同时又能直接参与到其他个体的心智活动中去。正常情况下，人体是坚实地聚合在一起的，由心智维持着人体的统一，支配着其他身体部位。人类只有在患病时才会出现身心分离的状态。另外，人类个体无法与其他个体发生直接的心智联系，所以在群体中绝不会出现“超级头脑”。然而，云朵状的火星人虽然身心两方面都更容易分裂，但随时能够觉醒成为整个种族的心智，利用其他所有个体的感官，体验他们的思想和意愿。而这些思想和意愿都是有关公共利益的所有个人思想和意愿的总和。但我要说，火星人的群体智慧从来没有超越个体智慧的高度。

火星人与地球人在心智上的这些差异产生了性格上的利弊。火星人没有人类根深蒂固的私心和与同伴在心灵上的隔阂。但是，他们缺乏连贯性、注意力、深刻的分析和综合能力。他们还缺乏鲜明的自我意识和无情的自我批判，而哪怕是最优秀的初人也或多或少地拥有这些能力，第二代人类更是要好得多。另外，火星人的性格几乎完全相同，这也束缚了他们的发展。他们处于完美的和谐状态，但这仅仅是由于几乎完全相同的性情。千篇一律阻碍了他们的进步。火星人缺少丰富的个性，而地球人在这方面具有优势，使人类精神涵盖了宽广的心态范围。人类的无穷多样性不仅给个人，而且从某种程度上还给人类造成了无数破坏性的残忍冲突，但同时也使每个富有同情心的个人，可以通过与自己的性情、思想、理想不同的个体进行交往来充实自己的精神世界。火星人很少受到内部争斗和仇恨困扰，但也几乎没有爱的激情。每个火星人都有崇敬之心，也有忠诚之心，但对象不是具体的、个性的、与自己拥有相同地位的同类，而最多是投给模糊构想出的“种族精神”。在他们看来，个体只是“超级头脑”的工具或器官。

火星人的心智常被辐射激发，如果他们的心智能够进化到更高层次的话，那就不会再发生内部冲突。但事实并非如此。心智被激发的结果只不过是所有云朵的知觉、思想和意志得到了集中。所以，最终火星人对集体的绝对忠诚被白白浪费了，群体智慧水平并不比个体更高，只是群体人数更多而已。

火星云朵像人类一样有着复杂的天性。他们被本能驱迫着不分昼夜地发挥自己的植物性机能，从地面吸取化学养分，从阳光中获取能量。他们同样渴望得到空气和水，但另有自己的一套方法。他们也有活动“身体”的本能冲动，不管是移动位置，还是操纵物体。火星文明——无论是农业活动，还是复杂优美的“云舞”体操——都为他们提供了实现这些愿望的机会，因为这些无比柔软的生物很喜欢在空中旋转，或富有韵律感地用力抛出彩带，或与其他云朵交织在一起螺旋飞行，或聚集在一起形成不透明的球体、立方体、锥体和其他神奇的形状。对他们来说，许多动作和形状都在生活中有着深厚的情感意义，而完成这些动作，组成这些形状要怀有宗教般的狂热和严肃的态度。

火星人也有恐惧和好战的冲动。很久以前，这些冲动是针对物种内部的敌对分子，但自从整个物种统一以来，他们只对其他物种和无机物采取这种态度。由于火星人天生固执己见，所以他们自然养成了极端的群居特性。火星人完全没有性活动，因为他们没有可以生育的配偶。但他们与其他个体在身体和思想上结合的冲动，以及形成“超级头脑”后的活跃心态都具有人类性行为的特征。他们了解为人父母的欲望，不过在现实中，他们绝对配不上“父母”二字。他们只是想从体内释放出过多的生命物质，并与如此形成的新个体保持协调一致。他们很不理解人类给予新生儿的关爱，还有性情不同的两性之间的细心交流。然而就在他们首次入侵人类的时候，繁殖受到了极大的限制，因为火星人人口众多，而且每个云朵都可以长生不死。火星人没有“自然死亡”，也就是说他们不会老死。云朵一般会通过复制组成单元来不定期地修复身体。疾病会结束他们的生命，主要是一种类似地球上癌症的瘟疫，能让准生命单元失去对放射的敏感性，然后退化成原始的生物，毫无节制地自我复制，寄生在其他未受感染的准生命单元上，结果必然导致云朵的死亡。

与地球上的高级哺乳动物一样，火星人有很强的好奇心。由于火星文明取得了极大的发展，所以他们有许多实际需求需要满足。而且他们体验、观察细小事物的能力很强，所以在自然科学领域有很深的造诣。在物理学、天文学、化学甚至生命化学领域，人类都无法与他们匹敌。

火星人巨大的知识宝库经历了几千年的发展。包括当今在内每个阶段的成就都记录在由植物纸浆制造的巨大纸质书卷上，保存在石头建成的图书馆里。令人惊奇的是，火星人是伟大的砖瓦匠，他们的羽状倾斜式建筑布满火星，而这种建筑风格对地球人来说是无法想象的。除了在北极地区，他们不需要用于居住的建筑，但车间、粮仓和各种仓库却是必要的。另外，这些非实体的生物却对摆弄实体情有独钟，哪怕是最实用的建筑往往也能与华美奇诡的哥特式或阿拉伯式建筑比肩，坚硬的岩石几乎被塑造成了他们自己那样多变扭曲的形象。

火星人入侵地球的时候，他们的智力仍在进步，特别是在理论物理学方面获得了非凡的成就，这使他们成功离开了自己的星球。他们早就发现，位于大气层最上端的微小粒子在日出和日落时会被阳光形成的压力推入太空。最终，他们发现了如何像利用风推进帆船一样利用它。火星人先是完全分散开，形成一个个微小的单元，然后设法利用太阳系重力场里的升力，就像船的龙骨和舵浮在水面上一样依附着风，于是，他们的微型航天舰队顺风来到了地球。到达地球后，他们变为云朵形态，成群穿过对他们来说密度过大的空气，飞过高山山顶，然后像游泳者沿着泳池边的梯子走下水一样开始爬下山。

这一成就涉及非常复杂的计算和化学发明，特别是要保证能在太空和外星球维持生命。只有对物质世界具有广泛、准确认知的物种才能做到这一点。尽管火星人的“自然知识”很先进，但他们在“灵性知识”领域还是落后的。他们对自己的心态了解很少，对宇宙中精神的作用了解就更少了。尽管他们在某些方面才智更卓越，但也完全缺乏对哲学的兴趣。火星人从不考虑初人曾常常遇到的、束手无策的一些问题，更不要说解决这些问题了。火星人认为真实与表象的差别、一与多的关系、善与恶的对立不是什么大问题。他们也从不对自己的理想加以评判。他们一心一意地致力于火星人这一“超级个体”的进步。但是，他们却从不思考这个个体是什么，整体的进步又是什么。他们完全理解不了，自己也应该对火星种族放射范围以外的事物负起责任。尽管他们很聪明，但确实是最天真的自欺者，他们也没有足够的洞察力去洞察自己真正的愿望。

4. 火星人的错觉

要理解火星人的自欺，还有他们又是如何被自己荒唐的欲望所毁灭，我们必须了解他们的历史。

步入文明阶段的火星人是同族中唯一幸存下来的。他们在遥远的过去曾与许多相近的物种进行竞争，并最终战胜了这些物种。凭借着有利的气候变化，这些火星人还消灭了几乎所有与地球物种更相近的生物，从而大量减少了日后需要和培育的植物数量。他们的胜利，第一个原因是技能繁多、智力出众；第二个原因是性情异常凶暴；还有一个是其独特的发射辐射波的能力和对辐射的敏感性，这使他们行动如一体，即使群居性最强的动物也做不到这点。但是与生物发展史上的其他物种一样，让他们获胜的能力也是导致其缺陷的诱因。当这个物种进化到与原始人类相当的阶段时，其中一个种族达到了更高的辐射交流和身体统一程度，能够作为统一的生命体活动，于是成功消灭了所有对手。种族间的冲突持续了几千年，但当这个幸运的种族培育出了几乎绝对协调的意志后，他们便战无不胜，并以屠杀敌人为乐。

但是，火星人在种族战争时代结束时被胜利冲昏了头脑。消灭其他种族时，他们表现出了极端的残忍，与文明社会刚刚开始培育的仁爱精神严重冲突，并创伤了胜利者的良知。为了给自己开脱，他们自我安慰说，由于他们比其他种族更优越，所以消灭其他种族是他们的神圣使命。他们说，其他种族唯一的价值是促进了辐射感应能力的进化。虚伪的传统和文化最终会将这一物种彻底毁灭。很久以来，他们一直相信意识的物质基础必须是一个由许多单元组成的、对空中震动敏感的系统。他们还认为依赖器官间相互接触的生物太过粗俗。物种屠杀过后，他们试图说服自己，去相信任何生物的卓越地位、伦理价值都取决于辐射感应的复杂性和统一性程度。几个世纪过去了，他们对这个粗鄙的教条更加深信不疑，头脑中形成了一种特别不理智的错觉和妄想，这种心态仍基于对辐射感应的痴迷和狂热。

要想讲清这些不切实际的幻想，他们又是如何巧妙地将它与真正的知识调和起来，那要花费很长时间。但至少有一个幻想我们必须提及，因为它与火地斗争相关。火星人当然知道“固体物质”之所以坚固，是因为凭借微观原子之间的电磁力。如同空气、呼吸、勇气对早期人类的作用，现在“刚性”也给火星人带来了同样的重要性和影响力。火星人在准固体状态下身体最有力，但要保持这种状态消耗的精力很大，难度也很高。这些事实在火星人的意识中与“刚性就是互相联系的电磁系统的产物”这一知识相结合。于是，刚性被赋予特殊的神圣性。迷信思想被一系列心理事件逐渐强化为对所有刚性材料的狂热崇拜，但主要是崇拜坚硬的晶体，尤其是极其耐久的钻石。同时，就像火星人自己所说的那样，钻石是放射出灿烂光华的卓越魔术师。因此，每一块钻石都是宇宙中聚集强大能量、实现永久均衡的终极体现，必须尊重钻石。在火星上，所有已知的钻石都被镶嵌在神圣建筑的尖顶上，闪耀在阳光之下。他们认为在相邻的星球上，钻石没有被正确地对待，这便是他们入侵地球的动机。

就这样，火星人不知不觉地步入歧途，显现出了病态，比以往更狂热地向着虚幻的目标前进。在心态发生混乱之初，发射辐射波被视为正常心智的表征，而辐射波的复杂度成了价值的尺度。但是辐射和心智越来越被混淆，以至被错误地等同起来。

火星人的这种痴迷有些像初人在衰退期中被运动思潮奴役时的状态，但有一点不同，火星人的智力还是很活跃的，但他们的智力成果要以“种族精神”的名义接受严格的审查。每个火星人都是双重个性的化身。他们有时表现出个体意识，有时表现出种族意识，而且作为个体时甚至会出现内心意识分裂的状况。尽管他们对超级个体表现出了绝对忠诚，会谴责或无视与整体意识格格不入的思想和冲动，但实际上他们内心也有同样的思想和冲动，它们好像来自内心的最深处。他们很少注意到内心的这种状况，但真的意识到时便会震惊恐惧；然而这些思想确实存在，而且会对更被接受的经验进行间歇性的批判，这种批判有时甚至会成为连续性的。

这是火星人的巨大悲剧。在很多方面，火星人都有极好的禀赋去追求心灵进步，但是命运的捉弄使他们把统一性、一致性放到了至高无上的地位，在每个关键时刻都将精神上的对立压制了下来。

让每个火星人着迷的群体意识并不比个体思想优秀，而且在很多方面还要更低劣。群体意识在需要严格军事协调的危机中会显示出其重要性。尽管从远古时期以来，超级个体的群体意识确实取得了伟大进步，但本质上还是保持着军事思维，超级个体介于军队将领和古希伯来人的上帝之间。某个英国哲学家曾对这虚幻的整体性人格进行了描述和赞赏，并称之为“利维坦”。火星人的超级个体就是拥有意识的利维坦。这种意识中其实只有容易理解、符合传统的思想。所以，群体意识总是在思想和文化上落后于时代的发展。只有在社会组织方面，它能跟上个体思想发展的步伐。思想进步其实总是出现在个人身上，且只有众多个体与先驱交流并受其影响时，这种进步才能渗入公众思想。群体意识本身只能推动社会、军事和经济组织的进步。

火星人在地球遇到的新环境给他们的心理带来了重大考验。探索新世界需要最大限度地激发公众和个人的积极性，这就导致每个个体痛苦的内心冲突。由于这项事业本质上是社会乃至军事层面的行动，需要非常严格的协调和统一的行动，所以新环境的极端新奇要求调动所有自由个体的意识资源。另外，火星人在地球上接触到的很多事物使他们最初的设想变得毫无意义。在他们个体意识最活跃的时刻，他们是能够意识到这个事实的。

第五章｜ 地球与火星

1. 陷入困境的第二代人类

正当第二代人类积蓄力量，进行人工进化这一巨大冒险行动时，火星人入侵了。他们入侵的动机来自经济和宗教：火星人要寻找水源和植物，同时怀着一种十字军式的精神，要“解放”地球上的钻石。

地球上的生存条件非常不适合这些入侵者。过大的引力使他们很苦恼，但尚未达到他们预计的程度。他们只有处于最聚集状态时才会感觉到压抑。地球上空气的密度对他们是有害的，因为会压迫他们活跃、稀薄的云朵状身体，使他们很痛苦，妨碍了他们的生命活动，也降低了他们的前进速度。在火星人的星球上，他们可以自由自在地高速汇集，但密度相对较大的地球空气束缚了他们的运动，就如同鸟儿的翅膀被束缚在水里。另外，由于单个云朵身体极其轻盈，他们无法从山顶跳下。过多的氧气也是痛苦的来源，氧气常常使他们处于灼热状态，而他们只能尽力地保护身体不受伤害。大气中过多的水分更具破坏性，因为氧气和水会让准生命单元中的某些因子溶化。另外，大雨也阻碍了云朵进行常规的生理活动，并将他们所需的许多物质冲刷到地表。

入侵者还必须应付时常覆盖在地球表面的“无线电”信号网络，因为它会干扰自己体内的辐射器官。他们为此做好了一些准备，但近距离的定向无线电信号使他们陷入惊奇、迷惑、痛苦的困境，最终溃不成军，逃回火星，在地球大气中留下了许多破裂的尸体。

但入侵的先锋军（或者说是单个的“先锋”，毕竟在整个行动中，他们都保持着意识统一）回到火星后进行了大量汇报。就如他们预期的那样，地球上有丰富的植被和充足的水。还有和史前火星动物一样结实的动物，但大多都是两腿直立行走。实验证明，这些生物被撕碎时就会死亡。另外，尽管太阳光通过在其视觉器官上产生化学反应而对地球生物产生影响，但他们对辐射没有直接的敏感性。所以，地球生物肯定是没有意识的。另外，地球大气层中始终充满着强烈但不连续的辐射，尚不清楚这些嘈杂的空中干扰是自然现象——宇宙之灵的自然衍生物，还是地球生物发出的。有理由认为真实情况是后者。而且地球上可能还有一些隐藏的智能生物，上述的固态生物受其役使，因为地球上建筑物很多，而且里面有许多两足动物。另外，突发的强烈集中辐射光束射向火星人，说明这是有预谋的敌对行为。于是火星人采取了报复行动，将许多建筑摧毁，许多两足动物被消灭。需要进一步对地球智慧的物质基础进行探索和研究；当然，地球智慧肯定不会存在于地球的云团中，因为它们对辐射根本不敏感。无论如何，地球生物的智能必定是非常低等的，因为他们的辐射系统零散而原始。火星人在一栋建筑物里发现了一两颗不幸的钻石，种种迹象表明它们没有受到应有的尊重。

再看看地球人，那天的离奇事件让他们困惑不已。有些人半开玩笑地提出，由于怪异物质的行为显然是恶意的，因此一定是有生命、有意识的。但无人把这说法当回事。很明显，这种物质是被放射光束驱散的，这至少是一条重要的实用知识。但有关其性质的理论和它们在宇宙中的地位，地球人还完全没有头绪。对一个有强大认知热情和辉煌科学成就的物种来说，这种无知状态使他们感到非常不安，好像动摇了他们卓越知识的基础。尽管在首次遭到入侵时有人丧生，许多人还是真诚地希望不久后还有机会去研究这些令人吃惊的物质。它们既不像气体，也不像固体，（表面上）也不是生物，但行为方式却与生命有关。机会很快就来了。

第一次入侵过了几年后，火星人再次出现在地球上，比上次来势更凶猛。而且，这次人类的攻击光束对他们几乎没有造成伤害。他们同时攻入地球的各处山地，从源头开始把河水吸干。在对田野的进一步进攻中，他们席卷森林和农田，掠去了每一片叶子。所有峡谷好像被无数蝗虫彻底毁掉，没有留下一片绿叶。所有战利品都被运往火星。无数准生命单元专门负责运输水和食物，每个都装载着几个分子匆匆离开地球，返回母星，运输过程持续不断。同时，火星人的主力大军势不可当，继续搜索掠夺。为了吸水吞叶，他们就像人类无法驱散的无形雾霭一样渗透到了所有的田园。为了毁灭文明，他们变成由巨大云胶体组成的庞大物体，比上一次入侵更加残忍。城市被夷为平地，人类被咀嚼成了浆水。人类一次次试图反抗，但均告失败。

此刻，火星人发现地球上的辐射来自无数的无线电发射台。这才是人类智慧的物质基础所在。多么低级啊！这就是人类原始生活的真实写照！很明显，在事物的复杂性和精巧性方面，这些由玻璃、金属和植物性材料构成的拙劣固定设备无法与火星云团相比。它们只有一个地方值得称赞，那就是似乎控制了操纵着它们的、无意识的两足动物。

火星人在探险的过程中还发现了更多的钻石。第二代人类早已没有对珠宝的原始欲望，但他们能欣赏宝石和其他贵金属的美，并将它们作为公务员的徽章。不幸的是，火星人在洗劫一个城市过程中，遇到了一名胸戴大钻石的妇女，因为她是该市市长，负责疏散工作。神圣的钻石竟然被如此使用——似乎是为了标记牲口——这让入侵者震惊不已，比他们看到钻石被机器切割时还要惊诧。此时，战争正式开始了，而且充满圣战式的勇猛与无情。在火星人得到大批的水和植物战利品很久以后，在地球人成功研制出高效的进攻武器，用高压人造闪电屠杀火星人很久以后，这些误入歧途的狂热者继续停留在原地拯救钻石，并将它们运到山顶。多年之后，登山者发现了这些钻石，它们像海鸟蛋一样沿着岩石摆放，闪闪发光。这些钻石是奄奄一息的残存火星人用尽最后的气力运过去的，要赶在自己灭亡之前把钻石放到高山中纯净的空气中，赋予它应有的尊严。当第二代人类获悉大批隐藏钻石的消息时，他们才恍然大悟，原来自己并非在与具有怪异物理特性的物质打交道，也并非（如某些人说的那样）与大群细菌打交道，而是在与一种更高级的生物周旋。那么这些珠宝是如何被挑选出来，从金属饰物中被取下，并被细心地摆放在岩石上的呢？显然是出于有意识的目的。杀人云团最起码如寒鸦那般喜好偷窃，因为他们明显对珠宝情有独钟。这项活动固然表明他们是有意识的，但同样表明他们的智能与只有本能的动物别无二致。纠正他们错误的机会已经失去，因为所有的云团都被击毁了。

战争只持续了几个月，它在物质上造成的毁坏虽然严重，但并非不能恢复。战争给人类带来的直接心理影响是激发人类的奋进。第二代人类一直以来习惯了乌托邦式的安逸和繁荣，这次他们被一场突发灾难击溃，而且这场灾难无法用人类的知识来解释。如果是初人处于这种情况的话，他们的行为会表明：初人其实还在人类与类人猿之间摇摆。初人会狂热地表现出浪漫的忠诚心，并采取许多不可捉摸的行动，表面上看是自我牺牲，其实藏着自私自利。他们会从公众的灾难中牟利，并向那些比自己幸运的人哀号。他们会咒骂自己的神灵，并寻求对他们更有用处的神灵庇佑。但是，初人有时也会以不合逻辑的方式做出一些合理的举动，并不时地对第二代人类的规范热烈欢呼。进化程度更高的第二代人类对大规模流血事件难以理解，对惨遭杀害的同胞表现出了极大的痛苦，并深表同情。但第二代人类从不流露自己的同情心，而且忙于救助工作，极少注意到自己高贵的悲痛之情。突然间，他们开始需要强大的忠心和信心，欣然地接受现实，并努力地去体验面对困难时倍增的精神力量。但是第二代人类没有过多地表现出英雄精神，因为他们认为自己的行动是合理的，是人之常情。任何人如果在险境中失败，其他人都不会称之为懦夫，而是为他出谋划策，帮他渡过险境。如果没有成功，人们会带他去见更智慧的人。毫无疑问，在初人中间，这种明智的行为不会被接受，因为陷于困惑的人们没有统揽全局的清醒洞察力；而正是这种能力才让所有心智健全的第二代人类坚定着自己的信念。

灾难造成的直接心理影响是，它为这个非常高尚的人种提供了一个机会，使之可以发挥出忠诚英勇气概所凝聚的巨大力量。然而除了这种直接的激励外，这次创痛以及那些后来许多其他的灾祸，都给第二代人类造成了一系列精神影响，有好的，也有坏的。第二代人类很久以来就明白，宇宙中不光有个人的苦楚，更有群体灾祸，而且他们的哲学思想并没有力图去掩盖这一事实。他们能够用泰然自若的毅力去面对个人苦楚，甚至愉快地接受，这种心态是前辈们很难持有的。他们强调说，群体乃至世界的灾祸也要用同样的精神去面对。但是，抽象地去理解世界灾难与直接体验是截然不同的。固然，第二代人类把注意力热切地集中到了实际的防御工作上，但此刻他们决心从内心深刻地理解这次悲剧，勇敢地检讨，全面分析，吸取教训，让强大的超自然力量为自己所用。所以他们没有咒骂神灵，也没有向神灵祈祷。他们对自己说："这就是世界，这就是世界。我们不仅要眺望远方，更要探索深处。"

但是，第二代人类的磨难才刚刚开始。来自火星的入侵者被全部歼灭，但他们的准生命单元却形成了剧毒的微小尘埃，散布在整个地球。作为云状火星人的组成部分进入人体时，它们不会造成永久伤害；然而，它们现在已经从高级机体中脱离出去，转化为肉食性的病毒。它们被吸入人体肺部后，很快就适应了新环境，大闹人体。它们进入人体细胞后便能使整个人体系统崩溃，如同敌人仅派一小队特工就成功地用致命的宣传手段瓦解对方。就这样，尽管人类暂时战胜了火星人的超级个体，但自身却被遗留的致命准生命单元摧毁。第二代人类的体质曾与他们的政体一样尽善尽美，如今却退化为胆怯病弱。灾难留给他们的只是一个满目疮痍的星球。失去水资源无足轻重，但所有战区内植被的破坏一时间给第二代人类造成了从未有过的全球性饥荒。文明的物质基础被瓦解，需要花费几十年的时间才能重建。

但是，物质资料的损失远不如身体受到的戕害严重。通过认真研究，人类确实找到了一种阻止感染的方法，而且经过了几年的严格消毒，大气和人体内部都清除了这些病毒。但是几代人的健康就这样毁了，因为他们的身体组织已经受到了严重损害。当然，新生的健康男女逐渐出现，但数量较小，因为受损伤人口的生育能力大大减弱了。于是，此时地球人口中只有一小部分是中年以下的健康人，而很大一部分人是衰老的残疾人。许多年来，这些残疾人尽管身体虚弱，但还是试图为世界发展做点贡献，然而他们也逐渐开始感觉耐力和体力每况愈下。他们很快失去了对生活的支配能力，陷入漫长的老年期，这是第二代人类从未遭遇过的不幸。同时，年轻一代被迫开始承担尚不能胜任的工作，结果犯了各种前辈们未曾犯的错误，表现出了前辈们未曾表现过的粗鲁。但是这就是第二代人类当时的普遍心态，这个种族原本有希望成为全人类和谐意识的载体。受伤害的几代人几乎一致决定，只要一个人被同辈人认定为年老体衰，他就应当自杀。而年轻一代出于对长者的友爱，也担心自己的能力有限，反对长辈的决定。一名年轻男子说道："我们的长辈们可能已经失去了活力，但他们仍然受到爱戴，仍然充满智慧。没有他们，我们将寸步难行。"但长者依然固执己见。年轻一代中的许多人已经长大。如果要使整个社会度过经济危机，第二代人类必须马上无情地铲除"损伤的组织"。于是，这个决定最终得以贯彻。由于局势的需要，遭遇不幸的人们相继"选择平和地死去"，留下了缺少经验但充满活力的少数人去重建家园。

四个世纪过去了，火星云团再次出现在地球的上空。与上次相同，地球再次遭到毁坏与屠杀。两个怀有不同心态的物种试图了解对方的尝试却再次彻底遭遇失败。火星人再次被消灭。肺部瘟疫再次席卷地球后，人类再次慢慢地消除病毒，最终又导致大量的患病人口出现，于是再次大义凛然地实施自杀行动。

在五万年的时间里，火星人不时就会降临地球，每次入侵都势如破竹，顽强地抵御人类的新式武器。同时，人类也渐渐意识到敌人不仅生来残忍，而且拥有智慧。所以他们尝试与这些外星人接触，想要和平地解决争端。但是由于每次谈判都是人类先发起，而且火星人一直认为人类只不过是某个智能主人的牲畜，所以信使不是被忽略，便是被杀害。

火星人每次入侵都试图将大量的水带回火星。但每次他们都贪得无厌，所以会长期在地球停留，掠夺资源。而人们最终都会制造新武器巧妙地突破他们的防御，将他们击溃。每次入侵后，人类的恢复期就越来越长，恢复越来越不完全。火星人尽管人口损失严重，但从长远来看，他们在水源充足的环境中还是更加活跃了。

2. 两个世界的毁灭

在火星人首次来到地球后五万多年的时间里，他们在南极洲高原建立了永久立足点，并侵占了澳大拉西亚和南非。他们占据大片地球上的土地长达几个世纪，从事农业生产，研究地球环境，并花费了相当大的精力“解放”钻石。

在他们安顿下来前的很长时间里，他们的心态没有发生变化，但此刻在地球上真正开始生活后，自满和团结却减弱了。一些火星研究者意识到，地球上的双足动物才是这个星球的智慧主宰，尽管他们对辐射并不敏感。最初火星人故意回避这个事实，但它还是逐渐引起了所有火星人的注意。同时，他们开始意识到，研究地球环境的工作，乃至殖民地的社会构建都并非依靠群体意识，而是依靠个人才能。之前，殖民的超级个体只知道鼓励火星人去寻找钻石，根除地球上的文明和辐射。而出于了解新环境进行的新活动让火星的殖民者如梦方醒。他们发现，自己尊崇的超级个体采取的行动与他们自己平常的处世之道毫无两样，他只不过是把过时的幻想和渴望编在一起，而且天生就怀有只讲实用的狡猾心理。一场眼花缭乱的精神复兴运动此刻席卷了火星人居住区。这次运动的主旨是：火星人物种中最珍贵的东西不是辐射，而是心智。这两个截然不同的事物自火星文明开始以来就被混淆乃至等同。最终，两者被清晰地区别开来。火星人展开了初步但严谨的心理学研究，他们开始理解粗俗与崇高的心理活动之间的差异。

如果这场复兴运动能顺利进行，很难预料会何去何从。火星人可能迟早会从心底赏识火星人以外的思想。不过，这种思想转变首先要求火星人超越自己的意识。尽管他们此刻明白人类是有意识、有智慧的，但对人类并没有同情心，相反敌对思想还在加深。他们仍然忠诚于火星种族，仅仅因为他们有一种心体交融的共同意识。火星人的目标不是打破火星殖民地的群体意识，而是重塑它，甚至也要在母星进行变革。

但是在更加缺乏活力的时期，殖民地的群体意识仍然在很大程度上控制着火星人的思维，他还把一些在个体形态下有革命思想的火星人送回母星，希望借此阻挠变革。火星并未受到新思想的影响，本土的火星人真诚地想要扭转从地球归来的火星人的思想意识，但没有成功。过了几个世纪后，地球上火星殖民地的群体意识发生了质变，严重背离了火星上的正统观念。此刻，地球上的火星人开始经受一场非常怪异的彻底转型。可想而知，由此他们会作为太阳系中最高尚的居民脱颖而出。他们逐渐地陷入催眠般的状态。也就是说，他们不再关注成员个体，而是强调潜意识的，或者说隐秘的心灵统一。在殖民地内部，通过辐射保持联合的传统被保留下来，但只是在潜意识层面。在新思潮的催化作用下，这场伟大的转型正在火星人内心深处展开。我们可以说，这场思想革命的参与者是有意识地在行动，而且这场思想革命还在进一步向广阔无垠的潜意识深处延伸。或迟或早，这样的环境很有可能会造就崭新的、卓越的心理意识，而且火星人很有可能会最终进化出超越其成员个体的、具有完全意识的超级个体。但是，对群体意识的执念使火星殖民地的火星人不能完全发挥潜力，对新事物采取迅速协调的行动。在母星上，群体意识轻易地消灭了处于无秩序状态的后代，并着手再次入侵殖民地球。

在这以后的三十万年间，这一过程重现了多次。稳定高效的火星超级个体在地球上的后代尚未发育成熟前便将他们消灭了。倘若没有人类的某些变革，这样的悲剧会重复无数次。

火星人建立殖民地后的前几个世纪里，地球上战火连绵。但最终由于资源的大量减少，第二代人类只好接受与神秘敌人共存的事实。另外，通过对火星人长期不断的观察，人类破碎的自信心有些恢复；在火星人建立殖民地前的五万年间，人类已对自己失去了信心。他们从前一直习惯将自己视为太阳“最有禀赋的孩子”；突然间，一个强大的新物种用聪明才智击败了他们。慢慢地，他们意识到自己在与一个意志坚定、足智多谋的对手搏斗，而且这个对手来自之前自己不屑一顾的星球。于是人类不得不怀疑，自己被一个对自己来说具有不可思议形体的物种超越了。但是在火星人建立永久殖民地后，人类科学家开始了解火星生物的真正生理特征，并欣慰地发现，人类所积累的科学知识并非一文不值。人类还发现，火星人尽管在某些方面能力很强，但并没有真正的高级心理活动。这些发现都帮助人类恢复了自信心。人类开始安下心来，充分利用时下的有利局势，建起高压防护墙来阻止火星人进入人类的领地，并开始耐心地重建被毁掉的家园。起初，火星人的圣战热情依然炽烈。但在第二个千年，情况有所好转，两个种群互不干涉，火星人的狂热病只是偶尔复发一下。人类文明最终得以重建和巩固，当然规模要小了一些。尽管人类偶尔会遭遇几十年的痛苦期，但他们还是再次生活在相对繁荣的和平环境里。生活比当年艰难了些，体格也不如前辈，但男男女女仍然对形势表示乐观。说实话，这种局势已经足以让大多数初代人类羡慕不已了。为了残破社会而牺牲自我的时代终于结束了。人性中美妙的千差万别再次出现。男女同胞们再次将智慧自由奉献给自己喜爱的本职工作和快乐的人际交往。很长时间以来，对同胞的关注曾被群体的苦难所冲淡，现在它得以复苏，拓展了人们的思维。人们重新欣赏音乐，对美好的过去产生了甘美的怀旧情结。大量文学和视觉艺术作品再次涌现。对物质世界的性质和思维潜力的研究探索再次得到了快速发展。长期以来，战争的严重干扰和苦难必然导致的自欺心态，使人类对宗教的体验变得粗俗模糊，而现在对宗教思想的理解似乎再次在重新觉醒的文化影响下得以净化。

如果是第二代人类以前敏感性较低的人类处于这种情况，他们可能会继续顺利地发展下去。可是，第二代人类却没能做到。他们太敏感了，不能摆脱萦绕在脑子里的一个念头：虽然取得了种种成功，但仍然不如当年。从表面上看，他们好像正在经历缓慢而坚实的复苏，但与此同时，他们的内心却遭受着更加漫长、更加深重的衰退。他们一代一代地在这种环境和心态中度过自己的岁月。在他们有限的土地和物质财富基础上，社会已经臻于完善。个人能力在精巧性和丰富性方面得到了长足的发展。最终，人类再次为自己制定了提升人性的古老目标。但是他们对这项使命的勇气和自尊都减弱了，因此总是雷声大、雨点小。几个时代过去了，人类仍在原地踏步。人类像一根弯折但尚未断裂的枝条，继续安心生活，保持着自己的文化传统，但没有任何进步。

要用几个词语描述危害第二代人类精神的微妙弊病是几乎不可能的。说他们受自卑情结之苦，也不能说是完全错误，但不免庸俗，是对事实的误导性概括。说他们对自己和世界都已经失去信念，同样也不恰当。大略来说，他们的不幸是试图在精神上超越自己原始的本性。在精神上，他们因急于求成而失败，（不妨说）损伤了每一块肌肉，以至再也无法继续尝试。他们已经决定将自己的种族悲剧视为一种美，但他们没有做到。这种模糊的失败主义毒害了他们。作为在众多方面取得卓越成就的种族，他们不能不负责任地对失败置之不理，而用习以为常的热情和决心去追求古老的生活方式。

在火星人早期的袭击中，人类的精神领袖们曾鼓吹灾难是至高无上的宗教体验契机。在努力挽救文明的同时，（在某种意义上说）人类还必须学会一方面忍受困难，另一方面欣赏挑战，哪怕是最严峻的挑战。“这就是世界，这就是世界。我们不仅要眺望远方，更要探索深处。”所有人都接受了这一劝告，而且起初似乎取得了成功。许多崇高的文学作品脱颖而出，它们似乎是在定义、阐述，甚至在人们内心去真正地创造出这一至高无上的体验。但经过几个世纪的灾难，人类开始担忧自己的先人是在自欺欺人。那些遥远的先辈们曾真诚地将种族灾难视为宇宙之美的一个要素，渴望去体验它。最终他们也使自己相信，这种体验确实降临在自己身上。但是，他们的后代慢慢开始怀疑这种体验其实从不存在，也永远不会发生在任何人身上，所谓的“宇宙之美”只是子虚乌有。在这种情况下，初人有可能会深深地陷入虚无主义或勉强宽慰的宗教神话。无论如何，他们的天性太过粗糙，所以不会被无形的烦恼所毁灭。第二代人类就不会如此，因为他们非常清醒地意识到，自己正面临着最重要的生存困境；所以过去了一代又一代，人们不顾一切地坚持自己的梦想：只要坚持久一点，希望总会出现。即使火星殖民地建立起来三次，又被火星正统派摧毁了三次，人类的当务之急还是坚定宗教信仰。从那以后，他们逐渐丧失掉信心，因为他们意识到，要么是自己太过愚钝，无法体悟万物的终极完美状态（理论上，他们有充分理由相信这种状态是存在的，虽然他们无法真正体验到），要么人类是在完全地欺骗自己，而且万物的进程终究是没有目的、没有意义的混沌。

这种窘境折磨着第二代人类。如果他们的身体仍处于最佳状态，还有充分的创造力，那么他们会不屈不挠地接受这一挑战，勇往直前，直到尽善尽美。但他们已经失去了活力，足以让他们从精神上就放弃追求。丰富的个性、复杂的人际关系网、伟大种族汇成的进取心、艺术和学术研究，人类对这一切都失去了兴趣。值得注意的是，一场纯粹的宗教灾难竟然让恋人失去肉体的欢愉，食物也索然无味，甚至让做日光浴的人们与太阳之间出现了阻隔。但是此时的人类与初人不同，他们紧密地连为一体，以至人体最高级的功能失调的情况下，一切身体机能也都不能幸免。另外，长期战争导致人类普遍体质衰退，于是曾困扰初人的脑病再次出现。他们开始害怕会爆发精神错乱，于是原本健康的心智里也掺杂了些许的失常。渐渐地，扭曲的欲望使他们感到恐怖，放纵的性虐与可怕的狂欢交织在一起。此刻，有悖群体利益的叛逆行为尽管还鲜为人知，但最终迫使人类建立起一支严厉的警察部队。各地人群间还会互相发动掠夺性袭击。不同的民族形成了，民族间的恐惧更滋生了民族主义。

火星殖民者注意到人类的混乱状况时，便在母星成员的煽动下准备发起大规模进攻。恰好殖民地当时的思想还比较开明，放到以前的话，早已经遭到来自火星的惩戒，无暇顾及地球人的情况了。此刻许多火星人异想天开地想与人类和谐共处，而不是兵戎相见。但是火星的群体意识被这一叛逆行为激怒，于是策划一次新的侵略战争，粉碎火星殖民者们的梦想。人类此时人心涣散，为火星人提供了千载难逢的好机会。

首次进攻使人类改变了。愚蠢行为似乎突然离他们而去。几个星期内，各民族政府就将权力交给了全球国家。混乱、放荡、堕落完全消失。盛行几个世纪的背叛行为、追逐私利、腐化堕落，突然间被彻底、普遍的奉献精神所取代。人类似乎再次恢复了正常。尽管到处都是战争遗留的创伤，但博爱与英雄主义同样无处不在，尽管不同寻常地掩盖在一种幽默话语之下。

但是，战争还是朝着不利于人类的方向发展，大众满心沮丧。胜利依然属于火星人。殖民者之前流露出了并不坚定的和平主义倾向，但在母星的狂热大军影响下，现在他们力图通过残忍无情的表现来证明自己的忠心。人类的反应则是抛弃了明智豁达，沉迷于消灭敌人的欲望。正在这时，一名人类细菌学家宣布培育出了杀伤力大、传染性强的细菌，可以向敌人散播，但代价是人类也会被消灭。当这个事实被公布并传播开来后，人们丝毫没有讨论这样做有益与否，从中足以看出人类当时的疯狂。消灭入侵者的行动立即被实施，所有人都欢欣鼓舞。

在几个月的时间里，火星殖民地就被消灭了，本土也被感染，火星人意识到大势已去。人类体质比火星人强壮些，所以他们在覆灭前挣扎的时间要长一些。他们对自身传播的疾病和火星人尸体分解后导致的肺部瘟疫没有采取任何防护。公共的文明行为分崩离析，因为人们已经幻灭，而且知道自己即将死去。如同没有蜂王的蜂巢，整个地球上的人类陷入冷漠之中。无论男女都待在家里虚度光阴，吃他们能找到的一切事物。早上睡到很晚才起，起床后也无精打采，不愿见面。只有孩子们仍快乐地生活，但有时也受到年长者的忧愁折磨。疾病仍在扩散，许多家庭都遭受不幸，邻里之间也不再伸出援手。在整个人类心灵瓦解造成的更深重痛苦面前，每个人对肉体痛苦都已麻木。人类的精神错乱在当时已经发展到了极高的程度，即使肉体痛苦也不能使他们的注意力从种族失败的阴影下转移出来。没有人想拯救自己，每个人也知道他的邻居不需要他的帮助。只有孩子在患病时才会陷入痛苦和惊恐之中。他们的长辈会温柔而颓唐地看着他们长眠。尚未掩埋的尸体与奄奄一息的人同时开始腐朽。所有的城市陷入沉默和寂静，庄稼也无人收割。

3. 第三黑暗时代

新培育出的细菌传染性和致死性都很强，根据培育者的推测，人类会与火星殖民者一起被消灭掉。奄奄一息的人由于体力不支而与他人隔绝，便以为自己生命完结之时，就是人类彻底消亡之日。但是由于一场意外——某些人或许会称之为奇迹，人类生命的火种再次被保留了下来。各个大陆上都有一部分人对细菌的抵抗力更强。由于细菌在炎热气候条件下失去了一定的活力，于是恰好生活在热带雨林的幸运儿就摆脱了疫病；少部分人甚至获得了对火星人死后散播的肺病的免疫力。

这次细菌战之后，新的文明社会似乎不久将会诞生。第二代人类是如此优秀，最少要几代人，最多也不过几千年，人类将最终夺回失去的土地。

但情况并非如此。在某种程度上，又是人类的优越性阻碍了其复兴，并将地球的精神生活抛进了比以往整个人类奋斗历程还要长久的昏睡状态。在大约三千万年的时光里，人类像鸭嘴兽一样保持了原来的身体和心理特征。初人一定很难理解，为何比自己进化程度高出许多的新人种竟会如此长久地衰弱下去。文化繁荣有两大条件：一是平静而富裕的环境；二是才能卓越的种族。可惜此时这两个条件都不具备。

当瘟疫及其产生的大量腐败物慢慢分解掉的时候，人类幸存者组成的孤立群体在热带地区安顿下来，过着更加懒散的生活。以往的知识成果没有被传授给年轻一代，所以他们是在对眼前经验以外的事物极端无知的情况下成长起来的。同时，长辈用模糊的种族失败论和空洞的虚无主义恐吓着后代。如果年轻人本身心理健康，这也无伤大雅，他们会以乐观主义态度积极进取。但此刻他们本性中毫无热情。毕竟，他们的低级机能受到高级机能的严格控制，持续长久的精神灾难已经开始影响他们的遗传物质。于是，个体在出生前就注定懒散而伤感。很久以前，初人由于鄙俗和放纵曾陷入种族性的衰弱；而第二代人类如同内心承载着沉重历史的孩子，不免生活在梦游般的状态中。

一代又一代过去了，人类文化都已失传，仅剩下日常的热带农业和狩猎知识。但这并不是说人类的智慧本身已经衰落，也不是说人类已经完全陷入野蛮状态。懒散并没有妨碍人类进行自我调整，以适应新的环境。这些梦游者很快发明出了种种家庭手工工艺，而此前这些工作全是在工厂里靠机械动力完成的。他们很容易就设计出了用木头、燧石、骨头制造的工具，质量还算过得去。尽管他们仍然聪明，可是天生的性格让他们无精打采、麻木不仁。人类只有在必需品急缺时才会奋起。似乎没有人发挥出自己的全部能量。现在即使心灵创伤也不会让他们感到伤痛，他们认为一切不能马上实现的目标都不值得追求。他们惯于好了伤疤忘了疼，心灵磨炼得坚不可摧，足以抵挡任何新的挑战。无论男女都工作勤奋，开心玩乐，爱憎分明。但他们总是处于心神不定的状态，好像要努力回忆已经遗忘的重要事情。日常生活中的所有事情似乎太微不足道，不值得认真对待。然而另一个极端重要、值得关注的事物却太过朦胧，没有人知晓它究竟是什么。实际上，没有人认识到自己正处于催眠般的状态，就像睡着的人不知道自己已经入眠一般。

人们在必要的工作上只投入极小的精力，而且做的时候也好像在梦游，需要额外费力的一切似乎都不值得去做。因此，他们成功适应新环境后，彻底的停滞状态再次来临。从实践中积累的智慧能够从容应对缓慢变化的环境，甚至可以应对某些突发自然灾害，如洪水、地震和瘟疫。人类在一定程度上始终是所居环境的主宰，但他们不知道如何去利用手中的支配权。到处都有人想当然地以为，明智的生活目标就是尽可能少干活，多乘凉。不幸的是，人类的很多需求都是必须满足的，大量苦工也是不得不做的。饮食就是一例。其他人也需要照料，因为人是有同情心的动物，而且也会关心群体福利。他们认为唯一完全合乎理性的行动就是自杀，只是某些不理智的冲动使之难以实现。这时，毒品就能让人们暂时进入极乐世界。但尽管第二代人类处于衰退状态，他们仍然是有智慧的人，没有忘记事后的灾难比当时的极乐更加沉重。

一个个世纪、一个个年代过去，人类在这个似乎不确定，实际上又不可动摇的平静心态中度过了悠悠岁月。任何发生在他们身上的事情都不能妨碍他们对野兽及物质世界的从容掌控，任何事物都不能将他们从睡梦中唤醒。旷日持久的气候变化使沙漠、丛林和草原像云彩一样不断变化。几百万年过去了，普通地质在巴塔哥尼亚地貌剧变引起的巨大张力影响下大大加强，重塑了地球表面的构造。沧海桑田，翻天覆地。伴随着这些地质变化，动植物也发生了变化。几乎使人类灭绝的病菌也给其他哺乳动物造成了严重损害。地球再次等待着生物去占据，这项工作落到了幸存下来的少数热带人种的身上。他们与之前的人种差异巨大，这差异比起当年巴塔哥尼亚大灾难后人种发生的变化毫不逊色。另外，由于人类精神疲乏，他们发挥的作用微不足道，所以其他物种占据了有利地位。特别是反刍动物和大型食肉类动物的数量迅速增加，而且进化出了许多习性和体型不同的物种。

但在这段时期，一系列生物事件中最值得关注的是残留火星准生物单元的发展。地球上的火星人被消灭后，他们的准生物单元开枝散叶，感染人畜肺部，带来了极大痛苦。过了一段时间，某些哺乳动物调整了自己的身体，让火星病毒无害化，甚至成为健康身体的必要部分。从前类似于寄生虫与寄主的关系最终变成了共生关系。在这种关系中，地球上的动物获得已经消失的火星人体内独特的生物属性。人类应该用羡慕的眼光看待新一代的生物，他们最终利用火星“病毒”丰富了自己。

但在当时和之后的几百万年里，各种生命都在前进，只有人类停滞不前，就像失事船只上疲惫不堪的水手，风暴过后酣睡在救生艇上。

但人类的停滞不是绝对的。他们不知不觉地在生命的洋流上漂流，远远偏离最初的路线。他们的性情越发朴素、真诚、乐天。农业逐渐消失，因为在人类生活的草木繁盛的花园里，它已失去了作用。用于防御和追击的武器更加适用于他们有限的目的，但武器类型也不如以前多样，变得更加千篇一律。人类的言语能力几乎消失，因为在交往中没有什么新奇事物需要语言来表达。熟悉的事实和感情越来越多地通过往往是下意识的手势来表达。从身体状况来说，人类没有发生什么变化。尽管自然寿命大大缩短，但这并不主要由生理变化所导致，而是中年时期出现的奇怪的、致命的心神不定加重的结果。在这种情况下，中年人逐渐不再对环境做出任何的反应，即使逃脱了暴力，也会死于饥饿。

然而，尽管发生了这么大的变化，人类仍然保持了种族的基本特征，没有像之前的低能人一样野蛮化。这些心神恍惚的残余第二代人类并非野兽，而是天真烂漫的人，是大自然的产物，特别适合过简单的生活。在许多方面，他们的状态是田园诗般的、令人羡慕的。他们甚至从来无法清醒地意识到自己有多么幸运，更不用说意识到他们的生活是让前辈鼓舞而又受难的崇高体验了。这就是他们黯淡的心态。

第六章｜ 行走于荒野的第三代人类

1. 第三代人类

我们现在已经跟随着人类的脚步走过了大约四千万年，而本书的总跨度有二十亿年之久。所以在下面两章里，我要站在高处快速浏览人类在这一段的历程，时间跨度大约是本书前几章之和的三倍多。人类经历的这段时光并非是荒凉时期，人类在这段时光过着多姿多彩的生活，还建立了许多延绵多样的繁荣文明。生活在这个时期的人类，人口数量已经超过了初人和第二代人类的总和。每个人的生活都堪称一个完整的宇宙，与本书读者的生活一样充满了丰富生动的内容。

尽管在这段历史中的人类经历丰富多样，但仍然有一条主线，这一点上，第二代人类与初人一样。第三代人类的进程不仅由同一个自然人种（以及之后由它自然转变成的人工人种），而且始终由一个主题、一种气质推动，虽然其中有着无数的迂回曲折。人类终于可以把主要精力放在重塑自己的身体和心理构造上了。在众多相继形成的文化兴衰中，这个目的逐渐清晰起来，而且在许多悲剧性乃至毁灭性的实验中表现了出来。直到这一漫长的历史阶段快要终结时，目标似乎触手可及。

当第二代人类奇异地保持着迷睡状态大约三千万年时，促使其进步的神秘力量又开始在他们内心活跃起来。这次再度觉醒得益于地质变化。随着海水侵入，当年的北大西洋海床上形成了一个大岛，将上面的人类隔绝开来。原本这里是亚热带气候，后来逐渐变冷成为温带或亚寒带气候。气候条件的巨大变化在被隔离人群的种质中引起了微妙的化学重组，让生物变异盛行起来，乃致产生了许多种族。最终，一个在活力和适应性方面更胜一筹的种族战胜了所有的竞争对手，并慢慢地巩固自身地位，成为一个新人种，即第三代人类。

这代人的身高不足前辈的一半，但身材匀称柔韧。他们的肤色是明亮的棕褐色，红金色的毛发覆盖在皮肤上闪闪发光，蓬乱的头发呈赤褐色。金黄色的眼睛会让人想起蛇，深邃却无神。他们的脸颊非常饱满，如同猫的鼻孔。嘴唇丰满，但嘴角处比较薄。他们以耳朵为傲，还通过它来吸引异性，而且个人、种族间的耳朵差异都很大。这让人惊讶的器官对初人来说是非常可笑的，而且它能够表达性格和短暂的心情。他们的耳朵很大，有点向内卷曲，质地如同丝绸一般，还可以摇动。这样的耳朵与蝙蝠和猫科动物不无相似。但第三代人类最独特的地方还是精瘦的双手。每只手有六个灵活的手指，如同有生命的钢制触须。

与他们的前辈不同，第三代人类寿命很短。他们的儿童期和成熟期很短，在自然情况下，成熟期之后就是大约十年的衰老期，寿命大概六十岁。他们很少让自己进入衰老期，因为他们憎恶衰弱。当心理和身体灵活性开始衰退时，他们宁愿自杀。所以除了历史上的某些特殊时代以外，很少有人活到五十岁。

尽管第三代人类在某些方面达不到祖先的水平，尤其是智力方面，但这绝不意味着简单的退化。他们保持了第二代人类出色的感觉能力，甚至还有所提升。视力依旧宽广开阔、精准、色彩丰富。他们的触觉更是敏锐，特别是精巧敏锐的第六指指尖。听觉也高度进化，能在蒙住眼睛的情况下跑过森林地带，连一棵树都不会碰到。另外，他们音域宽广，节奏丰富，音乐被赋予极其微妙的感情意义。因此，音乐成了这代人类文明中主要被关注的事物。

心理上，第三代人类确实与前辈截然不同。他们的思维在某些方面依旧敏捷，但已不是聪明而是狡猾，不重理论而重实践。他们对感官体验的兴趣胜过抽象推理，对生命的兴趣胜过无机物。他们在某些艺术和科学领域获得的成就比较突出，但他们步入科学领域更多是由于实践、美学、宗教的需要，而较少通过求知欲的刺激。例如在数学领域（十二根手指带来的十二进制起了很大作用），第三代人类成了令人惊叹的计算大师。然而，他们从未有好奇心去探究数的本质。同样在物理学领域，他们从不去探讨空间某些精微难测的属性。第三代人类确实缺乏好奇心，这还真有点奇怪。所以，尽管有时他们有神秘敏锐的直觉，但从不磨炼自己的哲学思想，也从未将直觉与其他经验联系起来。

第三代人类在发展初期热衷打猎，但由于他们有强烈的抚养欲望，所以沉溺将捕获的动物驯化为宠物。之前的人类或许会说，第三代人类在整个发展进程中都对一切动植物表现出了异乎寻常的同情与感悟。这种对生物特性直观的洞察力，和对生命活动多样性的持久兴趣是整个第三代人类历史中的主要前进动力。起初他们不光擅长狩猎，在放牧业和驯养业方面也很突出。他们天生善于操纵各类事物，特别是对生物。作为一个物种，他们沉迷玩耍，尤其是操纵事物的游戏，当然首先是对生物的戏耍。从一开始，他们就展现了骑行驯化驼鹿的技艺。他们还驯化了一种群居的捕猎类动物，这是一种体型巨大如狮子一般的狼。它们是巴塔哥尼亚大灾难之后遍布世界的北极狐后代，后来地球感染火星瘟疫时，它们在热带地区幸存下来。第三代人类驯化这种动物不只是帮助自己牧羊和追猎，还用于复杂的狩猎游戏。这种被当作猎犬的动物与其男女主人之间，常常会形成一种特殊的共生关系，一种无声的、直观的、相互理解的关系，一种真诚的爱。这种感情建立在互相依赖的紧密关系之上，反映了第三代人类特有的生活态度——宗教信仰和坦率的性关系。

作为游牧民和畜牧民，第三代人类从很早就开始进行育种工作，他们越来越专心地完善和丰富动植物品种。每个部落首领不仅会夸耀部落里的男人比别的部落勇敢，女人比别的部落漂亮，还会说领地内的熊最标致高贵，鸟儿筑的巢更美，飞行本领更强，叫声也更悦耳。他们对待其他的动植物物种也都如此。

这种对生物的操纵起初是通过简单的育种实验进行，但后来更多是通过对动物幼崽、胚胎以及（后来依旧采用的）种质进行早期生理调控来实现。于是，在动物遭受的苦难面前退缩的好心人和决心不惜代价去创新的激进者之间爆发了一场长期的冲突，并引起多次涉及真正的宗教思想冲突的战争。实际上，这种冲突不仅发生在个体之间，也发生在每个人的内心之中，因为所有人都是与生俱来的猎人和操控者，同时每个人对他们折磨的猎物都有本能的同情心。哪怕再善良的人偶尔也会有纯粹的残酷冲动，这更加引发了忧虑。本质上，这种虐待心理是对感官体验表达出的一种近乎神秘的尊敬感。肉体疼痛是最强烈的身体感受，也常被认为是最明显的感觉体验。人们可能认为这会导致自虐而不是虐待，有时确实如此。但通常来说，那些不能体会自身肉体痛苦的人却劝说自己相信：通过让低等动物遭受痛苦创造出的心理波动同样完美。他们说，正是由于痛苦太强烈了，所以人类和动物才会无力抗拒。从公正的圣灵视角去观察，这里面有一种真正的美。他们声称，当它发生在动物而不是人身上时，即使人类也可以领会内里的卓越性。

尽管第三代人类缺乏对系统化思想的兴趣，但注意力经常集中在个人和社会经济状况以外的事物上。他们不仅追求美，更追求神秘。在前两代人类看来，丰富美妙的人性是地球生命所能达到的最高成就，第三代人类对此却不大看重；但他们也用自己的方式力图充分利用人类的本性，当然还有动物的本性。他们从两个方面看待人类。首先，人类是动物中最高贵的，他们具有与众不同的天资，正如他们有时会说的，“人类是神创造的最美的杰作”。其次，由于人类的一大长处就是洞察、操纵其他生物，所以他们又自诩为神的眼睛和手。这些信念一次又一次地在第三代人类的宗教信仰中用神像的方式表达出来。他们的神像是由多种动物合成的，有信天翁的翅膀，有大狐狼的嘴，有鹿的蹄子，等等。神像中人的要素是从手、眼和生殖器来表现的。神的两手之间是世界和万千生命。世界经常被表现为原始神力的果实，被这双手剧烈改变乃至折磨，以达到完美。

第三代人类的大部分文化都受这种对生命的朦胧崇拜支配。生命无处不在，体现在大量的多样化个体中。同时，对生命体和朦胧生命力的本能忠诚经常被虐待心理所困扰。的确，人们承认高级生物珍视的东西可能恰恰是低级生物不能忍受的。正如前面讲的，痛苦本身被认为是一种卓越性的表现。再次，虐待狂用坚定态度表达自己的内心。生命（兼有行动者和被动者的角色）崇拜与环境崇拜起到了互补作用。生命是主观性，而环境是客观性，环境永远在生命之外阻挠摧折着生命。然而正是由于与环境的对抗，生命才得以激发昂扬，获得更高的表现形式。人们认为痛苦就是对神圣和普遍目标的最生动理解。

第三代人类的思想从来都不是系统化的。但从上述思想状况来看，他们力图将对美的模糊直观合理化，包括生命枯荣。

2. 第三代人类的失误

总之，上面就是第三代人类身体和心理的本性。尽管无数次走上歧途，第三代人类总会回到发扬生物特性的主线上，形成诸多文化。一代又一代人反复从原始和野蛮状态步入相对文明的社会。这种进步往往来自某种特殊的氛围，这种氛围的出现可能是由于生物学的创新，也可能是施虐心理，抑或兼而有之。当然，例外也是有的。一个出生在这种社会的人不会表现出单一的特征，而是因当时人类活动的多样性呈现出丰富特征。他可能会注意到丰富的个人交往、社会组织和工业发明、艺术和思想活动，这一切都源于人类普遍的追求：自我保存或自我表现。然而，历史学家往往能够从社会的繁多事物中提炼出主题。

于是在几千或几十万年间，人类的奇想一次次地影响了地球上动植物的命运，最终导致人类自身的革新。由于多种原因，人类的努力一次次地失败，再次陷入混乱。与种族主流相悖的文化有时确实会出现。在人类历史的初期，在其天性尚未确定以前，曾经出现过一个崇尚智慧、不擅工业的文明，就像古希腊文明一般。第三代人类偶尔会自欺欺人地认为，他们进入与美国化的初人相同的奢侈工业文明。通常来说，他们的兴趣主要是在机械装置上，但至少有三次例外。他们建立的这三个文明社会中，一个以风力和水力为主要能源，另一个则从潮汐中获得能源，还有一个利用地热能。由于能源有限，第一个文明没有受到工业化弊病的影响，一直处于贫困的均衡状态，延续了大约几十万年，直至被一种鲜为人知的细菌破坏。第二个文明持续时间不长，这真是一大幸事。但是在五万年间，它对潮汐能的大肆使用已经明显影响了月球的轨道，世界秩序最终在一系列产业战中崩溃。第三个文明组织合理而有效，存在了二十五万年，大部分时间里如蜂巢一般和谐和平。但它最后还是遭到了不幸，这次是由于人类为追求工业发展而误入歧途，试图培育专门的工业人种。

然而在这代人类的生活中，工业化从未过多地偏离正轨，工业领域从未发生过旷日持久的灾难事件。其他领域里却发生过，例如在文化领域，主要是音乐层面，整个过程持续了大约几千年。这根本不会发生在初人身上。但如前所述，第三代人类的听觉和情感对音色、节奏极其敏感。结果，就像初人在其辉煌时期由于迷恋机械发明而陷入窘境一样，也像第三代人类自己沉溺于生物控制而多次遭遇不幸一样，他们在音乐上的天赋也让他们时而失去理智。

在这些音乐文化中，最值得注意的是音乐与宗教结合的模式，它形成了音乐专制，与当年宗教与科学结合成教条如出一辙。详述其中一个片段是有意义的。

第三代人类非常渴望永生。他们生命短暂，对生命的爱又很强烈。

对他们来说，存在的本质中似乎有一个悲剧性的缺陷，即个体生命的优美旋律一定会逐渐变弱，进入沉闷的衰老期或突然终止，却没有重来的机会。音乐对当时的人类有着特殊的意义。他们对音乐的体会如此深刻，以至情愿以某种方式将其视为一切事物存在的根本基础。在闲暇时间里，一群群农民会从辛劳多难的生活中抽出些时间，力图用歌曲、管乐或六弦琴为自己创造出更美好、更真实的另一方天地。他们敏锐的听觉给音乐带来了无限多样的音调和节奏，音乐似乎有了生命，让他们着迷，带他们进入更幸福的世界。难怪他们相信旋律都是精灵，在音乐的世界里过着自己的生活。难怪他们想象交响乐、合唱曲也是精灵，由组成它们的旋律汇集而成。难怪对他们来说，聆听震撼的音乐时，个人内心的屏障也被打破，通过分享音乐，男男女女的心灵便交织在一起了。

上述精神的倡导者出生在一个高原村庄，那里的人们天生对音乐就有强烈的信仰，但其思想没有系统地阐明。后来他开始讲道，让农民们对音乐有了更深刻的理解，让他们的内心随着音乐表达的内容而或喜或悲。最终他开始思索，并引用伟大吟游诗人的话，把自己的观点详细地做了阐述。他不费吹灰之力就让人们明白了音乐才是现实，其他的事物都是幻觉。而且宇宙的生命精神就是纯洁的音乐，每个动物和人的躯体都必将死去，但却有着不朽的音乐灵魂。他说，一段乐曲是最短暂的事物，来去匆匆。在一片宁静中，一切都会被吞噬掉，好像被彻底消灭。消逝是世界的本质。然而这位先知断言，对一段乐曲来说，尽管停止意味着突然的死亡，但所有音乐都有永恒的生命。沉静过后，它总会重新响起，活力比以往更盛。时间不能让其变老，因为它的家在一个远离时间的国度。所以这位年轻音乐家真诚地宣讲道，那个国度也是每个男女的家乡，是每个有音乐天赋的生灵的家园。寻求永生的人必须努力唤醒沉睡的心灵，投入旋律与和声之中。另外，人们在永生中的级别是按照音乐上的创造力和熟练度确定的。

先知的教导和他演奏的激情乐曲如野火般传遍四方。器乐和声乐响彻牧场和田地。政府试图禁止这些活动，部分原因是他们认为这会影响农业生产效率，但更重要的原因是，哪怕高雅的女士也会因澎湃的音乐而激荡，几个世纪培育起来的文质彬彬或许会毁于一旦。不仅如此，社会秩序本身也开始崩溃，因为许多人公开声称，重要的不是贵族出身，也不是对历史悠久的（受到有闲阶级青睐的）音乐形式的精通，而是用节奏与和声来表情达意的天赋。政府对信徒的迫害激发了更多人加入，有些人还以殉教为荣。据说，殉教者在烈火中仍然高歌不止。

有一天，君主宣布推崇新教。他之前一直为习俗惯例所困，如今的行动半是真心，半是权谋。最终官僚体制让位开明专制，君主获得了“至尊旋律”的称号，整个社会秩序得到了恢复，新秩序更符合农民的意愿。狡猾的君主就这样利用诡异热情和信仰在各地的自发传播而征服了整个世界，创立了“普世和声教”。此时，先知对轻而易举的成功感到惊慌，于是隐居在山里，在安逸宁静的环境里，特别是风声、雷声、瀑布声奏响的音乐中完善曲艺。然而山区的寂静被响亮的声音打破，君主派出了军乐队和教会唱诗班来向他致敬，要把他带回城市。经过一番扭打，他被捉住，并被关在音乐圣殿里失去自由，被奉为“神的伟大声响”，成了任由政府解释的“神谕”。在几年的时间里，庙宇里播放的官方乐曲和世界各地代表团演奏的乐曲使他陷入语无伦次的疯狂状态，官方对此求之不得。

神圣音乐帝国就这样建立了，统治人类长达一千年。先知的格言被许多卓越的君主加以阐发，成了重要的法律理论基础，而且凭借神圣权威逐渐取代了各地法律。尽管起于狂乱，音乐圣教最终却变得合理而复杂，只是点缀着无害甚至有益的愚行。自始至终，个人被明智视为拥有明确权利和责任的生物体，虽然从未言明。然而表达和阐发这一原则的语言却晦涩难懂，它基于如下的假设：每个人都是一段乐曲，需要在宏大的社会主题下完善自己。

在秩序井然的千年即将结束时，信徒中间出现了分裂。一个新的虔敬教派宣称音乐信仰的真正精神已经被教会扼杀。它的创始者鼓吹拯救灵魂要通过个人对音乐的体验，还要通过与“神圣音乐”强烈的情感交流。但是，他们说教会逐渐忽略了这一根本真理，转而重视起客观的形式、对位法、和声法则等空洞贫乏的东西来。官方认为，拯救灵魂不是通过主观体验，而是要遵守一种难懂的音乐技巧的规则。这种规则是什么？牧师和政治家没有使社会秩序成为神圣音乐法则的现世表达，他们纯粹为了便利，便错误地解读神圣法则，丢掉了音乐的真正精神。同时，另一方面也出现了反宗教复兴的运动，嘲笑反叛者以自我为中心，妄谈灵魂得救。他们认为音乐形式的完满有序要高于个人情绪。

在此之前，人类对改造自己的身体不是很在意；现在，反叛者们对它重视了起来。他们希望自己的孩子在音乐才华和敏感性方面出众，这种欲望影响了婚配行为，至少影响了更为虔诚的妇女。尽管生物科学仍处于发展初期，但大家至少都明白龙生龙，凤生凤。在不到一个世纪的时间里，这种为音乐而生养“音乐灵魂”的策略从个人癖好发展成全人类的执念。过了一段时间，在普通人的赞许和关爱下，一代新人脱颖而出，人种改良终于成功了。这些新人确实对音乐极度敏感，以至云雀乏味的鸣叫声给他们带来极大的痛苦。每当听到人类演奏符合他们心意的乐曲，他们便会如痴如醉；如果口味不和，他们便会陷入狂暴，杀死演奏者。

接下来的事无需长篇大论。人类开始神魂颠倒，逐渐遭受到愚蠢的狂想折磨，不久就建立了残暴的音乐等级制神权统治。社会陷入狂躁混乱之后，人类终于头脑恢复正常，同时进入了痛苦的幻灭状态，失去调整大方向的意志力。文明已经破碎，沉睡几千年后才得以重建。

这或许是人类最悲哀的幻觉，它就这样破灭了。它源于强大的审美体验，始终受到第三代人类的狂热追求，由此传承了下来。

这段时期还相继出现了许多其他文明，但在它们交替之间，人类都经历了漫长的野蛮状态，因此在这部简短的编年史中就不再赘述。从气质上来说，这些文明大多关注生物特征，例如一个文明对飞行非常着迷，所以人们崇拜鸟类；另一个文明对新陈代谢思想入迷；有几个文明受到性行为的影响很大；还有许多文明受到某些普遍的、渐进式的优生策略支配。我们不得不略过这些文明，把重点放在第三代人类里最重要的人种是如何将自己扭曲、改造成一个新人种的。

3. 培育生命的技能

经过异常漫长的衰退期后，第三代人类终于走上巅峰。我们不必详细了解这段人类达到开明状态的历程，只需要知道这是一个了不起的文明，即使用“了不起”这个词可能都轻了。在这个环境里，人们对建筑一无所知，衣服只是在御寒时才派上用场，工业发展完全赶不上其他领域。

在这个文明发展的早期，由于掌握狩猎和农业技能的要求以及对生物的本能控制欲，人们建立了一种原始但方便易行的生物学。直到该文明渗透到全球，生物学才促进了化学和物理学的发展。同时，妥善管理的工业为人类提供了渴望的所有物质享受，并为人类在匆忙之余提供了诸多放松的娱乐活动。工业首先以风力和水力能源为依托，逐渐发展为依靠地热能。如果没有一个更强大的统领一切的信仰，工业本身很可能会使当时的人类陷入迷醉状态，从前的人类就深受其害。但这一代人类对生物利益的维护是压倒一切的，而且早在工业兴起前便是如此。第三代人类中的利己主义无法通过运用经济手段或炫耀财富得以满足。这并不是说人类摆脱了利己主义，相反，人类几乎失去了所有无意识的利他主义，这是第二代人类没有的特征。但在大部分时期里，唯一一种吸引第三代人类的个人炫耀行为却与对“资材”的天然兴趣有直接的关系。拥有许多品质极好的牲畜，无论能否产生经济效益，都被认为是社会地位的象征。粗俗的人只看重数目多少，最多只看重优良品种的传统优势；而有教养的人崇尚并炫耀从控制生命中获得美的享受。

事实上，第三代人类不仅获得了生物本性的洞察力，还发展出一种全新的卓越技艺，我们称之为“人工培育生命”，它将成为表达新文化思想的主要手段。人们普遍地、宗教狂热般地培养这一技能，因为它与生命之神紧密相关。这种技艺的法则和这种信仰的箴言随着时间而变化，但总体来说，它的基本原则从未改变。但是，尽管人们几乎总是普遍地认为培育生命是至高无上的目标，不应该用功利精神对待，这个目标内部却有两套相互对立的理论，而且各有一派人马支持。培育生命技能的一种模式是将每种家畜视为协调、完善的自然生物，并力图激发其全部潜能，或创造出同样协调的新类型。追求另一模式的人们则以创造怪物为荣。有时某种生物的某个能力会被突出发展，却以牺牲整个生物体的协调和快乐为代价。例如，一种飞得最快的鸟被培育了出来，却无法繁殖甚至进食，所以要通过人工方法喂养。另外，他们想要把某些与自然状态相排斥的特性强加给生物体，就得在不稳定和痛苦的平衡基础上养育。例如，人们经常谈到一种食肉哺乳动物，它的前肢具有鸟类翅膀的结构，还有羽毛。这种生物不能飞行，因为身体不协调。唯一的运动方式就是展开翅膀，踉跄地奔跑。其他畸形生物包括双头鹰，还有一种鹿，创造大师们凭借不可思议的独创性让它的头长到了尾巴上，尾巴里有大脑，有感官，还有嘴巴。这种怪物技艺中，对生物体的改造受到了施虐思维的影响，通过对宿命的痴迷，特别是对身体的宿命的痴迷表现出来，人们把它视为决定人生轨迹的神迹。当然，培育生命的庸俗形式不过是粗鄙的权力欲。

这种畸形的、自我矛盾的意识不如追求和谐完美的意识影响大，但从始至终，它至少都会产生潜移默化的影响。这场追求完美的主导性运动有一个最高目标，就是用极其繁多的动植物群去装扮这个星球，这样人类便成了地球生命的主宰。每一个物种、每一个变种都有自己的领地，并在这个由不同生物组成的大环境中各司其职，都是整体功能的有机组成部分。人类绝不允许新物种残留过去的生活方式，且它们的不同能力之间必须达到真正的协调和融合。但需要再次说明的是，人类想要完成的至高无上的目标不仅与个体类型，更与地球整体的生命结构密切相关。所以，尽管会出现不同等级的生物种类，从最低下的细菌到最高级的人类，但如果任何一个物种通过消灭高于自身的物种而兴旺，那就违背了传统的神圣规律。然而在虐待狂式的生命培育技艺中，他们认为世上存在一种极其优雅的悲壮之美，那就是低级物种消灭高级物种所带来的感官享受。在人类历史上，这两派经常陷入流血冲突，因为施虐狂不断地发明寄生菌破坏传统的优秀品种。

在那些虐待狂式的生命培育者和相关人员中，有些人虽然刻意拒绝传统规范，但也因其怪诞行为而赢得了名声；其他一些比较不幸的人则接受了被流放或殉难的厄运，他们宣称自己创造的生物体现了生命本性中普遍的悲剧。然而，大多数人还是接受了神圣的原则。所以，他们必须选择被认可的表达方式。例如，他们可以力图改善现有的生物种类，完善其能力，或消除其体内有害、无用的器官或物质。除此之外，他们会开始一项更具独创性也更危险的工作：创造新物种，填充地球上某个尚未被占领的生态位。为了这个目的，他们会选择一个适合的生物体，按照前所未有的计划去改造它，创造出一个具有完美协调的特征，而且完全适应新生活方式的生物体。在这类工作中，生命培育者要遵守各项严格的美学原则。因此，降低高级种群的层次或者以任何方式浪费某个种群的能力都被视为技艺不佳。进一步说，由于这类技能的真正目的并非创造某个物种，而是创造出一个世界范围内的、完全系统化的动植物群落，所以即使是被创造出的物种，如果它们意外伤害了高于自身的物种，那就不会被接受。正当地培育生命被视为一种合作性的创造事业。整个人类在神的庇佑下成了参与实践的工匠，他们所从事的培育生命工作就像制作一件精美的生命外衣，装扮地球，他们是终极的工匠，也就是神；人既是神的造物又是神的工具。

当然，直到应用生物科学的发展远远超越了很久以前第二代人类的水平之后，人类才得以有长足的发展。要想超越从前培育者所使用的经验法则，人类还要做更多的工作。第三代人类中最聪明的人物花费了几千年的研究，才知晓了更深奥的遗传知识，并设计出可以控制胚芽中真正遗传因子的技术。正是他们在生物学方面不断的突破，使他们开辟出化学和物理学领域更深层次的研究。正是由于这历史性的突破，后来的科学研究才在生物学的基础上建立起来，其中研究证明，电子是最基本的生物，而宇宙整体也是一个生物。

于是，让我们设想地球几乎就是一个由植物园、动物园组成的庞大系统，其间点缀着农业和工业。在每个主要的活动中心，每年或每月都要举行展演。最新的创造成果要被全面地展示，由培育生命技能领域的最高级牧师给予评判，颁发奖章，通过宗教仪式奉为神圣。在这些展演上，一些展品以用途为主，有的则是纯粹出于美学目的。展品中可能有更好的粮食、蔬菜、家畜，还有特别聪明或强健的牧羊犬，或是在农业生产或人类消化系统中具有某些特殊功能的新型微生物。但有些成果是培育生命技艺的纯粹应用：肢体光滑的无角高大麋鹿、适合在生态中扮演某些全新角色的鸟类和哺乳动物、能在生存竞争中轻松击败所有现有品种的熊、有特殊器官和本能的蚂蚁、关系得到改造的寄生体和寄主——双方以寄生体为主实现了真正的共生，不胜枚举。到处都可以看到体型小巧、身体赤裸、皮肤呈红色、形似弗恩神一样的人，是他们创造了这些奇迹。体格如廓尔喀人[①]般的山民站在他们的羚羊、秃鹫、新

① 廓尔喀人，尼泊尔的主要居民，英勇善战。——译者注

培育出的巨型猫科动物身边。一个面部表情严肃的妇女进入表演场地，她身后跟着几头巨大的熊，引发了骚动。许多人围拢过来，检查这些熊的牙齿和四肢，她会呵斥多管闲事的人，让他们从她那些温顺的动物旁边走开。这一时期，人类与动物的正常关系真的是非常友好，有时对一些已被驯服的动物来说，它们与人的关系可以上升到一种细腻的、精心呵护、互相关爱的层次。野兽甚至不会刻意躲避人类，更别说袭击人类了，除非在特殊的狩猎和庄重的格斗表演时，意外才可能发生。

最后这几种情况需要特别注意。野兽之间进行格斗的能力与其他能力一样受到人们的赞赏。无论男女都从殊死搏斗的壮观场面中体验到了野蛮行为带给他们的快感，甚至是狂喜。最终出现了一种形式化的格斗场面：各种野兽被激怒后搏斗至死。不仅如此，还有动物与人、男人之间、女人之间的神圣角斗。另外还有会令本书读者震惊的女人与男人之间的格斗，因为这一代人类，年富力强的女性在体力上不亚于男性。

4. 相互冲突的策略

几乎从一开始，培育生命的技艺就被或多或少地应用到了人类自身，尽管不免有些犹豫。虽然这种技艺取得了某些重大进展，但都是在没有意见分歧的领域。许多以往文明遗留的疾病、畸形问题通过治疗而得到解决，许多根本性缺陷被矫正。例如，牙齿、消化功能、腺体结构和循环系统得到极大的改善。人类普遍拥有极好的健康状况和健美的体型。分娩成为无痛的、有益健康的活动。衰老期得到延迟。实用技艺的水平明显提高。这些改进的实现全部凭借国际社会支持下的大量且协调一致的研究实验工作。但个人进取心也起到了很大的作用，因为与初人相比，第三代人类两性关系中的优生观念更加浓厚，而且是有意识的。每个人都了解自己的遗传特征，也了解与具有不同遗传物质的人结合后繁衍的后代具有什么特征。所以在求爱的时候，男方不仅要让女方相信，他的思想能为她的思想提供令人愉快的完善与补充，更要让对方知道，在他的帮助下，她的后代也会非常优秀。所以，第三代人类中始终有一种倾向传统理想类型的选择性繁衍方法。在某些方面，理想类型的地位能够连续保持几千年之久。这些理想型特征包括健康、像猫一样的敏捷性、手的灵巧性、音乐敏感性、对生命技艺是非的洞察力、对所有生命的直觉判断力。人类也尝试过进行长寿和抑制衰老的研究，但只取得了部分成功。时尚潮流有时会引导择偶标准向英勇搏斗的能力、某些面部表情、发声音色等特殊类型发展。但是，这些短暂的臆想微不足道。真正通过个人择偶得以强化的都是得到长期青睐的遗传特征。

但是，最终人们开始对更宏大的目标感兴趣。此刻世界大家庭处于井井有条的神权政治下，严格受到由地位尊崇的牧师和生物学家组成的最高委员会统治。一般来说，这种统治是仁慈的。每个个体，包括地位最低下的农民，在社会上都有自己特殊的地位，每个人特殊的地位由最高委员会或各阶级代表按照已知遗传特征和社会需要确定。当然，这种制度有时会被滥用，但大多情况下不会引发严重的冲突。每个人的智力水准和特殊天资被精确地识别出来，有人对其在社会中的位置提出异议就是对其遗传特征表示怀疑，而这是由高度精确的生物学知识所决定的。这一事实众所周知，而且大家毫无怨言地接受。一个人的能力如果能够胜过竞争对手，便会晋升至更高级别，而不需要茫然地尝试超越自身的天性。如果不是人们信守生命宗教和生物学真理，这种事态是难以维持的。同样，如果不是所有的人都在适合其能力的水平上充当神圣的生命培育者，上述目标也无法实现。第三代人类人口不多，而且生活环境颇为朴素，但每个成年人都自视为创造生命的主人。通常来说，无论男女都对工作如此着迷，以至心甘情愿地放弃组织、管理社会的工作，留给那些适合的人。另外，在每个人心灵的深处，都将社会自身理解为一个成员各司其职的有机体。在这一代人中，对社会秩序的强烈感情甚至常常能征服固有的利己主义倾向，虽然其中也不无争斗。

就是这样一个对初人来说几乎难以置信的社会，它此刻要着手重塑人类的本性。令人遗憾的是，人们对这个梦想意见分歧严重。传统派唯一的主张就是要继续很久以来一直在做的事情，但建议要加强开拓精神和协调能力。他们希望进一步完善人类的身体结构，但不能逾越现有的框架；完善人类的脑部结构，但不要试图引入任何从本质上说是新的东西。人类的体型、知觉意识、记忆力和情感特质应该加以改善，可以达到几乎面目全非的程度，但在本质上必须与原来保持一致。

然而另一派最终压倒了传统派，要在一个重要的方面改进人类自身。如前所述，第三代人类长期痴迷永生。这种梦想在初人中一直非常强烈，甚至生性冷漠的第二代人类有时也出于对人类个体的重视而认为灵魂必定永生。寿命短、缺乏理论能力的第三代人类凭借对生物体和生命现象多样性的热情，用不同的方式表达着对永生的理解。按照自己的文化，他们想象，所有被“生命之神”赋予生命的生物体在临终时都会进入另一个世界，那个世界与他们所熟知的世界很相似，只是里面的生命更幸福。在那个世界里，他们有神的陪伴，而且要用各种充满自由和活力的创造力为神服务。

此刻，人们相信在两个世界之间可以建立联系。他们还相信，最高级的地球生命体就是能够最有效地进行这种交流的群体。所以他们进一步相信，更加全面地揭示生命真相的时刻已经到来。为此建议专门培养“交流者”，职责是用来自彼世的建议来指导此世。与初人一样，此刻的人类也相信，这种与那个看不到的世界的交流会在通灵入神状态下实现。于是，新的奋斗目标就是培育出特别敏感的通灵师，和提高普通人的通灵能力。

此外还有另一派别，他们的目标非常与众不同。他们认为人是非常高贵的生物。人类已经改善了其他生物，提升每种生物体内最高贵的特质，现在终于要对自己做同样的事情了。人类最显著的特征就是智能，也就是脑和手的功能。现在手的功能实际上已经被机械超越，但是心智永远不会被超越。所以，我们必须严格地从提升心智机能和高智能的行为协调能力入手，培育新的后代。如果机器具有人体器官的功能，并能完成相应的工作，那就让机器去做，这样整个人类的思想活力就可以投入智能的发展与完善上。人类必须培育出一种崭新的生物体，他们应当继承祖先们抛弃的身体机能，智力也不用多发达。我们要培育出纯粹的、单纯的人。人类完成这项任务后，如果愿意，可以让新创造出的人去发现永生的真理，同时放心地将掌管一切人类事务的权力交给他。

统治阶级强烈地反对培育超级大脑的策略。他们宣称，如果这计划得以实现，那只会繁殖出最不协调的生命体，其本性会违背生命美学的所有原则。他们说人本质上就是动物，只不过有一些独特的天赋。人类的全部天性必须是逐渐进化而来，而非以牺牲其他生物为代价而得到的机能。这种观点的部分原因或许是担心失去自己的权威，但同样是令人信服的，而且大部分人都支持他们的观点。虽然如此，还是有少数统治阶级成员决心将这一雄心勃勃的计划秘密地执行下去。

世界国家认为没有必要对培育通灵者这一计划保密。实际上，世界国家鼓励这一策略，甚至还成立了专门的研究所。

第七章｜ 重塑自我的人类

1. 第一个超级大脑

力图培育出超级大脑的人在地球某个偏远的角落开始实施其宏伟的计划，进行研究和实验。我们不必详尽地讲述他们的研究历程。他们的工作起初是保密的，后来却公开地尽力劝说全世界的人们赞成他们的计划，可结果将人类分成了两派。政治体制四分五裂，还爆发了宗教战争。但在几个世纪断断续续的流血冲突后，两派终于平静下来，在不同的地区不受烦扰地追求他们各自的目标：一派力图培育出通灵交流者；另一派则力求培育出超级大脑。最终两派各自发展出了一个民族，由自己的宗教信仰和改革精神团结在一起。双方之间没有什么文化上的交流。

超级大脑派使用了四种方法，即选择性繁殖、对（实验室培育的）生殖细胞中的遗传因子进行重组、对（同样在实验室培育的）受精卵进行加工处理、对生长的身体进行处理。起初他们经历了无数次惨痛的失败，我们不必对此评论。但在实验开展数千年后，研究者取得了一些进展，这预示着最终的成功。精心挑选的人类卵子在实验室条件下受精，然后主要通过人工方法进行重组。通过抑制胚胎和大脑自身低级组织的生长，同时极大地刺激大脑半球的生长，不屈不挠的研究者最终成功地培育出了一种生物：大脑横切长度三点五米多；躯体极度退化，位于大脑下面。只有强健的胳膊和双手大小和自然状态一样，用人工方法固定在肩膀上，整个身体被放进一个坚固的砖石建筑，研究者就有足够的空间安装起重装置以进行工作。超级大脑的手仍如第三代人类有六个手指，但尺寸大了许多，而且机能得到了改善。这个奇异的生物就是在这里被研究出来并发育成熟的。该建筑是特别设计和制造出来的，目的是收容这个生物和维持其生存的复杂机械。电动的自我调节泵充当心脏的角色，化学注射装置将基础原料输入其血液，并清除掉产生的垃圾，替代消化器官和一些腺体。他的肺是个巨大的腔室，里面有许多用于氧化作用的管子，一台电扇不停地将空气吹进去。这台电扇还将空气吹过人造发声器官。这些器官的结构能利用语言中枢中的自然神经纤维激发电控装置，发出与人用喉咙和嘴发出的相同的声音。这个无躯干相连的大脑的感觉器官是自然和人造结构的混合体。视神经在外界刺激下沿着两个柔韧的长鼻状器官伸出，这两个器官大约一点五米长，在末端有一个巨大的眼睛。但通过对眼睛结构进行的非常有独创性的改造，眼球的晶状体可以自由地向一边移动，这样视网膜就可以贴伏在任何光学仪器的表面上。耳朵同样可以在肉茎上伸出去，这样神经末梢就可以直接接触到不同类型的人造共鸣器，或者直接听到最微小的生物体发出的微弱节奏。鼻子和舌头发育成化学感觉器官，它们能够通过味道辨别出几乎所有的化合物和元素。超级大脑只能用手指来感觉压力和冷暖，但手指具有很高的敏感度。疼痛知觉应当从生物体身上被彻底消除，但尚未实现。

这个生物体被成功地赋予生命，但寿命只有四年。尽管最初一切进展顺利，可是在这个（是否可以被称作）不幸的孩子出世后的第二年，他开始遭受极大的痛苦，并表现出了精神错乱的症状。尽管他的养父母尽了最大努力，但他还是逐渐陷入精神错乱状态，最终死亡。死因是过重的大脑和丧失某些化学调节能力的血液。

我们可以跳过随后的四百年，在这段时间里人类又徒劳地进行了多次尝试，试图在第一次实验的基础上更上一层楼。让我们直接来看看培育出的第一个真正的第四代人类吧。与之前的超级大脑一样，他也是按照相同的整体计划被构思设计的，并用相同的人工手段培育出来。但是他的机械和化学构件更加高效，而且他的制造者希望通过细致调整生长和衰老机制实现他的永生。总体计划也在某个重要方面做了修改。他的制造者建了一个大的圆形“大脑塔楼”，分割成许多部分，从中心区向外呈辐射状，所有地方都用小框架结构进行覆盖。凭借一项几个世纪才研发出的技术，他们用人工方法引导正在生长的胚胎脑组织中的细胞向外生长，进入为它们准备好的小框架，而不是像正常情况下大脑半球的生长方式。于是，这个人造头骨成了空间极大的钢筋混凝土大厦，直径超过十二米。一扇门和一个通道将外面与塔楼中心连接起来，从中心处向外延伸出许多通道连接每层的小框架。无数塑料、金属和硬橡胶制成的管子将血液和化学物质输送到系统的各个部位。电热器通过无数细心保护的神经纤维构成的通道，保持着各小框架内部的温度，使它们处于适当温度。设施内广布温度计、各种仪器调节器、气压计和数据指示器，让监护者们可以随时了解这奇异的半自然半人工系统（不妨称之为“可笑的心智工厂”）的各种物理变化信息。

这个生物体在其出世后的第八年已经填满了全部的生长空间，并获得新生儿的心理意识。在养父母们看来，他的发育速度慢得令人沮丧。直到他即将走过五十岁时，才真正达到无忧无虑的少年的智力水平。但人们也没有真正感到失望的理由。又过了不到十年，这个第四代人类的先驱已经学会了第三代人类教授给他的所有技能，同时发现他们有很多愚蠢的念头。在手部的灵巧性方面，他已经能和最强的人竞争，不过尽管操控能力给他带来了强烈的喜悦感，但使用双手几乎全是为了满足无尽的好奇心。事实表明，好奇心是他最大的特点。他是一个有着最灵巧双手的、充满着好奇心的怪物。为了照看和教育他，国家专门成立了一个部门，大批专家随时准备回答他提出的急切问题，并帮他完成自己的科学实验。他成熟后，这些不幸的专家们发现自己被无情地抛弃，沦落为文书、侍从和差役。为他服务的有好几百人，这些人总是急急忙忙到全球各地搜索最新信息和实验材料。凭借他们的头脑，往往不能领会自己工作的重要性，但他们还是小心翼翼地避免让公众发现自己的无知。工作的神秘性反而为他们带来了声望。

除了好奇心和积极性以外，这个有巨大大脑的家伙完全缺乏所有正常的本能反应。例如他毫无出自本能的恐惧感，但他确实对有迹象要伤害他或妨碍其执着研究的任何情况持有轻微的谨慎心理。他也没有愤怒感，只是在面对敌对力量时会表现出刚毅的意志。他同样也没有正常的饥渴感，当他的血液不能获得充足的营养时，他会觉得虚弱无力。性欲在其内心是绝对不存在的。天生的柔情和归属感对他来说是不存在的，因为他没有慈悲心肠。他最亲密的侍者所表现出的奉献精神丝毫没有唤起他的感激之情，只有冷冰冰的认可。

起初他对这个养育他、崇拜他、帮助他实现一切狂想的社会并不感兴趣，但后来他开始乐于为一些社会组织存在的问题提出绝妙的解决之道。人们越来越希望获得并接受他的建议。他成了世界国家的权威人物。他自身的智慧和完全公正的心态与人们表现出的狂热崇拜结合在一起，为他赢得了远比普通统治者更加牢固的地位。他从不关心人们的琐碎问题，反而决定让和睦、健康、有力的人类为他服务。为了缓和过于严肃的物理学和天文学研究带来的紧张情绪，他对人性的研究产生了兴趣。一个完全不懂人之常情的家伙，竟然有能力理解感情丰富的第三代人类，这似乎有些奇怪。但是，他已经为自己积累了行为主义心理学的相关知识，而且与熟练掌控动物的主人一样，他完全了解能从他的人群中得到什么，尽管他对他们的精神世界一无所知。例如，虽然他完全鄙视人们对动植物的崇拜和生活中的宗教信仰，但他很快学会了不对这些痴迷心态表现出敌对姿态，而是利用它们为自己的目的服务。他对动物的兴趣仅限于作为实验对象。在这方面，他的臣民们随时准备帮助他，一个原因是他向他们保证，自己的目标是改良各种牲畜；另一个原因是他在实验中完全不使用平常的止痛方法，这让人们着迷不已。人类内心中对残忍的欲望一直被压抑着，而他终于将其唤醒了。尽管他们对动物的本性有直觉般的深刻体悟，但这种欲望却是第三代人类体内强大的遗传因子。

超级大脑逐渐地开始探索物质世界和精神世界的奥秘。他掌握了生物进化理论。为了满足自己的兴趣，他开始了详尽的地球生命史研究。他利用惊人的考古技术了解了所有早期人类的历史，包括第三代人类一直一无所知的火星人入侵。他揭示了相对论和量子理论的奥秘，和原子作为复杂的波列系统的特性。他对宇宙进行了测量，并用他的精密仪器对许多遥远宇宙的行星系进行了计算。至少令他感到满意的是意外地解决了许多古老的问题，例如善与恶、心与物、一与众、真理与谬误等对立事物之间的关系。他建立了许多新的部门和机构，任务是用他专门发明的一种人造语言记录他的探索成果。每个部门都由许多学会组成，成员都是经过专门培养和教育的专家，对所在部门的学科有一定程度的了解。但所有部门之间的协调和各学科真正深刻的洞见，全都由超级大脑自己掌握。

2. 第四代人类的悲剧

这个独特的个体出世后大约三千年，他决定再培育多个像他这种类型的生物体。这并非由于他深受孤独之苦，并非他渴望爱情，也并非他需要有智力相类的同伴陪伴。他这样做仅仅是为了进行更多的深入研究，他需要与一些思维高度与其相同的生物体进行合作。于是，他在地球的各个地区设计并制造了与自己相同的塔楼和工厂，而且性能得到了提高。他派助手向每一处递送一个自己退化掉的身躯细胞，并在当地指导人们培育新个体。同时他启动了一些针对自己的重大手术，这样他就可以更全面、更详尽地自我改造。他赋予自己和后代的最重要的全新能力之一就是直接地、敏感地感受辐射。这是通过将火星人体内的寄生菌进行特殊培育后植入每一个新生物体的脑组织内实现的。此后，这些寄生菌将在他们的大脑中作为细胞的一部分生长发育。每个大脑还装备了强大的无线传输装置。这样的话，分布在各地的具有这种敏感能力的生物体之间就可以保持直接的“心灵感应”。

这项事业最终完成了。大约一万个新个体加入第四代人类的行列，每个都在当地从事专业化的工作。人类在世界最高的山上建设了许多天文台，一些超级天文学家使用人造的观测仪器或生长在大脑里的超级器官进行观测工作。在地球的每一个角落，都有器官耐高温的第四代人类在研究地热能，并时刻与天文学家通过“心灵感应”保持联系。在热带地区、在北极、在森林、在沙漠、在海底，第四代人类的极大好奇心得到了满足。在第三代人类的家园周围，一群群巨大的建筑物里面容纳着一百个超级大脑生物体。为了给这些遍布全球的第四代人类提供服务，以前合作培育新人类的第三代人类此刻在耕种着农田，照料着家畜，生产着全新文明所需要的大量物质产品，同时还运用一成不变的古老培育生命的技艺满足他们的精神生活。第三代人类的整体卑微化是缓慢地、不知不觉发生的，但最终的结果依然令人厌烦。第三代人类中时而会发生些零星的叛乱，但都没有导致严重的动乱，因为第四代人类的威望和说服力是不可抗拒的。

最终，危机还是发生了。第四代人类在长达三千年的研究工作中取得了不断的成功，但在后期进展有些缓慢。设计新的研究方法变得越来越困难。的确，即使他们对地球和其他星球研究的知识尚有许多细节需要补充，但他们已毫无希望开辟全新研究领域，进一步理解事物的本质特征。实际上，他们开始意识到，自己从未激起神秘莫测的知识海洋的哪怕一点涟漪。他们的知识有着完整的体系，但也是完全地令人费解。他们越来越强烈地意识到，尽管在某种意义上，他们对所有的事物都有所了解，但了解得并不深刻。

心理正常的人若遇到思想的挫折，可以通过友谊、运动、艺术放松。

但第四代人类却没有这样的解脱方式。对他们来说，这些活动是做不到也是无意义的。超级大脑全神贯注地关注着客观世界，但只是将其作为对思考的激励，而从来不是为了客观世界本身去关注它。他们只重视思考过程以及通过思考而发明的解释性公式和原理。他们对男人和女人的关注不如对试管里的物质关注多，他们相互间的关注不如对机械计算器的关注多。不仅如此，几乎可以说，他们只有将自己视作了解知识的工具时才会去关注自己。实际上，许多第四代人类已经牺牲了健全心智，甚至在某些情况下牺牲了生命，全身心地投入对思考的执迷中去了。

由于挫折感变得越来越沉重，第四代人类对自然的认识越发片面，这使其痛苦不堪。尽管当精神生活进展顺利时，他们心平气和，但由于现在遭遇到了挫折，他们便开始被一些愚蠢的用某些借口掩盖起来的幻想和渴望冲昏头脑。此时他们不知所措，也无法表达自己的感受，只能目睹着仆人们自由自在地群体生活、打情骂俏。这些活动对他们来说就是一种冒犯，使他们内心充满了一种令人沮丧的嫉妒感，留意这些活动完全有失他们的体面。仆人们的事务开始由他们的主人来管理，但并非依照惯常的公道原则，所以导致仆人们的抱怨。

一场据说将会扫清无形障碍，推动知识继续向前发展的伟大复兴将科研工作带到了高潮。超级大脑的数量将呈千倍地增加，全球的资源将比以往更加严格地用于探索与思考。卑微的第三代人类将因此不得不承受更多的工作，牺牲更多的快乐时光。以往他们会为了服务超级人类大脑这一荣誉而心甘情愿地接受这一命运的安排，但他们盲目奉献的时代早已不复存在。他们会互相低声抱怨说，先辈们所进行的伟大试验已被证明是场大灾难，且第四代人类——超级大脑除了体型巨大、诡计多端，根本就是个畸形的怪物。

这些暴君们宣布要将所有无用的动物全部宰杀，因为饲养它们对全世界人类来说是一个巨大的经济负担，事态到了紧要关头。另外，以后只有超级大脑自己才能进行培育生命的研究。这个决定的宣布使第三代人类陷入剧烈的骚乱，并将他们分为两派。那些将毕生精力都用于为超级大脑提供直接服务的人们都赞成，并表示绝对服从，尽管他们的内心感到非常痛苦。但是，大多数人都断然拒绝邪恶的屠杀行为，甚至宁可放弃培育生命的特权。他们说，杀光地球上所有的动物群会抹杀宇宙中最美的容貌，从而亵渎宇宙的美丽外表。那将是对“生命之神”的侮辱，而且宇宙肯定会对这一行为进行报复。所以他们极力强调，此时所有正直的人应该团结起来，推翻暴君的统治。他们指出，这个目的很容易达到，只需切断连接超级大脑与地下发电站的电缆，这样电泵就会停止向大脑塔楼提供充氧血。或者，个别超级大脑所在的位置能使其自行操控风能或水能，这时也只需停止向他们的消化研究室提供食物即可。

亲自侍奉超级大脑的人对这样的行动有些畏缩，因为他们将一生的时间都骄傲地甚至深情地投入到服务这些可敬的生物体上。但农民们决定中断营养供给。于是，超级大脑给仆人们提供了大批精妙的武器，最终造成了巨大的破坏。由于大量反抗者被消灭，所以奇缺在田间干活的人。一些超级大脑和许多他们的侍者死于饥饿，而且由于处境越来越艰难困苦，所以一些侍者也随波逐流加入反抗者的行列。此时对第三代人类来说，超级大脑似乎很快就会走向衰朽，地球将再次被掌控在自然的人类物种手里。但那些暴君不容易被打败，因为他们在几个世纪的时间里一直在秘密地做实验，掌握了非常周密的统治自然物种的方法，在最后时刻获得了成功。

在这场战斗中，他们受惠于多年前自然人类取得的成果甚多，后者当时的目标是培养专人与不可见世界沟通。这一批人类叫作神权民族，为此奋斗了几个世纪，最终取得了他们认为的成功。很快，一个世袭阶级产生了：使者。现在尽管这些生物体能通灵入神，与其他世界的居民做些明显的交流，并接受关于地球事务的命令，但实际上只不过是受到了异常的暗示。他们从儿童时期就受到了有关不可见世界知识的教育，所以他们的大脑在入神状态下可以奇妙地产生一些来源于这些知识的幻觉。平时，他们异常缺乏主动性和才智。确实，他们如此天真和呆滞，以至心理上更像牲畜而不像人类。然而在心理暗示的影响下，他们变得既聪明又有活力。他们此时的智力超群完全是由于心理暗示的作用，而毫无对心理暗示本身的批判能力。

在这里没有必要再次提及神权社会的衰败，我们只能说，由于私人和公共事务受到使者言论的左右，事态不可避免地陷入混乱。第三代人类的另一个群体，即培育超级大脑的自然人类逐渐控制了整个地球。然而那个通灵种族继续存在，只不过对他们的尊重之中夹杂着一半的鄙视。在某种程度上，灵媒们仍被广泛视为一种具备神圣精神的天才，但人们认为，从他们说的话来看，他们太神圣了，与地上的事情无关。

超级大脑们就是想凭借这种通灵特征巩固他们的地位。第三代人类从前的努力已成为过去。但他们最终还是培育出了一个有生命的，甚至充满智慧的机器，而且他们的意志可以完全被第四代人类控制，哪怕相距遥远，因为第三代人类所培育的新人种与主人之间是通过心灵感应联系的。火星人的组成单元已经被植入他们的神经系统。

在最后时刻，超级大脑将由这些完美机器奴隶组成的军队派赴战场，他们都装备着最具杀伤力的致命武器。残存的早期侍者很晚才意识到，其实他们一直在为制造自己的替代者而卖力。他们加入反抗者的队伍，不料也都被一起消灭。在几个月的时间里，所有的第三代人类都被消灭，只剩下那些新的温顺的成员，还有一些被关在笼子里用作实验标本的人也幸免于难。在几年的时间里，各种尚不清楚是否与人类生活有直接或间接联系的动物都被杀死。即使作为标本的动物也没有被保留下来，因为超级大脑已经对它们进行了无数次详尽的研究。

尽管超级大脑此刻成了地球的绝对控制者，但他们在实现其目标的道路上并未有丝毫的进展。与自然人类的真正较量为他们提供了一个奋斗蓝图，但既然这场较量已经结束，他们又开始对自身智力上的缺陷耿耿于怀。通过痛苦的分析和领悟，他们意识到，尽管他们有宏大的神经组织，尽管有大量的知识和计谋，但比起其前辈们来说，自己在实现终极真理的道路上几乎没有取得进展。双方距离终极目标都几乎还有无穷远。

对第四代人类——超级大脑来说，他们没有真正意义上的生活，只是思想意识层面上的生活，而这种生活一直是空洞的。显然，要想解决智力上深层次的问题，除了巨大的大脑外还需要有其他器官。为此，他们必须创造一种“脑体”，也就是大脑的有机构造。它要拥有现在不可能达到的洞察力或理解力。他们必须学会按照一个新的计划去重新培育自己的大脑组织。在这个目标的激励下，还有潜意识里对创造了他们的更协调的自然人类的嫉妒，他们通过观察被关押的人类，对人类脑组织的特性展开了全新的研究。他们希望通过这些研究找到一些新的快速进化方向的启迪。那些不幸的人类标本经受了无数次特殊的生理和心理折磨，有的人虽然还活着，但他们的大脑被取出，并永久地放在实验室的桌子上，以便在他们做出不同心理反应时用显微镜去观察。有的人陷入奇妙的神智错乱状态，还有的人一直维持着良好的身体和心理健康状态，但最终却要被精心设计的悲剧式体验折磨致死。新的人种被培育出来，研究者希望能从中发现更高等的大脑思维特征，但实际上他们只在探索精神错乱方面取得了成功。

研究工作持续了大约几千年，但逐渐地减缓下来，还是竹篮打水一场空。随着这种挫折感的愈发明显，第四代人类的思想发生了改变。

当然，他们知道自己并不欣赏自然人类看重的许多事物和活动。在此之前，这些事物和活动都被认为是智力低下的自然人种的特征。但通过观察他们用作实验品的不幸样本的行为，第四代人类逐渐更多地体会到了自然人类产生的喜爱和赞美的感情，这样他们就学会了如何区分基本需求和合理思维会排斥的偶发需求。实际上，他们慢慢地意识到，某些活动和事物会受到同样思想清明的自然人类的欣赏，这就如同他们欣赏知识一样。例如，自然人类互相尊重，而且有时能够为他人利益而做出自我牺牲，他们还珍视爱。除此之外，自然人类还非常重视艺术活动。自然人类自身的和动物的身体活动有一种内在的卓越性。

第四代人类逐渐地意识到，他们自身的错误不仅仅是知识有局限，更为严重的是他们对事物价值理解的局限性。第四代人类发现，这个弱点并不是大脑智力低下造成的，而是身体缺陷和脑细胞不活跃造成的，但这些缺陷他们无法弥补。很明显，他们无法从根本上改造自己，最终使自己成为正常类型的生物体。他们是否应该集中精力培育出一个比他们自己更加协调的新类型呢？我们可能会认为这样一项工作对第四代人类来说不会有什么吸引力。但事实并非如此，他们表示了赞成的态度，并说："我们的天性就是最关注知识。只有比我们思维更敏锐、更广阔的头脑才能掌控完整的知识体系。所以让我们抓紧时间，争取实现这个目标吧。更确切地说，努力培育出一种摆脱了我们局限的生物体，通过他们，我们可以间接地实现获得完美知识的目的。培育出这样的生物体将需要发挥我们的全部聪明才智，同时也会创造出我们最高端的成果。这项工作必须要做，否则就是愚蠢的。"

人工培育的第四代人类充满着新的热情，利用幸存的第三代人类的样本开始了培育他们自身取代者的工作。

3. 第五代人类

第四代人类对新型人类计划进行了详尽的设计，然后开始具体的个体培育工作。从本质上说，这个个体会是一个正常的人类有机体，拥有自然人类的所有身体功能，但他需要被彻底地完善。第四代人类还意识到，为了满足如此细致的设计要求，必须注意，新个体必须拥有尽可能大的脑容量，但又不能太大。设计者们耐心细致地计算出身体各部位必须达到的尺寸和内脏比例。他的大脑不能像第四代人类那么大，因为他是要四处行走的，还要用自己的生理机制来运转。另外，如果比自然人类的大脑尺寸大，那么头部以下的部位就必须相应地结实强壮。如同第二代人类一样，新的人类必须要体型巨大。实际上，他要比自然人类中的大块头还要大。然而其身体绝不能太庞大，那样体重会严重妨碍他的活动，再加上必要的骨骼，整个身体会因太过笨重而无法活动。

在设计新人类的整体比例时，设计者考虑到需要设计更加高效的骨骼和肌肉。在经过了几个世纪耐心的实验后，他们最终发明了一种方法诱使生殖细胞生长出非常强壮的骨骼组织和肌肉，并专门设计了神经组织。新设计的大脑比他们自身的要小许多，无论是单个细胞还是细胞组织。新大脑尺寸虽小，但运行效率非常高。

另外，他们发现可以通过改善消化系统来节省大量的生命能量。新型微生物被研制出来，它们以共生的形式生存在人的肠道内，使整个消化过程更便捷、快速、稳定。

他们还特别改善了所有组织的自我修复系统，使系统首先修复磨损的组织。同时，通过对控制生长和整体衰老机制进行精妙的设计，新培育的人两百岁时才进入成熟期，之后能够一直保持活力，寿命至少有三千岁。一旦出现严重的衰老迹象，他的心脏就会突然停止运行。在决定是否让这些新生命体具有如其培育者一样永恒的生命时，分歧出现了。最终决定让其拥有有限但适当延长的寿命，这样会比较安全，因为设计该生命体的初衷只是将其作为过渡，绝对不能让他自认为是生命的最终表达形态。

在感官方面，新的人类兼有第二代人类和第三代人类的所有优势。另外，所有的感觉器官要有更广的识别范围和更精准的识别能力。更重要的是，火星人的生命单元被植入到新生殖细胞内。随着生物体的发育，这些生命单元会自行繁殖并在脑细胞中聚集，所以每个大脑区域都会对辐射波有微弱的敏感性，整个大脑会发出强烈的、有规律的辐射波。但在这里，设计者专门让新人类的“心灵感应”能力保持顺从状态，还确保了个体不会仅仅成为群体的回音。

通过长期的化学研究，第四代人类对新人类内分泌系统的改造同样重大，使其保持了完美的生理平衡和神志健全的性格。他们决定，尽管他应该经历所有类型的感情生活，但他的情感不应该陷入不幸的过渡状态，也不应该总是陷入某一种状态。此外，详尽地修改自然的条件反射也是必要的，包括删改与强化。人类从直立人开始就越发复杂的“本能”反应也要从两个方面加以修改：一个是活动形式；另一个是反应对象。新人类必须在愤怒、恐惧、好奇、幽默、亲切、利己、性欲和社交方面都有反应，但不能达到失控的程度。实际上，与第二代人类一样，或许更明显一些，新人类会有一种天生的能力和倾向对所有高级活动和对象产生反应。对初人来说，这些行为只能通过艰苦的训练才能达到。于是，虽然设计中包括对自我的关注，但新人类主要还是具有社会性和智能性的物种，而非原始的野蛮人。另外，尽管他们具有强烈的社会性，但在他们的本能中，他们主要关注的社会就是“一切有智力的人组成的群体”。再者，新人类的性欲和抚养欲都很强，也有第二代人类身上那种天然的心理升华，例如对个体精神中奉献之爱的自然倾向，以及对艺术和宗教思想的理解天赋。超级大脑性情冷漠，而且注定不能亲身体验这些活动，他们竟然能凭借纯粹的智力，通过研究第三代人类就能发现这些活动的重要意义，然后精妙绝伦地设计出能够进行这些活动的生命体，这是一个奇迹。这就好比目不视物的种族通过研究物理学设计出了视力。

当然，他们已经意识到，对平均寿命一千年的人种来说，生育行为肯定是很罕见的；与此同时，为了让心灵得到全面的发展，性行为和生育对两性来说又都是必要的。这个难题部分地通过漫长的婴儿期和童年期加以解决，这对复杂生物体的正常心理和身体发育是必要的，同时也为成年个体提供了更长的抚育时间。同时，实际的生育过程也被设计为与第三代人类一样轻松。凭借极大改善的生理组织，婴儿的抚养过程不会那么令人焦虑和消耗精力。在早期的人类中，大多数母亲都为这项工作付出了许多精力。

第四代人类为改良人种拟定初步规划就花费了几个世纪的时间，主要是研究和计算。这些工作要求超级大脑充分利用他们的创造天赋，同时也给他们造成了很大的负担。随后，他们就实际培育这样的人类进行了相当长时间的探索性试验。又过了几千年仍没有取得任何进展，结果只是表明，许多看似有希望的计划根本没有得到任何结果。在这期间，由于超级大脑们之间的策略分歧，这个计划多次中断。有一次还真的诉诸武力，一方用化学品、细菌和机器人大军袭击了对方。

总之，经过多次失败，经历了许多个毫无收获的时代，尤其是在这期间，许多因素导致第四代人类的进取心被磨灭，但最终还是培育出了两个几乎完全符合最初设计的个体。这是由一个受精卵在实验室条件下培育出来的。两个个体是异性同卵双胞胎，立刻成为光荣的新一代人类——第五代人类的亚当和夏娃。

我们可以贴切地说，第五代人类是第一个拥有真正的身体和头部协调比例的人类。一般来说，他们的身材比初人高两倍多，比第二代人类也高许多。他们的四肢较短，所以与躯干相比要特别粗壮。整个身体在宽大的双脚支撑下如同石柱。尽管他们的身材粗壮，但身体各部位显现出了惊人的精确度甚至精巧度。他们巨大的双臂和双肩与更加粗大的双腿相比要更短小，不仅有力，而且极其灵巧。他们的双手同样兼有力量和精度：拇指和食指构成了无比强大的“老虎钳”，第六根手指则负责灵巧，指尖发育出两根小指和一根大指。四肢轮廓很清晰，整个身体没有毛发，只有颅顶有密长的头发，最早的两人头发是红褐色的。眉毛突出，下垂时会遮挡住敏感的眼睛，以防阳光照射。身体的其他部位没有必要长毛发，因为巧妙培育出来的棕色皮肤恒温性极强，在热带和极地都能维持同样的体温，所以不需要毛发或衣服来御寒。与巨大的身体相比，第五代人类的头部并不大，但脑容量是第二代人类的两倍。最初培育出的两人眼睛呈深紫色，五官棱角分明又灵活无比。他们的面貌没有经过专门设计，因为对第四代人类来说这无足轻重。但是由于生物力量的作用，他们的面部与第二代人类不无相似，只是表情之丰富是以往人类无法比拟的，也是难以言状的。

如何从这一对最初的个体逐渐培育出新的人口？他们的创造者起初是如何真挚地抚育他们的？他们如何在随后的时光中主张独立并决定自己的命运？超级大脑如何悲哀地无法理解也无法同情他们的心态，并试图压制他们？一时间，整个地球是如何被分裂成两个势不两立的群体，并最终浸透在人类的鲜血中？直到机器人被摧毁，超级大脑要么被饿死，要么被炸碎，而第五代人类之间也残杀不断。作为这些事件的后果，一团野蛮的浓雾再次袭击了地球，所以第五代人类与其他人类一样，不得不从基础开始去重建文明和文化。限于篇幅，我们不能一一详述。

4. 第五代人类的文化

我们不会讲述第五代人类在达到文明顶点之前经历了哪些阶段，因为我们关心的是他们发展完善时的文化。光是他们持续数百万年的辉煌，我就谈不了太多，不仅因为我不得不快马加鞭地把故事讲完，更因为他们取得的成就完全超出了该书读者的理解能力。在这里，人类终于首次开始调整自己的整个心智，去应对之前的人类从未认识到的神秘事物。人类还在努力地去实现那些早已制定的目标，并取得了前所未有的进步；但随着阅历的日渐丰富，他们内心又浮现出了一些新的理想，它们在不断地激励人类，并使他们越发成为这些新理想的奴隶。就如同初人的关注点和理想是同时代的猿猴无法理解的一样，鼎盛时期的第五代人类的目标和理想当然也是初人所无法领会的。另一方面，就像猿猴也能理解初人的部分生活一样，第五代人类的生活中也有些事物是初人所能够把握的。

让我们设想一个世界社会，其物质文明的发展是连美国人都想不到的。无限的能源部分来自原子的人工裂变，部分来自电子和质子结合带来的物质湮灭。这无限的能源彻底消除了所有繁重单调的工作负担，而在此之前，这种负担都是文明——乃至生活本身——发展所带来的无法摆脱的代价。世界社会中，大量日常的经济活动只通过按键就可以完成。交通运输、采矿业、制造业甚至农业都是如此。在大多数情况下，这些活动之间系统化的协调都是通过自动调节装置得以实现。这样，再也不需要任何人花费毕生的精力去从事枯燥的低技能工作，另外大量被早期人类视为需要高技能，但实际上常规性很强的工作现在都由机器完成。只有工业领域中的研发、不断令人振奋的科研、发明、设计和改进仍然需要人类的智慧来完成，因为这些活动都是不断变迁的社会中不可缺少的一部分。另外，尽管这些工作很庞大，但它们不会占用伟大世界社会中人们的全部精力。因此，人们的很大部分精力可以用在做一些在困难度、精确度要求并不亚于研发的事情上，或者投入许多令人向往的体育和艺术消遣中。从物质方面来说，每个人都是千万富翁，因为他们有非常多样化的强大机械装置，而且有求必应；同时他们又是身无分文的修道士，因为他们对任何其他人丝毫没有经济控制权。他们可以通过一个小时的高空飞行到地球的两端消磨时光，也可以一整天无忧无虑地悬浮在云层之中。他们的飞行器不是笨重的飞机，而是无翼飞船或是飞行服，只要穿上就能像鸟儿一样快乐翱翔。不仅在空中，在海上也可以自由驰骋。他们能在海床上散步或与深海的鱼类嬉戏。在住所方面，他们可以随意地在野外或在比美国摩天大楼还高耸的塔楼里安家。他们可以独自占有这宏伟的宫殿，把自己的所有物摆放进去，享受全自动的服务；也可以与其他人住在一起，营造一片群居生活的天地。如同原始人视呼吸的空气为理所当然，他们也把这些便利视为天经地义。另外由于这些设施如空气般随处可见，所以没有人过多地贪求，也没有人对其他人的使用表现出厌恶。

然而现在地球上的人口数量非常庞大，大约一百亿人将家安在积雪盖顶的塔楼里，塔楼密密麻麻地挤在各个大洲上。在这些巨大的方尖塔式建筑之间分布着良田、公园和荒地，有许多丘陵地带和森林被建成游乐场。人们将一个从热带延伸到北极的完整大陆尽可能地维持在自然状态，选定这一区域主要是为了利用其中的山脉，因为大部分山地已经被水力和冰霜消磨，雄伟高山由此被人类珍视。不同年龄段的人们共同将这里建造为荒野大陆。他们经常会来这里住上几年，享受原始人的生活，不需要文明世界的任何帮助。人们意识到，高度进化的人类几乎将一生的精力都花费在艺术和科学上，他们必须采用特殊的方法保持与野性的接触。所以荒野大陆中随处可见稀稀疏疏的"野蛮人"，他们携带着打火石和骨制工具，但很少能看到铁制工具，这些工具都是他们或其朋友从泥土中挖掘到的。自愿来到这里体验原始生活的人主要专注于打猎和简单的农业，为数不多的闲暇时间都投入艺术欣赏和深刻思考之中，他们还充分地感受原始人的价值观。对文明社会的人们来说，这确实是一场主动寻求的艰难危险的生活。当然，尽管他们对此有极高的热情，但常常还是不免对其中的艰险感到担忧，甚至不知道自己能不能活着回去，因为危险确实存在。第五代人类弥补了第四代人类愚蠢的灭杀动物的过错。他们在荒野大陆投放野生动物，创造出了一个由许多新物种组成的完整动物体系，其中有的物种是非常可怕的食肉动物。由于人类自身只携带原始武器，所以恐惧绝非空穴来风。在荒野大陆，人的死亡率自然很高，许多前途无量的人悲惨地死在这里。但人们坚定地认为，从整个人类未来发展的角度看，这种牺牲是值得的，因为定期体验野性生活产生的精神力量是无穷的。自然寿命长达三千年的人类几乎将所有时间都用在对文明事务的追求上，偶尔抽出几十年的时间体验野生环境，可以极大地提高活力，增长见识。

第五代人类的文化在许多方面都受到了心灵感应的影响。这种能力的显著优势已经相当稳定，而不会有任何危险。每个个体都可以随意将自己与同类的感应联系切断，无论是全部切断，还是只切断心理过程的某个方面，这样他们就不会有失去自身独立存在的危险。但从另一方面来看，第五代人类比那些只能通过符号沟通的生物体具有更加强大的体验能力。这样的结果就是，尽管意志冲突仍存在，但由于第五代人类比早期人类更能相互理解，冲突更容易解决，所以在思想欲望上根本没有永久的或极端的冲突。人们普遍地认识到，每个意见和目标上的矛盾都可以通过心灵感应讨论加以化解。有时这个过程容易又快速，有时则必须耐心细致地“把心灵互相敞开”，只有这样才能发现分歧是如何形成的。

人类利用这种普遍的“心灵感应”能力的结果是不再需要言语，但言语仍然被保留并被珍视，仅仅作为艺术的媒介，而不是作为交流的手段。当然人们还要进行思考，但主要通过文字的方式，沟通本身不再需要开口说话，只要在自己头脑里思考就够了。书面语言因为有记录、储存知识的用处而被保留下来。语言和书面表达变得比以往更加复杂和精确，而且成了能够更准确可靠地表达产生的思想和感情的工具。

心灵感应、长寿、极其精致的大脑结构，三者结合在一起，便为每个个体提供了建立大量亲密友谊关系的机会，也有助于对整个人类更普遍的了解。对我的读者来说，这恐怕有些不可思议，除非我能说服他们，让他们将三者视为人类心智高度发育的表征。不管怎样，事实是每个人都对其他所有人有一定的了解，至少知道他们的长相、名字或职位。这种个人交往的便捷性怎样说都不算夸大。这意味着，即便说达不到人人亲近的程度，至少整个种族形成了一个庞大的俱乐部，或者说社团。除此之外，由于每个个体都能从很多人的角度看待自己的思想倾向，而心理类型又是如此千差万别，所以每个人对自我的认识都极其精准。

对火星人来说，心灵感应的结果是形成了一个真正的群体心智，即整个种群内部通过电磁辐射进行联系，汇成同一个心理意识。但是群体心智并不优越于它的每一个组成个体，因为个体在其最佳心理状态下无法参与群体心理模式的交流。但对第五代人类来说，“心灵感应”仅仅是个体之间交流的一种方式，更不存在群体心智。另外，最优秀的思想成果也能通过心灵感应来传播。第五代人类的群体——或者说群体文化——就是因为人们会通过“心灵感应”在艺术、科学、哲学及个性欣赏方面进行交流才得以存在的。火星人的“心灵感应”联络主要通过消除个体间的差异来实现，而第五代人类的“心灵感应”交际可以说是一种思想多样性的精神倍增。每个个体的心灵通过以这种方式来吸纳百亿人的精神财富而得到充实。因此，每个个体的心灵实际上是受到了整个人类思想的陶冶，有多少个体就有多少这样独立的心灵。除了那些个体的心灵之外不存在所谓的群体心智。每个个体自身就是一个意识核心，它参与并促进对所有其他核心的体验。

如果世界社会不能将其成员的兴趣和热情引导到高尚的精神活动上，那么上述事态是无法出现的。社会的整个结构是按照最佳文化的特性形成和发展的。哪怕仅仅是管窥这种文化的性质或者目的，那也是几乎做不到的。另一件几乎不可能的事情是让人们相信，数量庞大的第五代人类将几百万年的时间几乎全部用于艺术、科学和哲学的发展，而并非工业发展，却没有陷入自我循环或倦怠状态。我在这里只能说明一点：心智发展得越高，就越会全心全意地探索宇宙的奥秘。

毋庸置疑，第五代人类早已解决了一直困扰初人的那些物理学难题。更不用说他们建立了一套完整的宇宙地理学理论和原子论。但是，他们的科学基础一次次地被新发现所颠覆，所以他们不得不耐心地按照一个全新的计划重建整个体系。然而第五代人类最终将过去的心理学和物理学相结合，清晰地提出了以化学联合为基础的“心物学”原理，似乎为整个科学奠定了基石。在这项科学中，心理学的基本概念被赋予物理学的意义，而物理学的基础概念则用心理学的方法进行了阐明。另外，他们发现物质宇宙中的最基本关系与艺术中的基本原理具有相同的本质。但是第五代人类也由此产生了困惑与恐惧：没有证据表明这个美得让人陶醉的宇宙是一位有意识的艺术家的作品，或者存在一个心灵能够发展得如此完善，以至能在一切细节中、又在融贯统一中领会宇宙的全部内涵。

由于对第五代人类来说，某种意义上艺术似乎是宇宙的基础，所以他们自然对艺术创作心驰神往。结果，未能成为社会或经济机构领袖的人，未能成为科学研究者的人，还有未能成为真正哲学家的人，在自己的岗位上都成了富有创造力的艺术家或工匠。也就是说，他们生产的各类实物产品，其形态对感知者来说都应该具有美学的意义。有时实物产品的形式是口语词句，有时是纯粹的音乐，有时是移动的彩色物体外形，有时是用钢块和钢筋制成的复杂结构，有时实物产品将人体作为艺术创作的材料，等等。但有时人们也通过手工制作无数常见用品表达审美冲动，有时则沉溺于装饰，有时则依赖功用之美。第五代人类继续使用曾经被使用的各种艺术材料，同时也采用了一些新的手段。总的来说，第五代人类更珍视非静止的艺术类型；但是他们对时间和空间同样着迷，对时间尤其感兴趣。

无数的艺术家们相信，他们的事业意义重大。宇宙被视为四维的、具有审美性的、惊人复杂的整体。人类的纯艺术作品被认为是观察和欣赏宇宙之美的手段。据说这些作品将宇宙的所有特征都聚焦到了一起，否则人类很难理解浩瀚缥缈宇宙的形态。艺术作品有时被比作简明的数学公式，表达着数量庞大、错综复杂的事实。据说，就艺术来说，艺术客体所激发出的统一体中，充满活力的自然和心灵本身就是重要的组成部分。

所以，人类认为要投入伟大的探索与创造的事业中去。在这个过程中，每个个体既是具有独特贡献的创造者，也是所有创新成果的鉴赏者。

现在，时间的飞逝是以百万年甚至千万年来计，人们开始注意到世界文化呈螺旋式发展。在一个时代，整个人类可能把注意力完全放在宇宙的某些方面，过了几十万年，这个领域臻于完善了，人们便把它放下。下一个时代里，又转向一个新领域，以此类推。但最终他们又会回到最初的起点，发现自己的成就已经超出了当年百万倍不止。这样，人类在科学与艺术领域一次次回到古老的旋律，用一丝不苟的态度再次对它们进行研究，并从中探索出新的真理和新的美，这些都是早期人类无法想象的。因此，尽管科学在默默地、坚定地拓展着人类的认识，但人类偶尔也会发现革命性的普遍原理，让整个领域获得全新的意义。在艺术领域会出现某个时期的作品在表面上几乎与另一个时期的作品完全相同的情形。同样，在人的个性方面，生活在第五代人类极漫长的最终阶段的人们都会常常惊奇地发现，在第五代人类发展的初期有许多与他们非常相似的人种，但似乎这些人种表现出的特征比自己的要更贫乏。在地图与山地相似、图片与美景相似，甚至点或圈与整个平面相似的意义上，早期的第五代人类与他们的后代也是相似的。

上面的论述方式可以用于任何一个文化稳步发展的时期。但在此时，它们有着特殊的含义，我之后会努力将其呈现出来。

第八章 | 最后的地球人

1. 崇拜易逝

第五代人类与其创造者不同，没有永生的可能。从他们长寿但终有一死的事实来看，他们的文化确实造就了辉煌，同时也带来了令人心酸之事。他们的自然寿命是三千年，但最终延长至五万年，终将死亡和亲人离世的事实使他们深受折磨。有的生命刚刚出世便死去，连意识都没来得及产生，面对死神反倒从容勇敢。即使聪明的成员在失去亲密的伙伴时也只是表现出茫然的梦一般的痛苦。对那些短暂的心灵来说，他们还未来得及洞察周围的世界或与他人亲密地接触，就离开了亲爱的人，再次消失在无意识的世界。但对长寿却并非永生的第五代人类来说，情况则完全不同。他们自主地积累着了解到的关于宇宙的知识和经验，比以往更加精确、生动地理解和欣赏着这个世界，他们知道这些精神财富终将不复存在。在爱情中，尽管第五代人类不仅与某个人还与某些人亲密无间，但对他们来说，一方的去世如同一场不可避免的悲剧，如同最辉煌的成就被彻底毁灭，如同宇宙永远失去活力。

在第五代人类短暂的蒙昧期，与许多其他人种一样，他们力图通过非理性的来世信念来安慰自己。例如，他们认为，地球上的生命死后会在一个遥远的星系，或者在另一个时空的世界开始绵长而丰富的彼世生活。不过尽管这些学说在原始时期从未遭到过批驳，但是它们逐渐地开始显得荒谬而卑鄙。毕竟人们意识到，人性的美妙已经超越了一切过去的时代，但即使它再光辉灿烂，也绝非终极。人们痛苦地但有时也欣喜地意识到，即使爱情要求被爱的一方永生长存，永生也是对人类本质的背叛。无论如何，人们逐渐清醒地明白，凭借伟大的才能乃至天赋建立起来的来世学说，或者希望与过世爱人建立联系的行为，都是短浅蠢笨的异行。尽管使他们误入歧途的爱本身是美好的，但他们确实产生了错误的思想——像孩子一样，孩子在寻找丢失玩具的时候会徘徊不前；像青少年一样，青少年在试图重获儿时的快乐时会回避成人世界的深奥与美妙。

于是，第五代人类就拥有了一个坚持不懈的目标，即教育自己即使在丧亲的艰难时刻也不要留恋逝去之人，而要仰慕无穷无尽的生命，也就是人类整体的乐章。他们在奋斗历程的初期，从所有个体都要消亡的事实中发现了意想不到的美。因此当他们拥有获得永生的方法时却放弃了，而选择了延长后代寿命至五万年的做法。这个时间长度似乎是为了完全发挥人类能力做出的最佳选择，因为他们认为永生会导致心理上的灾难。

此刻，随着科学的发展，他们意识到：过去存在着一个连星辰都尚未形成、任何心智在宇宙中都不存在的时代；而一切智能也终将在未来的某个时代消逝。早期人类从未需要为思想的最终归宿而烦恼，但对长寿的第五代人类来说，生命的终点尽管久远，但似乎并非无限遥远。未来的前景让他们觉得痛苦。他们已经告诫自己，生活的目的不是个体而是整个人类。现在，连整个人类也不过是无限的过去与无限的未来之间的一个瞬间。在人类身上，最值得礼赞的莫过于人类整体心灵的有序进步；而在许多心灵不太强大的人看来，最美妙的事物也终将消逝的事实让他们不禁愤懑难平。但最终第五代人类与生存在很久以前的第二代人类一样也开始怀疑，人类心灵的易逝性中蕴含着美。这种美比人类熟悉的美要更难欣赏，但也更加高雅。即使被“禁锢”在如此短暂的时光中，人类的心灵仍在探索着全部空间、全部历史和全部未来。所以在这段艰辛的历程中，人类对宇宙表示出了智慧的敬仰之情，他们觉得是宇宙要求他们这样做的。他们说，这样做总比碌碌无为、逃避现实、折磨自己要好。他们的弱点和宇宙对他们表现出的冷淡恰恰使他们显得更加高贵。

在漫长的岁月中，人类始终坚持着这个信念。他们在内心告诫自己一定要默默地接受这一信念。他们说，世事果真如此，这便是最好的结局，必须通过某种方式接受它。但他们所说的“最好”与先辈们的理解有所不同。例如，他们没有欺骗自己说更喜欢易逝的生命。相反，他们继续渴望永生。但无论在物质秩序还是心灵欲望背后，他们都发现了事物本质蕴含着审美性的根本原理，于是坚信从最广大的视角来看，一切事实都是好的、对的、美的、对宇宙不可或缺的。所以，他们将心中仍被痛苦地感觉为错误的事态视为正确。

对往事无法挽回和人生短暂的深信不疑，在他们内心激起了对所有在世的和逝去的人们的深厚感情。第五代人类认为自己已经接近了生命发展的顶峰，加上绵长的寿命和超然的哲学观，他们常常对过去那些更卑微、生命更短暂、更缺乏自由的人类充满怜悯。除此之外，由于内心高深莫测，思想敏锐而强烈，所以他们对所有纯真的心灵、早期的人类以及野兽都怀有一种宽厚的赞赏之情。第五代人类对前辈残害大量原本快乐生活的生物的行为表示了强烈谴责。他们力图根据想象去真诚地重塑那些被盲目的理智主义所残害的生灵。第五代人类真诚地探索近代和远古历史，希望尽可能重现地球生命。他们用一丝不苟的精神和爱心去重现灭绝物种的生命故事，如雷龙、河马、黑猩猩、英国人、美国人以及现存的变形虫。尽管第五代人类认为远古物种滑稽可笑，但他们从对那些淳朴的原始物种充满深情的深入了解中得到了乐趣。他们曾认为，原始的物种缺乏判断力，所以它们的命运是悲惨的。但研究结果却恰恰与从前的观点相反。因此，尽管第五代人类意识到，人类的主要使命就是要放眼未来，但认为他们也对过去拥有一份责任。他们必须将这一职责保留在自己的心里，如果没有真正地保留一生，那至少要保留一时。心灵上的荣誉、快乐和辉煌都被寄予未来。未来需要贡献，而不是怜悯或虔诚，而过去经历了太多的黑暗、困惑、徘徊和狭隘的原始思维，持有这些思想的人在困惑和愚昧中相互折磨，又各有其独一无二的美。

于是，第五代人类最重视的工作之一就是不仅将过去视为抽象的历史，还要用与对新生事物一样的亲切感去重新构建过去。许多人都投入这项工作中，每个人都非常认真地致力于人类或动物历史某个阶段的研究，将研究成果转化为人类文化的一部分。这样，每个人都愈发觉得自己成了过去与未来之间浩瀚时空的一颗火花。作为高贵而幸运的人类中的一员，他的热情被一种存在感，一种对过去无数不幸生物体幽灵产生的强烈的存在感所激发和升华。有时，特别是在世界显得令人满意并充满希望的时期，这种对原始事物和历史的虔敬行为成了人类的主要活动。于是，两种不同的心态就在各个时代轮回往复：一者是对残酷宇宙的叛逆反抗；一者是坚信从整体的角度来看，这些恐惧必定都是正确的。在后一种心态的作用下，人们认为历史的不可改变性使过去存在的所有事物显得庄严，使宇宙显得高贵，悲剧之所以伟大，正是因为导致悲剧的灾难已经不可挽回。这种顺从与忠诚的心态最终成了第五代人类数百万年特有的态度。

但是第五代人类即将有一个令其困惑的发现，这个发现会颠覆他们对存在的整体态度。某些模糊的生物学事实让他们开始怀疑——纯粹是从实证的角度出发——过去发生的一切其实并未消失。他们还怀疑，尽管从时间上来说，那些事件早已逝去，但一直以其他方式存在着。对过去愈发严重的怀疑最终使和睦的第五代人类一时间分为两派。一派坚持认为，宇宙的形式美要求所有事物具有不幸的短暂性；另一派则决定去证明活着的人能够完全充分地触及过去。

本书读者体会不到这场冲突的尖锐性，它几乎要将人类整个毁掉。第五代人类常年被灌输崇拜易逝宇宙的思想，这是他们文化的基石，也恰恰是会让本书读者感到不解的地方。对传统派来说，新观点是堪比要求破坏圣像的主张，荒谬而粗俗。他们的反对者则坚持认为，必须对事物进行公正客观的分析方能得出结论，要以事实为依据。他们同时指出，实际上对生命短暂性的关注全部来自宇宙至高无上的信念。他们说，任何人都不能真正地直接洞察到生命短暂性中蕴含着的完满的本质。双方针锋相对，以至传统派居然中断了与反对派的心灵感应，甚至计划杀害对方。毫无疑问，如果人类真的付诸暴力，那他们早已不复存在，因为对心智高度发展的人类来说，互相残杀的战争是对其本性的严重践踏。如此可耻的精神灾难必定会留下永不愈合的伤疤。然而幸运的是，在最后时刻人类的理智占了上风。提倡打破陈规的人被允许继续进行他们的研究，全人类都在等待着他们的研究结果。

2. 在时间中探索

首次对时间的探索要求理论和实践两个方面工作必须紧密配合。最初的线索来自生物学，它表明过去会持续存在。此时人们认为有必要用新思想对生物学和物理学的全部内容进行重新论述。人们在实践方面的探索则必须要在生理学和心理学领域做大规模的实验。限于篇幅，此处无法详述。数百万年过去了，有时人类会连续数千年研究时间，有时又会完全把它抛在一边，专心研究其他领域。虽然几代人在这个领域里的研究工作总是毫无结果，但最后还是取得了真正的成功。

研究者根据长期培育计划繁殖出一些个体，并从中挑选出来一个孩子，引导他掌握对时间进行掌控的技能。从幼儿时期开始，这个孩子的大脑生理发育就受到了精心控制。为了让他能够完成不同凡响的使命，他在心理上遭受的对待相当严苛。在几个科学家和历史学家面前，他被引导进入迷睡状态，半小时后被唤醒，马上被要求对其迷睡过程中的经历用“心灵感应”来描述。但遗憾的是，由于神经受到损伤，他的言辞晦涩难懂。经过几个月的休整，他再次被提问，这次成功地描述了一件怪事，恰恰是他死去的母亲年轻时的一段恐怖经历。他似乎通过母亲的眼睛看到了整个事件，并对母亲的内心了如指掌。这个事情本身并不能说明任何问题，因为他或许从某些在世的人那里获得了有关信息。所以，尽管他多次乞求，但还是被再次引入奇特的迷睡状态。随后他在清醒状态下，语无伦次地讲述了一个“低矮白塔中的红色矮人”的故事。很明显，他指的是超级大脑及其侍者。但是这仍然无法证明任何事实，而且他还没讲完就死了。

研究者又挑选了一个孩子，但这次在他进入青春期后才展开实验。经历了一个小时的催眠后，他苏醒过来，脾气焦躁不安，但还是强迫自己按历史学家的要求对火星人入侵地球的那段历史进行了描述。这一事件的重要性体现在他对一所房子的叙述上。这房子有一个花岗岩门廊，上面雕刻着图案，它位于山谷瀑布的上部。他说他发现自己是个老太太，正被同室的人匆忙地救出去。他们看到一个无定形的怪物滑落到山谷，摧毁了他们的房子，撕裂了两个没有来得及逃跑的人。这间房子不是典型的第二代人类的风格，而只是惊恐无状之人的异想天开。根据男孩的叙述，参考历史记载中的一座山，人们找到了山谷可能所在的位置。山谷早已不见，但深入挖掘后却发现了古老的山坡、瀑布断崖和断裂石柱。

这一事件和许多其他类似的事件证实了第五代人类有关时间的新理论。在后来的历史研究中，人类逐渐完善了直接回到过去观察的手段，但这个过程中也发生了一些悲剧。在早期阶段，人们发现“媒介”在回到危险的过去之后，最多只能活几个星期。他似乎不可避免地要经历逐渐的心智衰变，先是精神错乱，然后麻痹，最终不到一个月就死亡。这一难题最终被攻克。人们通过不同方式培育出了新型的大脑，能够经受时间考验且不会因此死去。越来越多的年轻人此刻都可以直接回顾历史，然后讲述自己的亲身经历，但他们在历史中的畅游是难以驾驭的。这些年轻人不能随意去任何地方，只能凭运气。他们也不能想回去就回去，而必须通过一个非常复杂的技术，还需要与专家配合。过了一段时间后，整个程序大大简化了。有些不幸的“媒介”很容易长期沉睡在过去之中。他或许会突然倒地，躺在地上欣喜若狂或呆若木鸡，靠人工喂食为生，持续时间长达数个星期、数月甚至数年。他有时在同一天会十几次进入不同的历史时期。更加悲哀的是，“媒介”经历过去事件的速度可能与事件本身的发展速度并不同步。时间可能会大大加速，“媒介”在不到一天的时间内就经历了数月乃至一生的事件；更糟糕的是，时间也可能倒转，“媒介”数个小时都在从后向前体验事件经过。即使是第五代人类出色的大脑，都不能驾驭这些。最终结果便是体验者在狂躁中死去。另一个烦恼也困扰着首批实验者。超越时间的体验被证明犹如毒品般危险。进入过去探险的人会变得极度陶醉，以至企图将自然生活中的每一刻时间都用在历史漫游中。于是他们逐渐失去与现实的联系，生活在出神的沉思中，无法对生活环境做出正常的反应，成了对社会毫无价值的人。由于他们无法照顾自己，身体常陷入无法正常活动的悲惨状态。

这些困难和危险花了上千年时间才被克服。然而超越时间的技术最终达到了相当完善的程度，每个人都可以随意地、安全地进行体验，而且可以选择任何时空坐标去观察。但是，人们只能通过已经死去的生物体经历过去的事件。在实际体验中，体验者只能进入人类和个别高级哺乳动物的大脑。探险者在整个过程中始终保持着自身的个性和记忆系统。体验者在探索历史人物的感知、记忆、思想、欲望甚至整个大脑的活动和内容时始终保持自身状态，并按照自己的性格做出反应，如谴责、同情或批判地欣赏。

解释新能力的原理占用了科学家和哲学家很长的时间。当然，最终的叙述只能用比喻的方式加以展现，因为人们发现，必须对许多基本概念加以重新定义才能清楚地理解。有关上述解释工作，我只能用比喻的方式来这样讲：活人的大脑可以进入过去，但并非通过不可思议的回忆，也并非通过某些同样不可能的时间隧道，而是通过进入永恒——当然是不完全的——进入某个处于过去时间的头脑，观察一个微小的时空片段，就好像通过光学仪器观察时空中的某个小区域。在早期的实验中，神奇的加速、减速、倒流现象是由杂乱的观察内容造成的。就像读者可以快速浏览，可以正常速度阅读，也可以仔细品味某个词或倒读某个句子一样，刚刚进入永恒的人也是这样阅读（或者误读）头脑呈现给他的内容的。

应该注意到，这种新体验同样是大脑的一种活动，只不过是由一个全新的大脑带来的。所以，“以永恒为媒介”能够观察到什么内容，要受到探索者的大脑能力限定。进一步讲，尽管探索者把实际与过去事件相接触不会占用现实世界的时间，但将看到的内容整合，储存到正常大脑结构中的过程却是要花费时间的，而且这个过程只有在出神状态才能完成。如果人们指望脑神经结构同步记录体验过程，就好比指望复杂的机器可以自行调整自身参数一般。

畅游历史的新方法当然对第五代人类产生了深远的影响。这不仅给他们提供了难得的准确历史知识，提高了他们对历史人物动机和大型思潮的理解力，而且也使他们对事物的意义评判发生了微妙的变化。当然，尽管他们早已在知识方面对历史的广泛性和丰富性有了充分的了解，但此刻他们有了更逼真直接的体验。那些从前只能以史料为依据，通过观看图像了解的事情现在可以通过亲身体验来感受。对这种体验的唯一限制是体验者的脑容量大小。就这样，遥远过去发生的事情开始映入人们的眼帘，并以某种新的方式塑造了人们的心灵，而以往人类的大脑只记得不久前发生的事情。即便在掌握这种新的体验方式之前，第五代人类已经对过去的事物非常着迷，但现在更加痴狂。在此之前，第五代人类可以说是秀才不出门，便知天下事；现在终于可以在广阔时空中行万里路。曾经苍白的幻影现在成了日光下有血有肉的实相。于是，被称为“现在”的不断推移的瞬间再也不是稍纵即逝、独一无二的现实，而更像是永恒巨树不断生长的表面。此刻，过去似乎是最真实的，而未来仍然显得空洞，现在不过是不可更改的过去向未来演变的过程。

第五代人类发现，过去的事件不仅是持续存在的，而且是可以触及的，这一发现为他们带来了极大的快乐，但也带来了新的痛苦。虽然过去仅仅被视为由现已不存在的事物组成的鸿沟，但人类还是会陷入这鸿沟带来的难以被忽视的痛苦、苦难、懦弱中。而这些痛苦的感受以后都可以在人类应对困难的过程中被消除，人们的全部意志可以避免这些可怕的事物在将来再次出现。但是现在，过去的痛苦与过去的快乐被一同发现是永存的。那些在畅游过去中遭遇永久痛苦的人在返回现实后悲痛欲绝。人们会提醒这些苦恼的探险者，告诉他们：如果痛苦是永久的，那么快乐同样是永久的。而经历过痛苦的人们只会嗤之以鼻。他们断言，此时全人类所有人的快乐都无法抵消受折磨的人的痛苦。他们声称，无论如何，快乐从未比痛苦占优势。的确，除了在当代，痛苦一直具有压倒性的优势。

上述观念严重地困扰着第五代人类。他们生活在几乎完美的社会秩序中，以至主动寻求痛苦已经成了一剂补药，但他们仍陷入绝望境地。在他们所有的追求中，不幸的过去始终萦绕在心里，毒害着他们的生活，消耗着他们的力量。恋人们对快乐生活感到羞愧，因为遥远过去存在的性禁忌使双方内心有一种负罪感，即使在身体相互接触时，精神也是处于分离状态。

3. 在太空中翱翔

正当第五代人类努力抚慰弥漫在社会中的悲伤情绪，焦急地渴望用新的视角去重新理解或战胜过去的痛苦时，他们面临着一个最出乎预料的自然界危机。他们发现月球发生了离奇的变化，具体说就是月球的轨道与地球的距离在缩小，这与科学家们的计算结果恰恰相反。

第五代人类在很早以前就已为自身建立了一套包罗万象、缜密细致的自然科学体系，其中每一个要素都经受了无数次验证且从未被动摇。我们很容易就能想到他们对这个不寻常的发现是何等迷惑。在科学体系尚不完全的时代，一个颠覆性的发现只会引起某个科学部门的改组，但此刻这属于知识连贯性问题，所以任何事实和理论上的细小矛盾都定会使人类陷入彻底的思维混乱。

对月球轨道演化的研究从远古就已开始。即使初人也知道月球会远离然后再靠近地球，直到达到临界距离，然后像土星光环[①]一样碎裂。

① 土星光环，沿土星赤道面围绕土星运行的环状物。由无数大小不等、直径几微米到几米的颗粒（粒子、烁石或冰块）组成。有一种说法是这些颗粒是一颗卫星因某种原因过分靠近土星而被扯碎后留下的岩屑。——编者注

这种学说早已得到第五代人类的彻底确认。月球本来应当在接下来的几亿年里继续远离地球，但此时人们却发现，月球不但没有远离地球，而且还比以往更快地朝地球靠近。

人类又做了观察和计算，提出一些富有创见的理论来解释这个现象，但真相始终未被揭开。这等待着未来更有才能的人类去发现星球的重力与文化发展之间的联系。同时，第五代人类只知道地球与月球之间的距离正以越来越快的速度变小。

这一发现刺激了沉浸在忧郁中的人类。人类从不幸的过去走出来，进入迷惑的现在和茫然的未来。

显然，如果月球保持目前的速度向地球靠近，月球会进入临界区域，并在不到一千万年的时间里崩溃。更不幸的是，碎片不会保持环状漂浮在太空，而是很快撞向地球。撞击产生的热量会使地球表面的生物无法生存。换作寿命短促、目光短浅的人种，或许会认为一千万年就等同于永恒。但第五代人类并不这么认为，他们主要从整个人类的角度去思考，所以他们立刻意识到，必须以这个未来的灾难为出发点来制定一切社会政策。的确，有些人起初并未对此事给予足够的重视，他们说没有任何理由去相信月球的异常活动会无限期地持续下去。但随着时间的推移，这种观点愈发变得荒唐可笑。一些曾花费大量时间探索过去的人现在也在努力探索未来。他们希望证明，地球文明能够发现遥远未来的奥秘。但他们彻底失败了，没有找到直接观察未来的方法。人类错误地推测：与过去的事件不同，未来是由不断前进的现在创造出来的，如果不是这样的话，未来就根本不存在。

无疑，人类必须离开他们赖以生存的星球。为此科学研究的重点放在外太空飞行和加强人类在其他星球生存的适宜性上。只有火星和金星可供人类选择，但火星上迄今没有发现水和空气，而金星表面的大气层浓密潮湿，氧气稀少。另外据了解，金星的表面几乎都被浅海覆盖，而且白天表面温度极高，以目前的身体状况，人类即使在金星的两极也无法生存。

第五代人类花费了不到几个世纪的时间就设计出了行星间飞行的初步方法。他们建造了大型的火箭，由湮没物质所产生的强大辐射力推动。飞行数月乃至数年的“燃料”都不是问题，因为少量物质湮灭就可以产生巨大的能量。另外，一旦运载工具摆脱了地球大气层束缚达到全速后，它就会继续保持那个速度，且不需要来自火箭的动力。“太空船”的操纵和居住环境倒是要麻烦一些，但也不是解决不了。第一艘送入太空的运载工具外形如雪茄，九百一十多米长，船体由人工合成的原子组成，比已知的任何材料都更加坚韧。火箭各处都安装了电池，让飞船不仅可以向前飞，还可以倒飞和随意转向平移。用人造透明材料制成的窗户与金属船体一样结实，使航行者可以观察到窗外的情况。运载工具内部有充足的房间，可以容纳一百人以及三年的食物和生活必需品。空气是通过质子和电子合成的，储存在堪比恒星内部压力的高压条件下，使用年限也是三年。供热当然也是使用湮没物质所产生的能量。强大的制冷系统可以让飞船靠近太阳，接近水星的轨道。基于电磁场原理建设的“人造重力”系统可以随意调节，保证人体所需的正常环境。

首艘飞船配备航行与科研团队，试飞取得了成功。试飞的目标是靠近月球表面，飞船可能会在月球上空三千米处环绕飞行，不落地直接返回。地球上的人连续多天接收从飞船强大的设备发出的信息，告诉他们一切顺利。但突然间来自飞船的信息完全中断了。几乎就在最后一条信息收到的同时，人们通过望远镜看到飞船航线上突然出现了一个光点。所以，据推测飞船撞上流星，然后被高温熔化了。

人类又开始建造并发射许多新的飞船，继续进行试飞行动，但许多都没有成功返回。一些飞船在飞行中失控，发回报告说它们正飞向外太空或冲向太阳，那些绝望的信息不停地发回地球，直到最后一名船员窒息而死。有的飞船成功地返回地球，但机组人员由于长期封闭在恶劣的环境中而憔悴焦虑。一艘飞船试图登月，但船体断裂，空气溢出，船上人员无一幸免。飞船发出最后一条信息后，地球上的人就发现它为“月海”增加了一个新的斑点。

然而随着时间的推移，技术进步，事故越来越少，最终由于事故非常罕见，太空旅行开始成为一种娱乐方式。这一阶段人类积累的科学知识和技术使这一新奇的体验成为可能。人类也意识到，已经掌握了太空飞行技术，可以自由地在太阳系内翱翔。当飞船升空加速时，作家看到地面的风景逐渐变小，最后如同被星群环抱的发光圆盘或残月一般。他们详细地描述了这一震撼的景象。在这些早期的太空旅行中，他们还描述了旅客们感受到的距离感和神秘感。看到飞船一侧是耀眼的阳光，另一侧是被无数亮点装扮的灿烂夜空时，他们的内心是何等激动。他们还描述了巨大的太阳是如何将日冕布满点缀着繁星的漆黑宇宙的。他们还讲了自己对去往其他行星的浓厚兴趣：从空中观察依稀可见的火星文明；探索金星表面的云层，在漫无边际的浅海中找寻岛屿；冒险靠近水星，直至最先进的制冷系统也无法抵抗其表面散发出的热量；探索穿越小行星带到达木星的方法，直至缺乏空气和补给而不得不返回。

然而，尽管人类轻易实现了太空航行的梦想，但是主要的工作依然尚未展开。人类觉得，有必要重塑自己以适应另一个行星上的生存环境，或者改变另一个行星的生存条件以适合人类。第五代人类对第一个选择表示厌恶，因为这显然需要对人类机体进行一次几乎彻底的重塑，而且也没有人能确保可以把人体改造得适应火星或金星的生存条件。另外，培育一种新人类，既能适应外星极端环境，又不损害人类身体的协调和卓越，这很可能是异想天开。

从另一方面来说，如果人类不能首先在火星上储备空气和水，那么人类就无法在上面生存，所以火星无从下手，只好放弃而转向金星。金星两极被厚厚的云层覆盖，气温并非炎热到让人无法忍受。未来的人类或许可以在某些生物特征方面做些许改变，以忍受当地的亚寒带和“温带”气候。金星氧气充足，但都是以化合物的形式存在的。由于金星上的氧元素极易与其他物质发生反应，所以这种情况是不可避免的。另外，金星上没有植物释放氧气来补充逐渐减少的大气中的氧气。因此，有必要在金星上种植合适的植被，它们可以在相当长的时期内提供适宜人类呼吸的空气。为此，人类开始对金星的化学和物理条件进行详细研究，以便设计出能够在金星茁壮成长的植物。这项研究必须在太空飞船内或戴着防护头罩进行，因为人类无法在金星的自然大气中存活。

我们不能对此时已展开的大胆研究和探险做详细的评述。通过对月球轨道的多次观察，人类发现之前估计的一千万年地球生存期太乐观了，除非加快改造金星环境，否则可能就来不及了。所以，人类决定通过大规模的电解方法将金星上某些区域的海水分裂成氢和氧。如果金星海洋的含盐量更高的话，这项工作会困难得多。金星海洋之所以含盐量低，是因为金星陆地极少，也就不会有河流雨水将盐分带到海洋里了。电解后产生的氧气可以直接进入大气，而氢气却要人类想办法消除掉。为此人类巧妙地设计出了一种方法，使氢能以极快的速度被喷射出大气层，而且永远不会再返回。充足的游离氧生成后，新生植被会补充由于氧化作用损失的氧气。这项工作按时展开，人类在金星的几座岛上建设了多座大型自动电解站。另外，通过生物学研究，人类最终开发出一系列适合金星土壤的特殊植物。人们希望在不到五十万年的时间里，金星和人类就能够相互适应。

与此同时，人类也对金星进行了详尽的勘测，结果显示金星地表面积不足地球的千分之一，由不规则分布的众多崎岖群岛组成。很明显，这个星球不久前刚刚经历了造山运动，因为水深点探测结果表明金星表面极不平静，海洋表面常常有凶猛的暴风雨和涌流。由于金星自转周期长达几周，所以寒冷的夜半球和酷热的日半球之间温度、气压相差巨大。金星表面的蒸发量也非常大，以至在陆地表面的任何位置几乎都永远看不到开阔的天空。典型的白昼天气是浓雾和雷暴。夜晚则是连绵不断的倾盆大雨。然而夜晚结束之前，波浪便会与碎冰碰撞发出声音。

人类舍不得故土，厌恶新家的情怀越发强烈。人类舍不得蔚蓝色的天空，繁星似锦的夜晚，气候温和的大陆，广阔的农田、原野和公园，熟悉的野兽和植物，地球文明积累下来的物质环境。对正在计划逃脱的男男女女来说，似乎地球这个“生灵”在恳求他们不要遗弃她。他们常常怀着憎恶的心情看着静静的月球，它现在看上去比以往大了许多。人类在一次次地修正天文学和物理学的理论，希望能发现某些缺陷，让观测到的月球活动不那么难解，不那么恐怖，但一无所获。如同古老神话中的魔鬼在当代活了过来，矢志要阻挠自然法则的运行，毁灭人类。

4. 谋划新的世界

此刻又出现了一个新的困扰。金星上的几个电解站遭到了破坏，很显然是海底物质喷发所致。同时，几艘用于海洋勘测的太空船莫名其妙地发生了爆炸。正当一艘受损的太空船要返回地球时，人们发现了原因。船长报告说，当探测索被提起时，他发现一个巨大的球体和它连在一起。近距离观察发现，该物体用一个钩与探测仪紧连在一起。毫无疑问这不是自然行为，因为这个钩子是由数个小金属盘片铆接而成的装置。当他们准备将球体打捞上船时，它撞在船体上，然后发生了爆炸。

显然，金星海域的某个地方一定存在着智能生命。水下金星人厌恶有人连续破坏他们的海水，决心加以阻止。地球人一直认为在游离氧无法分解的水里是不会存在生命的。但通过观察，他们很快发现，在这个遍及整个金星的海洋里有许多生物物种，有些不能移动，有的四处游泳，有的微小，有的则大如鲸鱼。这些生物不是依靠光合与化合作用，而是依靠放射性元素的可控分解。金星上这类原子特别丰富，还有某些很久前在地球上已消失的元素。海洋动物群依靠分解自身组织中的微量放射性原子而产生的能量生存。

多个金星物种曾主宰金星，用强大的机械力量互相消灭。在一定限度内，某些物种有着卓越的才智和适应性。在这些高智能物种中，有一个物种已经通过出众的智慧掌控了所有其他物种，并以强大的放射能建立了真正的文明。这种进化程度最高的金星生物尺寸和外形与剑鱼相似，有三个平时缩在“剑”里的灵活触手，触手用的时候可以伸出。这种生物在游动时，躯体和三条尾巴会做着古怪的螺旋动作。三个鳍起导向作用。他们有器官能发出磷光，还有视觉、触觉及类似听觉的器官。他们似乎是无性繁殖，将卵产在洋床的软泥里。这些生物不像地球生物一样需要补充营养，幼年积累的放射性物质足以供其存活多年。储备的能量消耗完时，他们就开始虚弱并被后辈杀死，或被埋入放射物矿床下，几个月后从长眠中苏醒并恢复活力。

在金星海洋的底部，这些生物群居在由大量珊瑚状建筑组成的城市里。建筑物里装备了许多复杂的仪器和物品，无疑是高度发达物质生活的必需品和奢侈品。地球人在探索金星海底世界的过程中探知了许多真相，但金星人的精神生活对地球人来说仍是个谜。不过显然，与所有生物一样，他们会自保，也会运用自身机能，但人类在这方面没有探索到什么。他们似乎在使用某种符号语言，通过触手上的爪子在水中发出振动。但是，人类却无法了解他们更复杂的活动。唯一可以明确的是，他们热衷互相厮杀，也无例外地会发生同族内战。即使在军事灾难的压力下，他们仍能大量生产各种物品，然后这些物品会继续被摧毁，被无视。

人类观测到了金星人极其不可思议的一种活动。在某些季节，三个金星人会突然发出不同寻常的光亮，互相靠近的同时身体有节奏地摇摆抖动，然后身体在尾巴的支撑下直立起来，靠在一起。到了这个时候，更多兴奋的金星人有时会聚拢过来，像被吹动的积雪似的绕着三人旋转。此时，三个主角会狂暴地用蟹足状的螯互撕，最终只剩下缠在一起的片片碎肉、巨大的剑和仍在抽搐的爪。起初，迷惑不解地进行观察的地球人推测这是一种交配形式，但对原地的查探没有发现繁殖迹象。或许这种行为曾是为了满足某种生物需要，现在成了一种无用的仪式。或许这是一种自愿的宗教祭祀。这种行为更有可能是出自一种人心难以理解的、与人类截然不同的本性。

随着人类在金星上的活动日益广泛，金星人开始更加积极地消灭地球人。他们无法跃出海洋与人类进行格斗，因为他们属于深海生物，水压降低后便会胀裂而死。但是，金星人计划将烈性炸药发射到岛屿中心，或在水底隧道进行破坏活动，从而严重阻碍电解水的工作。由于与金星人谈判的所有努力都彻底失败，所以人类无法进行妥协。这样，第五代人类就面临着一个严肃的道德问题。人类有什么权利侵入一个显然早已被有智慧的生物掌控的世界？尽管人类对金星人的精神生活还无法理解。很久以前，人类也曾痛苦地经历过火星人的入侵和统治，那时火星人无疑自视为比人类更高贵的物种。此刻人类也在犯类似的罪孽。另一方面，要么继续推进移民金星的行动，要么人类肯定会被消灭，因为月球必定会撞击地球，而且留给人类的时间已经不多了。尽管人类对金星人的了解还不全面，但从已知的情况看，他们在智力等级上肯定要低于自己。当然，这种判断或许是错误的，金星人或许比人类更高级，只是人类没有察觉。但这种论调同样适用于水母与微生物。人类做出判断必须依据现有的证据。就人类掌握的资料来看，人类的智能无疑是高于金星人的。

还有一个事实需要考虑。金星的生命依赖放射性原子。由于那些原子容易分裂，所以肯定会越来越少。在这方面，金星上的条件要比地球上好得多，但金星上迟早也会有放射性物质消耗殆尽的一天。现在对海洋的研究显示，曾经金星上的动物群比目前丰富得多，另外获取放射性物质的日渐困难已成为严重阻碍金星文明发展的因素。因此金星人已是厄运当头，人类只不过是加速了消亡的步伐。

当然，人类希望在殖民金星的时候，能够既不严重妨碍当地物种生存，同时又让自己适应那里的环境。但由于两个原因，这是不可能的。首先，金星人似乎已决心要消灭入侵者，尽管首先被消灭的是他们自己。金星人策划了巨大的爆炸使入侵者伤亡惨重，但水面上也散落着成千上万金星人的尸体。其次，人类发现电解作用将越来越多的游离氧注入大气中，但海洋也会溶解氧气，而这些氧气对海洋生物的影响是灾难性的：他们的体内组织开始被氧化，导致身体从内到外被慢慢灼烧。在金星大气中的氧含量未达到地球的水平前，人类不敢贸然停下电解操作。显然，在远远还没有达到理想状态时，金星人的身体已经开始被灼伤，最多再过几千年就会被彻底消灭。人类因此决定长痛不如短痛，大举现身金星岛屿，第一批定居点已经在建设中。这样他们就能建造一批动力强劲的潜艇清除海洋里的一切本土生物。

大规模的杀戮给第五代人类的心灵造成很大影响，并因此产生两种截然相反的心态：突然的绝望和强烈的兴奋。一方面，杀戮的恐怖性在人类心灵中造成了一种无法消散的负罪感，一种对人类为生存而动辄屠杀的难以言喻的厌恶感。而且，这种负罪感与自信心的彻底丧失交织在一起。而自信心的丧失正是由于人类现有的科学知识无法解决月球逐渐靠近地球的问题。杀戮还唤醒了一种非理性的负罪感，来自对过去人类漫长的不幸生涯的同情。三者共同让人类患上了种族性的神经症。

另一方面，这三个原因有时还会使人类产生一种从未有过的情绪。

毕竟，科学的失败是一种可以欣然接受的挑战，它展示了很多迄今无法想象的发展前景。甚至无法改变的过去的痛苦也成了一种挑战，因为有人说，从某个特殊的角度来看，现在和未来都必然是对过去的转化。至于杀死金星生物，那当然是恐怖的，但又是正确的。杀戮行为并非出于仇恨，而是出于爱心。在舰队开始残酷屠杀时，人类已对金星物种的生活有了深刻的了解，并已在屠杀时学会了敬仰，甚至从某种意义上说，学会了爱。这种出于无情却并非冷血意志的心绪增强了人类精神上的敏感性，也可以说提高了他们从心灵深处进行聆听的意识能力，并为他们揭示了在此之前模糊不清的宇宙乐曲中的音调和旋律。

绝望与勇气，两者谁会占据上风？这要取决于人类在困境中保持高昂斗志的能力。

人类此刻忙着建设自己的新家园。源自地球原种但专为金星环境培育的多种植物开始遍布金星的岛屿和海洋。由于金星的陆地面积有限，所以大部分海洋区域要种植专门培育的海洋植物，现在这些植物构成了大面积的漂浮植被大陆。不太炎热的岛屿上出现了许多居民楼，构成了建筑的森林，连空地上都种上了植物。即使如此，金星也无法供养庞大的地球人口。为此人类要采取措施保证出生率远远低于死亡率，这样当时机成熟时，人类才能全部都移民金星。根据计算，金星最多能维持一亿人口健康快乐地生存，所以人口要降低到从前规模的百分之一。在地球这个大家庭里，人们从事着规模宏大的社会和文化活动，每个人都要在社会上履行一定的职能。但是，人类在新家园要减损的不只是人口数量，更是智能水平。在地球上，人们充实地生活在极其复杂多样的社会环境中，而这在金星上是不可能实现的。

人类最终认为，出于命运的安排，离开地球是明智的选择，他们要面临的前景就是如此。从地球上看去，月球已经成了庞然大物，甚至会周期性地将白昼变为黑夜，将黑夜变为白昼。巨大的波浪、汹涌的潮水、令人忧虑的气象条件已经损坏了地球上的设施，并对社会文明造成了巨大的破坏。人类不情愿地逃离了家园。移民运动持续了几个世纪，最后金星不仅接纳了地球上所有剩余的人口，还保留了许多其他生物物种的样本和人类文化中最宝贵的财富。

第九章｜ 金星上的人类

1. 重新扎根

人类在金星上客居的时间比在地球上还要长。我们已经目睹他们度过了从猿人开始到最终离开原生星球的整个历程，其间他们经历了扑朔迷离的各种形态和环境的变化。在金星上，尽管人类在生物学方面跟之前相差不大，但文化却发生了巨大转变。

要想讲述人类的金星岁月，再写一本书都不够，所以我只能浮光掠影地谈一谈。移民到异土上的人类起初像小树苗一样几乎彻底枯萎，但慢慢调整了自己，茁壮成长。他们一年年地成长，此刻已如同参天大树，茂密的叶子和花朵经历了人类发展的代代文明和文化。他们经历了无数昏睡的冬季和活力衰减期，但由于获得了永葆青春的体质和经历了长久的全盛期，最终避免了枯荣周期。接着，再次在“命运”的安排下，人类彻底地振作起精神，投入另一个世界的怀抱。

首次定居在金星上的人类心里非常清楚，他们的生活将会痛苦而艰难。他们已经尽了最大的努力改善金星环境，使之更加适合人类生存，但依然无法将金星建设成另一个地球。金星土地面积狭小，气候几乎令人无法忍受，漫长的白天与黑夜之间的巨大温差导致惊人的暴风雨，雨下得如同无数连续不断的瀑布，伴随着令人恐惧的电磁波干扰，有时浓雾竟会让人看不见自己的脚。更糟糕的是，氧气含量仅仅足够呼吸而已。另外，电解出的氢气并不总是能从大气中分离，有时会形成易爆的混合物引发空气爆燃。这种持续不断的灾难摧毁了许多岛屿上的建筑，导致居民死亡，氧气也更加匮乏。然而，增加的植被及时遏制了电解过程产生的危险。

同时，大气中的爆炸给人类造成了严重的损失，导致没有精力应对迁移后困扰他们的难题。一种莫名其妙的罕见新消化器官衰弱症首次出现，困扰了人类几个世纪，险些将他们置于死地。这场瘟疫固然对身体有影响，但比起它所带来的完全无法控制的心理伤害还是要小得多。由于月球异常活动的谜团和消灭金星人产生的难以言状的深层负罪感，人类的自信心已经发生了严重的动摇。他们高度有序的心灵开始出现精神错乱的症状。人类最终发现瘟疫来自金星上的水，应该是由于某些分子聚合造成的。这种现象原来比较罕见，但后来由于地球有机物质进入金星海洋中而蔓延开来。人类没有发现治愈的方法。

现在，另一场瘟疫也开始侵扰已经虚弱无力的人类。人类身体融入火星人的心灵感应单元，但两者从未真正达到和谐。现在，人类普遍的身体状况不佳促进了神经系统中一种“肿瘤”的形成，是由体内这种组织的疯狂扩散导致的。此处我们就不谈它的症状是多么可怕了。这场瘟疫传播了几个世纪，甚至没有感染这种疾病的人都持续生活在极度恐慌之中。

毁灭性的酷热加剧了这些痛苦。人类本指望几代人之后就能适应酷热环境，但这种想法看来毫无根据。恰恰相反，在将近一千年的时间里，曾经人口稠密的北极和南极岛屿变得几乎荒芜。一百座大厦里只有不到两座还有人居住，而且居民全都身体染病，心灵破碎。只剩下这些孤独的人将望远镜对准地球，关注着意外延迟的月球碎片对母星的撞击。

人口数量仍在继续下降。每一代人的寿命都很短，而且比前辈身体更差。人类的智力水平也有所下降，教育水平低下，受教育的机会也有限，与过去的联系已不再可能。艺术已失去了存在的意义，哲学也不再是人类心智的主宰。即使应用科学也开始变得举步维艰。拙劣的亚原子能掌控技术导致许多灾难的发生，引发了种种迷信："干预自然"是邪恶的，一切古老智慧都不过是人类敌人的陷阱。于是，书籍、器械等人类文化的所有财富都被焚毁。只有不朽的建筑物逃脱了被毁坏的命运。第五代人类无与伦比的成就现在只剩下被海洋相互阻隔、深陷愚昧而与世隔绝的岛民。

过了几千年之后，人类的习性开始适应金星的气候和有毒的水源。同时，新一代的第五代人类开始出现，他们体内没有火星人的组织。人类的心理状况终于重新稳定下来，但付出了失去"心灵感应"能力的代价，这种能力几乎直到人类的末日才重新获得。同时，尽管他们已经从陌生环境带来的影响中恢复了许多，但往日的荣耀已不复存在。现在让我们略过细节，直接去关注某些值得关注的大事。

人类在金星生活的初期，在种植了植物的大面积漂浮岛屿上收割粮食，这些植物是在移民前已经人工培育好的。但是海洋中出现了大量的地球动物群的变体，人类的某些群体开始越来越依赖渔业。在海洋环境的影响下，人类的一个种族开始演化，并适应了水生生活。人类仍能进行自发变异，这或许令读者感到惊讶；但是，第五代人类本就是人工培育的物种，而且容易发生基因突变。人类经过了数百万年的变异和选择，最终演化出了一个非常成功的人种，似人又似海豹。他们的肺活量获得极大提高，脊柱被拉长，灵活性也更强。他们的双腿缩短并长在一起，平伸后如水平舵一般。他们的双臂变小且形状如鳍，但保留了食指和拇指。头已经与身体相连，游泳时面部朝前。他们有食肉用的牙齿，有明显的群居性。海豹人是全新的人种，极富追逐猎物的本领，成了海洋中的霸主。就这样，他们生存了几百万年，直到一个更具人性的人种出现。他们因海豹人把鱼吃掉而烦恼，最终用鱼叉将海豹人消灭了。

另一个退化的第五代人类分支维持了在地球生活的习性和以往人类的体型。悲哀的是，他们的身材和大脑有所减小，这些不幸的人类与原来刚侵入金星时的样子极其不同，以至可以被视为新一代的人类，不妨称为第六代人类。他们一代代过着艰苦的生活，例如在森林覆盖的岛上挖植物的根，用罗网捕鸟，还用诱饵在潮汐通道捕鱼。他们与海豹人经常互相捕食。这些残存人类的生活环境极其有限，一成不变，所以他们在生物本性和文化方面处于停滞不前的状态长达几百万年。

然而，最终一些地质事件为人类习性的变化再次创造了条件。金星地壳发生了一次巨大扭曲，从而形成了一个面积和澳大利亚差不多的大岛。后来开始有人居住在这个岛上，不同种族之间的冲突使一个拥有很多技能的新种群脱颖而出。从此人类又开始了有条不紊地耕作，并在各个领域施展他们的技艺，复杂的社会秩序得以建立，思想领域的探索也重新开始。

在后来的两亿年间，人类在金星上多次经历曾在地球上经历过的各个主要阶段，但有许多根本的不同。神权帝国；推崇自由与智力的岛屿城邦；半岛上动荡的封建领地；祭司与君主的对抗；宗教经文理解差异引发的宗教矛盾；思想的重复性波动，从朴素泛灵论到多神宗教，诸多一神教之间的冲突，还有五花八门的“主义”，模糊了真理的界限；反复出现的寻求安逸的空想思潮和麻木的感悟力；工业滥用火山能和风能导致的社会混乱；商业帝国及伪共产主义帝国。所有这些思想形态都一次次掠过变动不居的人类本性，如同持久燃烧的炉火中形状多变的火焰和烟尘出现又马上消失。这些思潮正是在人类短暂的心灵中聚集而成的。但是，人们主要关心的还是基本需求，如食物、住房、友谊、娱乐、谈情说爱、微妙的亲子关系、温和运动中肌肉与智力的锻炼。只有在极少出现的清醒时刻，只有在长期的错觉后，他们中才会有某些人在某处偶尔能对这世界和人类的本性有深刻的洞察，但这实属罕见。每当这可贵的洞察力开始自我传播的时刻，都会被这样或那样的事物立刻抹杀掉：大小的灾难、传染病、社会的自然瓦解、人类愚钝思想的发作、持久的陨石撞击，或是人类不敢直视险境的懦弱和迷惑。

2. 飞翔的人类

我们不必赘述他们循环往复的文化，但必须对第六代人类的最后发展期加以关注，以便了解他们培育出来的各个人种。

在第六代人类的奋斗历程中，他们对飞行特别着迷。鸟儿多次成为他们最神圣的象征。第六代人类信仰的一神论崇拜神鸟而不是神人。

神鸟时而被描绘成神圣的靠电力飞行的白尾海雕；时而被描绘成翱翔天际、巨大敏捷、面带慈悲的形象；时而被描绘成脱离肉体的空气之灵；时而被描绘成鸟神，然后变成人并赋予人类身体和精神上的飞行能力。

金星上的人类不可避免地对飞行着迷，因为这个星球对陆地动物来说十分狭窄，而且鸟类自由翱翔的能力让在地上行走的人类不禁赞叹不已。没过多久，第六代人类就获得了堪比初人鼎盛时期水平的知识和能力，发明了各类飞行器。随着文明的衰落，机械飞行技术经历了多次复兴和衰落的轮回。但即使在飞行技术最发达的时候，它也不过是过渡产品。随着生物科学的进步，第六代人类终于有能力去改变人体，他们决定培育真正会飞的人。人类经历了几代朝这个目标奋斗的文明，但均以失败告终，这让他们有时失去兴趣，有时把希望寄托在对宗教的虔诚上。最终，第六代人类在文明发展到最持久最辉煌的阶段实现了这一梦想。

第七代人类身材矮小，体重不超过地球上最重的飞鸟。他们经历了多次身体结构的调整以适合飞行。第七代人类长着用来飞行的皮质膜，从足部延展到瘦长有力的“中”指指尖。“外面”的三个手指也延展到相同的长度，支撑着飞行膜，食指和拇指极其灵活，可以独立活动。第七代人类的身体与鸟类一样是流线型的，皮肤被厚厚的羽毛覆盖。羽毛与光滑飞行膜的颜色和纹理存在极大的个体差异。第七代人类在陆地上行走的样子几乎与其他人类一样，飞行膜被合拢起来紧贴双腿和身体，像夸张的衣袖从胳膊开始下垂。他们飞行的时候，双腿便会向后延展如同尾巴，双脚被硕大的脚趾合拢在一起。胸骨发育很大如同鸟类的龙骨，支撑着飞行所需的肌肉。其他骨骼都是中空的，这减少了身体重量。骨骼内面起到了辅助肺脏的作用，因为与鸟类一样，这些飞人必须保持极高的氧化速率。他们的正常体温放到其他人类身上就是发烧了。

第七代人类的大脑为了飞行拥有丰富的神经束。实际上，他们身上具备在飞行中保持平衡的条件反射系统，真正的——虽然是人为植入的——飞行天赋，还有对飞行的兴趣。与他们的培育者相比，他们的脑容量必然要小，但整个神经系统被非常细致地组织起来。另外，第七代人类的大脑成熟很快，而且能迅速习得新的运动方式。这是非常令人满意的，因为每个人的自然寿命只有五十岁，而且大多数情况下还会为了完成某些壮举而人为地缩减到四十岁，或者他们身体出现衰老迹象的时候，也会人为缩减寿命。

在所有人种中，这些外形如蝙蝠的第七代“飞人”是最无忧无虑的。由于天生的协调体型和乐天性格，他们所处的社会环境完全与他们的天性相符合。他们没有理由将这个世界视为人生的大敌，或将自已视为本质上畸形的生物，而这些观念却困扰着其他的人种。第七代人类在日常私人事务和社会活动方面是很聪慧的，但并没有强烈的求知欲。这并不是说他们缺乏智慧，因为他们很快就系统地对积累的经验进行了非常明确的阐述。然而第七代人类清楚地认识到，完美的思想只是漂泊在混沌中的泡沫，虽然这泡沫是美丽的。他们乐于承认这个泡沫是虚假的，但也是真实的，在比喻的意义上是真实的，虽然并不是“真的”真实。有人不禁问，此时人类凭借其才智还能做些什么？青少年受到激励去主动研究一些古老的问题，他们这样做只是想充分明白超出正统思想体系以外的知识是毫无意义的。“只要刺破思想泡沫的任何一处”，他们说，“它就会整个破掉。由于思想是人类生活中不可缺少的事物之一，所以它必须被加以保护。”

第六代人类不许他们掌握自然科学知识，这是适应自然环境的一种必要手段，飞人们对此也不无感激。自然科学有一个实际功用，那就是可以作为社会秩序的基石。但随着黄金时期的向前发展，而且社会正接近那将要持续数百万年的完美稳定状态，科学创新变得越来越无足轻重，现在只有在幼儿园里会教授科学。历史学同样只在童年时期被笼统地教授，随后便会被无视。

这种令人好奇的对知识的伪善行为归因于第七代人类主要关注具体事物而不关心抽象思想这一事实。因此，很难想象如何将这些“飞人”伟大的奋斗事业简略地介绍给初人。如果说他们的生活里只有飞行，这或许是正确的，但远远不及事情的真相。如果说他们在寻求一种冒险的、有生气的生活，力图将每一刻都尽可能多地填充进对生活的体验中，那又免不了夸大其词。从对身体影响的层面来讲，“飞行领域”及狂暴的气象环境所带来的危险和由此获得的必要技能是每个人自我表现的主要条件。然而让飞人们着迷的不是飞行本身，而是飞行带来的精神层面的享受。

在空中和在陆地上，第七代人类的表现差别很大。他们训练飞行时，精神会明显发生变化。他们不得不在陆地上花费大量时间，因为文明发展所需要的工作是无法在空中完成的。另外，空中生活会给身体带来巨大的压力，需要在地面恢复一段时间。第七代人类步行的时候，头脑清醒，有轻微的疲惫，但基本上是快乐的。他们用诙谐的方式对步行带来的乏味和烦恼表达不满，但有时对空中美妙生活的记忆和期待又会使他们精神舒畅。在经历了另一种生活方式所带来的压力后，他们常常感到疲倦，但很少感到沮丧和无聊。实际上，在日常的农业和工业活动中，第七代人类就像工蚁一样勤劳。但他们以一种既专心又心不在焉的奇异心态在工作，因为他们把心思都放在空中。第七代人类只要能够经常上天，哪怕在地面也会保持性情温和。但如果由于某种原因——如疾病——使他们长期被束缚在地面，他们便会感到痛苦，并患上急性忧郁症而死亡。按照培育者的设计，任何极度的痛苦和磨难都会使他们的心脏停止跳动。这样第七代人类就可以躲避所有的严重困境。但事实上，只有在地面上久留时，这一仁慈的设计才会发挥作用。在空中，他们会表现出完全不同的性格，要勇敢得多。第七代人类的培育者并未预料到这一点，但这确实是设计的一个自然结果。

在空中，飞人的心脏跳动得更加有力，体温有所上升，感受刺激的机能变得更加强大和突出，思维也更加灵活和敏锐。他们从发生在自己身上的事物中体验着强烈的愉悦和痛苦。如果说他们变得更加情绪化了，那是不正确的，事实恰恰相反——如果这里的“情绪化”指的是受情绪支配的话。实际上，在空中飞行最显著的特点是第七代人类拥有了感知能力增强的心平气和状态。每个人只要在空中，无论是孤身一人抗击风暴，还是与众多伙伴遮天蔽日地优美翱翔；无论是与配偶翩翩起舞，还是在高高的天空独自沉思盘旋；无论他的冒险精神是为他带来好运，还是他被暴风肢解并坠落而死，自己人快乐和悲惨的命运通常被他们用超然的审美情趣同等看待。即使最亲近的伙伴在空中事故里受伤或死去，他也会欢欣鼓舞，有时他也会奉献自己的生命去营救伙伴。但当他返回陆地后，很快却悲痛欲绝，精疲力竭。他会力图恢复视力，然而这会是徒劳的，他或许会由于心力衰竭而死去。

由于狂暴的气候条件，金星上偶尔会发生一些全球性的大气紊乱现象，即使当所有的空中人被这样的气候侵袭时，受到伤害的少数幸存者只要能继续在空中飞行，都会欣喜若狂。实际上，最终当他们精疲力竭地回到陆地的时候，面对希望的幻灭和身体的死亡，他们会在内心用欢笑去应对。然而在他们飞落地面的一个小时后，身体便会发生变化，目不能视物。他们只记得灾难带来的恐惧，而这些记忆会导致他们死亡。

第七代人类在地面上渡过的每一刻时光都很难过，这也不足为奇。他们在空中的时候，一想到还要在路上走，或者可能一辈子都再也不能上天，虽然不悦，但还是会昂扬地接受这个现实。但回到陆地上，他们就会因此而恼怒不已。在第七代人类奋斗早期，空中与地面所占时间的比例得到大大提高，这要归功于一项生物发明。一种微小的食用植物被培育出来，它整个冬天扎根陆地生长，夏季漂浮在阳光照耀的高空，只进行光合作用。此后，全体“飞人”就能够在空中明亮的牧场像燕子一样进食。随着时间的推移，物质文明变得越来越简单。需要地面劳作才能满足的需求渐渐被抛弃。人工制品变得越来越稀少，没有人再著书或读书。总体来说，书本确实不再是必需品，一定程度上，它们被在空中进行的言语交流和口头谈论所替代。在艺术形式中，音乐、口头抒情诗、叙事诗，还有那至高无上的空中芭蕾艺术，一直受到人们的喜爱和参与，而其他形式的艺术都已消失了。许多门类的科学都不可避免地逐渐变成了传说，而真正的科学精神只在严谨的气象学、强大的生物学和人类心理学中得到保留。这些科学的水平仅次于第二代和第五代人类发展到鼎盛时期时的水平。然而，这些学科本身没有一门得到重视，只有对它们的应用受到了重视。例如，心理学将人类对飞行的入迷非常简单地解释为一种狂热的和“不理智的”祈福。但无人对这一理论提出质疑，因为每个人在飞行的时候都觉得那时自己处于一种有趣的半梦半醒状态。

第七代人类的社会秩序既不注重实用，也不追求人文，更不信仰宗教，只注重美感。每个行动、每种制度都必须以维持社会完善的形态为中心。即使是社会繁荣，也仅仅被视为表现美的适当手段；而美就是活泼的个人生活与社会繁荣和谐地交织在一起。然而，无论对个人还是（如博学之人强调的）对人类来说，他们都认为在飞行中牺牲也比在陆上漫长的生活要更好。种族自毁也比困居陆地的美好生活伟大得多。然而，尽管个体与人类都被视为实现客观美的工具，但是从任何普通意义上来说，这个信念中毫无宗教因素。第七代人类彻底失去了对宇宙和新事物的兴趣。他们力求创造的美是短暂的，在很大程度上，这种美是感觉上的，而他们对此感到非常满足。一位弥留之际的圣人曾说，个人永生会像无终之歌一样冗长乏味，对人类来说也是如此。这位圣人还说，由我们所有人组成的优美的火焰最终一定会熄灭，没有灭亡就没有美。

在一亿地球年结束的时候，这个“空中”社会没有经历什么变革。在这段时期，许多岛屿上甚至依然矗立着一些古老的塔楼，修复后这些塔楼几乎已经改变了模样。飞人们在这些栖息处度过了漫长的金星黑夜，像群栖的燕子似的拥挤在一起。而在白天，塔楼里人很少，人们有的在工厂进行生产，有的则在田间和海上工作，但大多数人是在空中。许多人会盘旋于水面上空，然后突然像塘鹅一样跃进水里捕鱼。还有许多人盘旋在陆地和水域上空，不时像鹰一样俯冲下去捕猎野禽，这些鸟类现在成为人类的主要肉类食物。而其他人则在海面上空一万两千至一万五千米的高度飞翔、盘旋、俯冲。他们的目的就是享受飞行的快乐，即使是金星浓密的大气层也很难支撑他们的身体。还有一些人在风平浪静和阳光明媚的高空，在上升气流的托举下毫不费力地悬空，在那里沉思并陶醉于观察万物。许多沉醉在爱意中的情侣在空中编织出不同的飞行图形，如螺旋、小瀑布、同心结，然后拥抱在一起，下降三千米。有些人穿过绿雾密布的森林，飞往各处去收集甘露蜜，放进张开的嘴里。在一起盘旋的一群人会讨论社会和美学问题，有些人会一起唱歌或听叙事诗朗诵。有时成千上万的人如迁徙的鸟类汇聚在空中，进行大规模的集体盘旋，令人回忆起第一世界国的人们驾机舞蹈的壮观场面。但此时的飞行更加充满活力和令人震撼，毕竟翱翔的鸟比任何飞行器都更有生气。此时总会有某些人投入暴风雨中搏斗，或孤身，或群集，或捕鱼猎禽，或纯粹一时兴起，虽然最终结果很悲惨，但整个过程中内心充满了激情和欢笑。

对某些人来说，第七代人类的文化持续时间如此之长似乎难以置信。的确，飞人的文化应该要么由于单调和停滞而衰落，要么随着体验的丰富而发展。但事情并非如此。一代又一代人前仆后继，每代人的寿命都很短暂，所以他们无法品味年轻时的快乐，也无法领悟生活中的烦恼。另外，飞人完美地顺应了所在世界的发展，所以即使生存了几个世纪，也不会觉得需要变革。飞行为他们带来了身体上的极度兴奋，并为真实而令人着迷但有限的心理体验提供了现实基础。通过这一取得的至高无上的成就，他们不仅因为飞行的多样性，而且还因为感知到色彩斑斓的世界之美而感到欣喜。或许最重要的是，人类在空中社会交往时进行过无数次热情奔放和英勇壮丽的冒险。

这一似乎长久不衰的极乐世界的终结仍然与人类的天性有关。首先，原本以千年计算的时代现在要以百万年为单位。历代人类保存的古老科学知识越来越少，因为第七代人类认为那无足轻重，空中社会根本不需要这些知识。如果仅仅是知识的遗失则无关紧要，因为人类的生存环境丝毫没有改变；但不久之后，生物变化开始对人类产生破坏作用。人类一直以来易于遭受生物不稳定性的侵害。一部分婴儿由于受到环境的影响而发生变化，因此而变得畸形，恶果就是失去了飞行能力。正常婴儿在出生后的第二年初就能飞行。如果某些意外使他不能飞行，那他必定会衰弱并在第三年死去。但许多人的畸形是恢复了古老的行走习性，他们不能飞行，但能够无限期地存活下去。按照仁慈的风俗，这些残疾人通常会被处死。但最终，由于高度紧张的第七代人类所需的某种海盐逐渐枯竭，婴儿畸形的可能性大过了正常发育。世界人口的急剧下降导致有序的空中生活不能按照历史悠久的美感原则继续下去。无人知道如何抑制这种人类衰退的趋势，但许多人觉得，通过运用比较强大的生物学知识或许可以避免形势进一步恶化。此刻人类采取了一个最终引发灾难的策略。他们决定宽厚地对待那些精心挑选出来的畸形婴儿。尽管那些婴儿注定要靠行走生活，但他们有可能发育成高智商的人。所以人们希望培育出一群特殊的人，他们的工作是生物学研究，而不会沉醉于飞行生活。

上述策略促使这些聪颖的残疾者从一个新的角度看待生存问题。这些不会飞行的人无法体验同类赖以生存的飞行，对只能间接感受到的极乐世界表现出嫉妒心理，又对其他人幼稚的心态嗤之以鼻，因为那些人

（似乎）只会关注身体锻炼、求爱、自然之美和社会的高雅。然而，步行者几乎只能从研究和科学中寻求满足感。于是他们心理扭曲，内心充满愤恨，因为他们所处的环境是适于空中生活的，但他们无法实现这一生活目标。尽管这些步行者受到飞人的公平对待、同情和尊重，但他们对这些仁慈行为感到苦恼，紧锁住自己的心灵，与正统的价值观彻底决裂，开始寻求新的理想。在几个世纪的时间里，步行者们恢复了理性生活，并用知识的力量成为世界的主人。友善的飞人们感到惊奇、困惑甚至痛苦，而且也感到可笑。当人们清楚地知道，步行者们决意要建立新的世界秩序时，飞人们感到痛苦，因为他们以后只能待在地面，新的秩序规定自然飞行之美不再被推崇。

许多岛上开始挤满机器和无法飞行的工人。在空中飞行的人发现，他们已被低劣但高效的机械飞行器所超越。翅膀成了笑柄，自然飞行的生活被贬低成无用的奢华。法律规定未来每一个飞行者都必须遵守步行者的世界秩序，否则将被饿死。而且由于风媒植物的栽培已被放弃，捕鱼权和狩猎野禽权也被严格控制，所以这项法律绝非一纸空文。起初，飞行者无法在地面长时间或连日工作，否则就会造成严重的健康问题或早逝。但步行生理学家发明了一种药物，能维持贫穷雇佣劳动者的身体健康，甚至可以延长他们的生命。然而没有药物可以恢复飞行者的精神，因为他们正常的空中生活习惯被压减到一周只能为娱乐而疲惫地飞行几个小时。同时，人类展开了育种实验，目的是培育出一种完全无翼的脑容量大的人种。最终颁布的法律规定所有有翼的婴儿都将被折翼或被消灭。此时飞行者采取了英勇的行动企图夺权，但没有成功。他们从高空对步行者们发动进攻。敌人用强大的飞机进行反击，将他们驱落，并用烈性炸药炸死了他们。

自然飞行者战斗部队最终被驱赶到地面，逃到一个遥远的荒岛上。从所有文明的群岛飞逃出来去寻求自由的飞行者都来到了这里。在这里的是全部的飞人，但数量只是原来的很小一部分。这些人中患病的都已自杀，而所有婴儿尚不会飞行。按照领导者的命令，这些婴儿都被他们的母亲或近亲属杀死。大约一百万男女和儿童聚集在岩石上，他们中有的年龄已高无法再继续飞行，而且附近也没有足够的食物满足这么多人的需要。

领导者经过集体商议，一致清楚地认为飞行人类的时代已一去不复返，而且他们是崇高的种族，应该立刻自杀，而不能在傲慢的主人奴役下苟且偷生。于是，他们下令所有人都要参与种族自杀运动，这至少让死亡成为一种追求自由的高贵姿态。人们在布满石头的荒野上休息时接到了这个信息。悲伤的哀号立刻从人群中传出，下命令的人制止了这一举动，嘱咐人们努力地去发现：即使在陆地上，他们的壮举也能产生美。他们现在看不到这份美丽，但他们知道，只要有足够的力量再次飞起来便会清晰地看到，只要疲惫的肌肉将他们托上天空便能看到。他们不能再浪费时间了，因为许多人已经饿得发昏，领导者担忧他们无法升空。按照指定的信号，所有人伴随着低沉的翅膀抖动声飞上空中，悲伤被甩在身后。即使是孩子，在他们的母亲解释了行动后，也都怀着极大的热情去接受命运的安排。当然，如果他们是在陆地上获悉这一决定的话，定会惊恐万分。此刻所有人平稳地飞向西方，他们组成两路纵队，队伍长达十公里。一个火山锥出现在地平线上。当他们靠近地平线时，火山锥出现在面前。领航者快速飞向红色的烟雾，众人两人一组毫不畏惧地快速冲进灼热的气浪，一下子便消失了。飞人的使命就此终结。

3. 一个无足轻重的天文事件

现在控制金星的人类虽不会飞行，但仍属半鸟习性的人种，他们安心于建设一个立足工业和科学的社会。经过多次命运和梦想的变化，他们最终培育出了新的人类——第八代人类。这些头脑精明、身体结实的人从身体到心理都被完全地设计成步行生物。他们适合进行操作、计算和发明类的工作，所以很快就把金星建成了工程师的天堂。他们建造的巨型电动船只利用金星中心的热力，就可以从容地在终年不断的季风和飓风中穿行，就连他们的飞机在应对这样的天气时也是不屑一顾的。岛屿之间用隧道和桥梁连接。每一寸土地都在工农业领域得到了利用。几代人非常成功地积累了财富，以至即使互相敌对的各个种族和阶级在几个世纪的时间里，沉溺在自相残杀和物质破坏的作乐之中，也没有使他们的后代穷困潦倒。另外，人类变得麻木不仁，所以这些放荡行为丝毫没有让他们感到羞愧。的确，只有通过身体暴力的狂热，这些最庸俗的人类才能暂时扭转自鸣得意的心态。某些冲突对更高尚的人种来说是严重的精神灾难，但对这些人来说却是一剂提神药剂，一场宗教活动。我们应该注意到，这些宣泄性行为只是罕见的短暂爆发，不时打断茫然的安宁状态。第八代人类的行为从不威胁人类的生存，甚至也几乎不破坏其文明。

经历了一段长期的安宁和科学进步以后，第八代人类在天文领域有惊人发现。初人曾了解到，每个恒星的生命周期中都会出现一个临界时限，那时它会崩溃瓦解，并收缩成一个体积小、光度弱的高密度天体。此后，人类曾偶尔猜想太阳也会经历这一变化，变成一颗典型的“白矮星”。第八代人类探测到了这一灾祸的确定性征兆，并对其进行了预测。他们预测太阳的这一变化会在两万年后发生。他们还预测，再过五万年，金星或许会变得极其寒冷而不适宜居住。唯一的希望是在巨变发生的时候，水星温度不会再高得难以容忍，人类可以移居到那里。人类想要实现这一目标，必须在水星表面形成大气层，并培育一种新的人类，使其能最终适应寒冷的世界。

这项孤注一掷的行动已经在进行中，突然间，一个新的天文发现让这一努力变得徒劳无益。天文学家在距离太阳系较远的地方探测到了一团发光气体。计算结果表明，这一物体与太阳正沿切线方向相互靠近，最终将发生撞击。进一步的计算结果也显示了它的后果——太阳会突然燃烧并膨胀，届时只有天王星或更远的海王星能够居住。海王星以外的三颗行星倒是不至于变成炽热的地狱，但因为其他原因也不适合居住。最外的两颗行星上非常寒冷，而且第八代人类的太空船也无力飞到那里。里面的那一颗行星表面是光秃秃的，覆盖了一层铁，不光没有空气和水，也没有普通的岩石。看来或许只有海王星适宜生命存活，但人类如何在那里生存？海王星不仅大气层不适合生命生存，引力也会使人体成为无法承受的重负，而且撞击发生之前那里的温度依然会很低。只有发生撞击后，海王星才能维持人类的存活。

尽管人类精神饱满地投入新家园建设的故事很值得一读，但我没有时间去讲述他们是如何克服那些困难的。我也无法详细讲述此刻人类之间发生的策略冲突。有些人意识到，第八代人类永远都不可能在海王星上生存，所以他们鼓吹及时行乐，直至世界末日。但人类最终还是超越了自己，几乎一致决定将余下的几个世纪时间投入培育新人类的挑战中去，让新人类能够将精神的火炬传递到新世界。

第八代人类的太空船能够到达遥远的海王星，并使用化学手段改造大气层。另外，通过不久前重新发现的物质湮灭技术，他们拥有了足够多可以加热海王星局部区域的能量，让人类能够坚持到太阳恢复热力。

当最终移民的时刻临近时，一种特殊栽培的植物被送到海王星，种植在温暖的地区，使之方便人类使用。人类认为没有必要将动物带到海王星。最后，特殊培育出的新人类——第九代人类被送往人类的新家园。高大的第八代人类不能在海王星上生存，不仅不能支撑体重，也无法行走；而且还因为海王星上的气压令人无法忍受。这颗巨大的星球最外层是厚达数千公里的气体，而固体核心还没有一颗大鸟蛋的蛋黄大。浩瀚的大气层与固体核心使人类在海王星表面承受的重力比在金星海床上承受的重力还要大得多。所以，第八代人类不敢从太空船出来直接踏上其表面，除非身着钢制潜水服才敢停留很短的时间。他们只能返回金星的岛屿，直至培育出最适合的人种。留给他们的时间已经不多了。在向海王星移民的过程中，人类将最宝贵的物质遗产都转移到了那里。迁移工作完成后又过了几个世纪的时间，海王星终于勉强躲过了与黑色太空不速之客的撞击。天王星和木星此时正好远离了外来气团的运动轨迹，也免遭撞击。但土星却没有这么幸运。海王星逃过一劫后又过了数年，土星及其周围的光环和卫星都被吞噬掉了。这次小规模撞击所导致的炽热气候现象还只是开始。巨大的外来气团继续急速流动，如同手指戳进蜘蛛网，搅动了所有的行星轨道。它吞没了几颗较小的行星后并没有撞击火星，但其边缘炽烈的火焰扫过了地球和金星，然后直接向太阳扑去。从此以后，太阳变得只有之前的水星轨道那么大，整个太阳系也随之改变。

第十章 | 海王星

1. 鸟瞰

有关人类的故事，我已经讲述了从起源至灭绝的一半内容。这漫长的时期包括人类在地球和金星上的生活经历，同时也介绍了他们在愚昧无知和启蒙开化之间跌宕起伏的悲怆历史。人类即将进入的海王星时期同样漫长，或许同样悲怆，但经历的生活内容却多姿多彩，特别是其最后阶段更是无比灿烂辉煌。如果按照先前的结构叙述人类在海王星上的生活，恐怕效果不会很好，因为其中的绝大部分内容无法被地球人理解，还有不少则只是重复地球和金星上的主题，只不过具体情境换到了海王星。为了能全面领会这部伟大生命史诗的丰富内容和精巧结构，我们本应该毫不迟疑地用忠实和谨慎的心态详述每一个乐章，但任何人都无法做到。所以，我们只能关注那些具有重要意义的阶段，并希望抓住某些零散的线索去理解庞大复杂结构的整体轮廓。另外，本书的读者还处在这部恢宏乐章的开篇，所以我主要会谈与他们生活相近的事情，哪怕这样做会略掉许多实际上更了不起的事迹。

在继续我们的长途飞行以前，让我们环顾下四周。迄今为止，我们在时间中的跨越都是近景式的，包含大量细节描述。现在我们要来到高处，用一种新的方式加速前行。为此我们必须将自己定位在一个更宽的视域中，还必须从天体而非人类的视角去考虑事物。我说过，我们已经来到人类整体发展的中途。回顾遥远的发展初期，我们意识到涵盖从猿人到巴塔哥尼亚灾难的初人阶段只是一个不可分解的点。即使之前的早期哺乳动物和初人之间更漫长的时期——大约两千五百万年——现在都显得微不足道。这段时期加上初人时代，或许只能说是位于太阳系行星二十亿年前形成与二十亿年后消亡之间的中点。用更加广阔的视野观察，我们发现，这漫长的四十亿年与太阳的寿命相比只不过是一瞬间。而在太阳诞生以前，构成银河的星云已存在了更久的时间。然而即使这些极漫长的时期，与无数巨大星云（即后来的星系）由弥漫的雾气到凝结前所历经的时间相比，也显得极其短暂。所以，人类所经历的全部时间，哪怕有那么多代人种，每一代人种又有那么多代人，那也只是宇宙生命中的一瞬间。从空间上说，人类也是渺小得不可思议。如果我们把银河系想象成一个远古地球的王国，那么太空中就有数百万个类似的王国，每个王国之间的距离都极其遥远。在相同的比例下，包罗万象的宇宙会像一个巨大的球体，其直径大约比月球轨道大二十倍。在这个漂浮在太空里的小王国（即银河系）里，太阳系会是一个极微小的点，里面最大的行星就更不知道小成什么样子了。

我们已经观察了连续八代人类长达十亿年的沧桑，此时人类已经走完了整个发展期的半程。现在又相继有十代人类在海王星的平原上生活，他们属于同一个时代。我们末人是第十八代人类。我们已经看到，在海王星之前时期的八代人类中，有的一直保持着原始状态，也有几个实现了文明——哪怕纠结而又短暂，而耀眼的第五代人类的人性更是充分觉醒，直到灾难使之崩溃。生活在海王星上的十代人类呈现了更强烈的多样性，从天生不通理性的野蛮人一直到从未有过的思想深刻的民族。野蛮颓废的人类类型主要是那些生活在海王星上前六亿年的人类。在海王星时期的前半程，人类在做一些准备性工作，虽然几乎被恶劣的环境吞噬，但逐渐地定居在广袤的北半球。此时人类是凶残的野兽，而不是文明人，因为文明人已经不存在了。在六亿年准备期的后半程，人类精神才得以逐步地再次被唤醒，并开始经历具有海王星之前时期特点的进步、衰落交替的过程。但随后人类在海王星上奋斗的最后四亿年中，在走向完全心灵成熟的道路上几乎取得了稳步的发展。

现在，让我们更近距离地观察人类历史中这三个重要的时代。

2. 重生

在金星生活的最后一群人类在绝望的匆忙中设计、培育出了全新的人种，用于海王星的移民活动。由于距离遥远，人类不能对海王星的情况进行全面深入的探索与了解，所以新人类的身体组织只是部分地适应了未来的环境。因此，他们不可避免地被设计成身材矮小的人，因为只有这样的身材才可抵御过大的重力。新人类大脑容量很小，除了人体必需的组织外都被删除了。正因如此，第九代人类的身体纤弱无比，无法抗击海王星上凶猛的自然力量。设计者严重低估了环境的险恶，所以只是满足于把自己同比例缩小罢了。他们设计出的人类应该具备的特点是：强壮粗犷，生殖能力强，在生存搏击中足智多谋。最重要的是性格坚韧，富于创造力，对外界事件不敏感，就此而论这种被设计出的人类简直算不得人类了。第八代人类应该相信，一旦这粒原始的种子生根，自然的力量迟早会从这粒种子身上唤起更具人性的品质。不幸的是，他们培育出的人种遭受着体型矮小带来的必然的脆弱之苦，并且设计完全只是为了迎合文明的环境，殊不知虚弱无能的人根本无法在狂暴的世界里生存下去。碰巧，依然年轻的巨大海王星正在进入地壳收缩期，所以时常发生地震和火山喷发。于是脆弱的移民者发现，自己越发陷入被突然喷发的火山吞噬并被埋在火山灰下的危险之中。另外，他们低矮的建筑物即使没有被熔岩流毁坏，或者被错位的地面扭曲破碎，也容易被凶猛狂暴的大气摧毁。进一步说，空气中对身体有害的物质会使一个即使在有利的环境中都注定会神经过敏的人种失去快乐和勇气。

幸运的是，这一极大的痛苦没有无限期地持续下去。逐渐地，文明崩溃并倒退到原始状态，对更加美好事物的不切实际的憧憬彻底消失，人们的意识受到约束，变得粗俗，进而失去了一切人类的情感。野蛮人侥幸地逃脱厄运，勉强地存活了下来。

第九代人类在失去人性之后许久，大自然以其自身缓慢和笨拙的方式在人类失败的地方恢复了生机。这一代人类的野蛮后代最终很好地适应了他们的世界。后来，在海王星陆地和海洋呈现的各类环境中出现了许多人类物种。但没有一个物种来到接近赤道的地方，因为膨胀的太阳此时已经使热带地区变得非常炎热，导致任何生命都无法生存。即使在北极，持久的夏季也使所有的生命都处于紧张状态，唯有最顽强的生物得以存活。

此时，海王星上的一年大约相当于原来地球上的一百六十五倍。漫长的季节变化对生命自身的节奏产生了重要的影响。除了生命最短暂的生物以外，所有生物至少会存活一整年，高级哺乳动物生存的时间更长一些。在生长后期，这种自然的长寿命会对人类活力的恢复起到很大的帮助作用。但是从另一方面来说，个体生长速度越发缓慢，每一代人成熟所需的时间随之延长。这就妨碍了在海王星上的自然进化过程，所以与在地球和金星上的成长期相比，此时生物进化的历程要缓慢许多。

第九代人类衰落后的“亚人”全部采用四足行走，这样较好地应对了重力问题。起初他们只是偶尔用手指撑地，但最后许多真正用四足行走的物种出现了。许多擅长奔跑的物种，其手指变成了脚趾，最终进化成蹄，但蹄不是长在原来的手指指尖上并折弯萎缩，而是长在指关节上。

太阳撞击后的两亿年，无数亚人类食草动物竞相出现在北极大陆。它们的鼻子嘴巴很长，像绵羊一样，臼齿宽大。这些亚人类几乎演化出了反刍系统。捕食这些猎物的亚人食肉动物，有的在追猎时奔跑速度快，有的善于围捕和突然跳跃。但是由于在海王星上跳跃不是件容易的事情，所以猫形物种都个头小巧。它们捕食长得如同兔鼠一般的人类后裔，如兔子和鼠，或以大型哺乳动物的腐肉为食，或吃健壮的蠕虫和甲壳虫。这些虫子源于意外从金星带过去的害虫，在古老的金星动物群中，只有人类、少数昆虫、其他无脊椎动物和多种微生物成功在海王星上幸存下来。植物中有许多种类是专为新世界培育的，从这些植物中又分化出许多草类、开花植物、粗壮的灌木和新种海藻。一些高度进化的海洋蠕虫便以海洋植物群为食，它们中有的最终进化成了脊椎动物或食肉动物，或动作敏捷，或性情冷淡。人类后来演化出了若干水生物种，有的类似海豹，有的类似高度特化的海豚，它们便以这些海洋生物为食。人类后裔中最不同寻常的一类先是变成以昆虫为食、滑翔飞行的蝙蝠人，最后演化为多种真正拥有飞行能力的哺乳动物。它们的大小还比不上蜂鸟，但有时如燕子一样敏捷。

典型的人形物种已经完全消失了。这里只有野兽，身体结构和本能使它们适应了广阔无垠世界的某个生态位。

人类心智的痕迹依然残存于各处，就像大部分亚人物种的前肢依然留有灵巧手指的痕迹一样。一些食草动物在遭受危险时会聚在一起狂吠，发出不和谐的声音；或者坐在地上，前肢紧贴在一起，聆听首领的呼叫，并用呻吟声和呜咽声断续地做出反应，最后陷入狂躁状态。还有一些食肉类动物在发春的时候会突然停止求爱、争斗、每日的狩猎，独自坐在高处，日复一日，夜复一夜，观望等待，直至最后饥饿迫使其行动起来。

时机已经到来，在太阳撞击后的大约三亿地球年后，体型小巧、无毛似兔的生物奔跑在北极的草地上，它们经常被来自南方的敏捷猎犬骚扰。这种生物是人类的后裔，身体上没有特殊的本领，亦无有效的防御方法和飞行能力。它们的种族几乎要被消灭掉了。于是，一些兔子进入茂密粗壮的灌木丛逃生，或者去猎犬无法跟进的地方。在新的环境中，它们必须改变食性和习性，放弃草根浆果，甚至蠕虫和甲壳虫。它们的前肢越来越多地用于挖洞和攀爬，最终用枝条和禾秆筑巢。该亚人物种的手指从未长在一起，而是向内弯曲，于是前爪变得如同由伸长外露的指关节构成的攥着的小拳头，而分开的足趾则沿着指关节向外伸出。现在指关节继续延伸，最终变成了一组新的手指。在新进化的小“猴掌”上仍保留着人类以往手指的痕迹，现在往里弯曲。

与过去一样，灵巧的双手催生了敏锐的洞察力；加上必要的频繁觅食体验以及狩猎和自卫训练，最终使该亚人物种具备了真正的行为多样性和思维适应能力，其身上出现了第十代人类的雏形。兔人在茁壮成长，几乎学会了直立行走，身长和脑容量继续增加。然后就像新进化出的双手不是过去人种双手的简单重复一样，新发育出的脑组织也不简单地是萎缩的人脑的再生，而是一个新的器官，它吞没并取代了以往的残存物质。于是，该新人种的大脑在很多方面都是全新的，当然它要完成的基本功能和以前没有多大区别。与其前辈一样，他们渴望食物、爱、荣光和友谊。在追求这些理想的过程中，他们发明了武器和陷阱，并用枝条建立了村庄。他们常常举行一些仪式，最后成为第十代人类。

3. 漫长的征服之路

在一百万地球年中，这些长臂无毛动物在广袤的北部大陆四处建设木屋，推广使用骨制工具；在接下来的几百万年里，他们保持了霸主地位，但在文化建设上却停滞不前，因为在海王星上生物进化和文化发展确实缓慢。最终第十代人类遭到一种微生物的侵袭，他们的家园被彻底毁坏。从废墟中进化出几个原始人种，他们在遥远的地区与世隔绝达几千万年，直到最后才有了机会，或者说有了勇气与外界接触。这些原始人种中，有一个人种身体呈蹲伏状，长着长牙。为了获取他们的长牙，另一个更强大的人种经常诱捕他们，最终使其灭绝。还有一个人种鼻口修长，身体下半部丰满，习惯像袋鼠一样蹲坐在腰腿部上。在这个勤劳群居的人种制造出轮子后，另一个更原始但更好战的人种如浪潮般侵入他们的领地，并制服了他们。这些矮胖残忍的野兽直立行走，体宽与身高几乎相等，遍布整个北极和亚北极地区，过了大约几百万年的进化与衰退交替循环，却没有任何实质性的进步。后来他们的原生质发生腐朽，几乎终结了人类的进化进程。但极长的黑暗期过后，出现了另一个矮胖的、脑部更大的人种。他们首次在海王星创造出了传递爱的宗教，而且经受了精神希望与痛苦。这些思想只有在地球和金星上才常常萦绕在人类的脑海里，当然有时也是徒劳的。此时又出现了封建帝国、军国主义国家和阶级战争，世界国家不止一次在北半球建立，也不止一次于人类争斗中消失。这些人首次乘坐装备冷却系统的电力船越过赤道，到广袤的南部进行探险。在南半球，他们没有发现任何生命，因为即使在那个时期，也没有任何生命能够不依靠人工制冷跨越炙热的热带地区。实际上，只是因为太阳暂时的复苏已经开始走下坡路了，所以人类才能凭借其机智，跨越长距离的热带来到南半球。

与初人和许多其他自然人种一样，第十四代人类并不完美。与初人一样，他们怀有远大的理想，但无序的社会结构却从来不能使之实现，或者根本无法实施。但与初人不同的是，他们在长达三亿年的时间里没有经历多少生理变化。即使经历了如此漫长的时期，也没能完善其并不完美的心理状态。第十四代人类一次又一次地从野蛮状态走到世界文明，然后又回到野蛮状态。他们局限在天性之内，就如同被关在笼子里的鸟儿。如同笼中之鸟会笨拙地处理筑巢原料，并不时地破坏盲目劳作的成果一样，这些受束缚的人也会亲手毁坏自己创造的文明。

然而，人类在海王星上跌宕起伏的第二个历史阶段终于画上了一个句号。在人类首次定居海王星后六亿年的时候，大自然凭借其自身的力量终于创造出了自然人种的最完美人种——第十五代人类，之前只有第二代人类达到过这样的高度。而且，此时也没有火星人来打扰。此处不会赘述这些勇敢的人们如何努力改善身体严重的不足之处——过重的颅骨和不灵便的身体比例。我们只需留意：他们度过了漫长的不成熟期，包括一次大规模的南北半球的机械化战争。此后第十五代人类战胜了各种疾病，丢掉了幼稚的幻想，统一为一个世界国家。他们的文明从经济上说是基于火山能，从精神上说是基于全身心地实践人类精神的才能。这代人类首次在海王星上提出要大规模地重塑人类本性，并将其作为长期的奋斗目标。

此后尽管出现了多次灾难，如另一个地震和火山多发期、突发气候变化、数次瘟疫和生物变异，但人类的进步还是相对稳定的。无论如何，前进的步伐并非迅速和坚实。第十五代人类还要经历相当长的时期，时间长度甚至可能超过整个初人的拼搏历程，才能使人类精神从开拓期转向巩固征服者地位的时代，或者再次堕入野蛮。但似乎他们再也不会倒退至原始的野兽时代，并被其他物种征服了。

在追溯人类追求人性充分发展的过程中，我们只能谈一些最宽泛的特征。但实际上，寿命极长的第十五代人类足足繁衍了数千代。无数个人过着独特的生活，互相心旷神怡地进行交流，并将自己的热血献给了人类的共同发展事业，然后死去，将机会留给了别人。我在这里不能描述他们漫长的个人生活，人类的鲜活性正是由这些生活构成的；与以前一样，我只能追溯第十五代人类创造的文明走向没落的过程。

第十五代人类决心铲除五大恶魔，即疾病、令人窒息的辛劳、衰老、争执和敌意。关于他们奉献牺牲，进行无数次灾难性的实验，最终取得成功的故事，我无法在这里讲述。我也无法讲述他们如何学会并使用从湮灭的物质获取能量的神奇方法，也无法讲述他们如何研发太空飞船去探索相邻的星球，也无法讲述他们如何经过长期的实验设计并培育新的人类——第十六代人类，并且取代了自己。

新一代人类与殖民金星的第五代人类类似。人工合成的坚硬原子被植入其骨骼，以便支撑高大的躯体和巨大的大脑。另外，他们的大脑细胞结构极其精细，复杂度得以提升。“心灵感应”也再次得以实现，但不是通过植入火星人身体单元的方式，而是通过研发相似类型的新分子团实现的，因为很早以前这些单元就已经灭绝了。“心灵感应”交流极大地提升了人类相互间的理解，另外神经系统的相互协调也得到了改善。这两个方面的原因使自私这一顽疾从正常人思维中被彻底地革除。以自我为中心的冲动只要不服从管制，都将被视为精神错乱的症状。新一代人类的感知能力当然也得到了极大的改善，甚至在他们的头后部也多出了一双眼睛。此后人类就拥有了三百六十度的视野，取代了从前的半环形视野。许多问题从前被认为无法解决，然而现在只需要一瞬间的洞悉就迎刃而解。这就是新一代人类的整体智力水平。

第十六代人类将自身强大的能力应用到了许多实际的工作中，这里只需提及一项作为例证：他们获得了支配星球运动的能力。在发展早期，他们凭借无限的能源将海王星引导到更大的轨道上运行。这样海王星整体的气候条件就变得更加温和，有时两极地区还会有降雪。但随着时间的推移，太阳的强度逐渐减弱，所以有必要进行逆向处理，使他们居住的星球逐渐地靠近太阳。

当第十六代人类成为世界主宰接近五千万年的时候，与第五代人类一样，他们学会了进入前人的精神世界。第十六代人类对此比前辈更加激动，因为他们对先前人类在地球和金星上的生活经历一无所知。与前辈们一样，他们对人类过去遭受的漫长巨大苦难感到如此沮丧，以至尽管享受着无比的幸福和自发的快乐，但还是感觉自己的生存似乎一直被嘲笑。但后来第十六代人类逐步认识到，过去的苦难就是一种挑战。他们告诫自己，过去正在向他们呼唤，需要他们的帮助，他们必须发动一场“解救历史的运动”。如何具体实施，他们还没有具体构思，但他们决心要将这一设想作为雄心勃勃的奋斗计划中的一部分牢记在心。这个计划就是实现人类整体的超越，现在已经成为全种族的首要问题。

显然在创造力和理解力方面，人类已经达到了个体大脑互相分离的情况下所能实现的最高成就。然而，第十六代人类还是受到自身缺陷的阻碍。尽管在哲学领域研究的深度远超前人，但即使在成果最丰硕的年代，他们也发现成果不过是沧海一粟。特别是对三个古老的问题感到苦恼，其中两个是纯粹的认知问题，即时间的奥秘、心灵与世界的关系。第三个问题则是要协调两种力量：一种力量源自对生命的坚守，他们将生命理解为与死亡的永恒战斗；另一种力量源自超脱生死争斗之上、超然地看待死亡的冲动，这种冲动越来越强。

第十六代人类经历了不同的发展时期才得以顺利成长，他们建设了一个又一个文明。思想运动一次次在所有可能的精神模式之中徘徊，人类不断地发现古老主题的全新意义。然而纵观这一新时代，上述三大问题仍未被解决，这使每个人都陷在困惑之中，使人类发展的策略变得无效。

最终，第十六代人类被迫在精神停滞与冒险投入未知世界之间做出抉择。第十六代人类决心融合众多个体的精神，从而设计出一种全新的、或许能够觉醒进入新意识状态的大脑。人类希望这样就能更深刻地理解“存在”的内核，无论最终的结果是赞赏还是厌恶。因此，一直由于缺乏哲学知识而陷于混沌的人类，最终目标变得清晰明朗。

有关第十六代人类培育出新人类前一亿年时间里发生的情况，我不能停下来去具体讲述。第十六代人类认为自己已经实现了内心的愿望，但实际上培育出的奇妙人种经受着连设计者都无法理解的缺陷所带来的痛苦。结果，第十七代人类刚刚占据整个星球，取得一定的文化成就之后，便同时投入精力去培育新的人种。新的人类与他们类似，但有所改进。于是，经历几十年充满辉煌和痛苦的短暂历程后，第十七代人类终于被第十八代人类取代了。由于所有之前的文明在末人时代都得以实现，所以我会略过它们，直接讲述我们当代的生活。

第十一章｜ 末人

1. 最后一代人类

如果初人的一员能够进入末人的世界，他会对许多事物感到熟悉，然而也会发现很多事物似乎被怪异地扭曲了，简直有违常情。但几乎所有最具末人特征的事物都不会出现在他眼前。除非有人告诉他，在一切卓越壮观的文化背后，在所有社会组织和复杂社会人际交往的背后，存在着另一个完整的精神文化世界，它就存在于他的周围。然而这超出了他的知识范围，他对该世界的存在表示怀疑，就如同一只生活在伦敦的猫怀疑金融和文学的存在一样。

熟悉的事物里会包括末人本身，初人能看出来他们是人类，但在初人看来末人还是有些怪异。初人拖着沉重的躯体吃力前行的时候，这些巨人却从容地、大步流星地往前奔走。初人会认为末人强健有力，不得不认同他们的动作是那么优美，身材也是那么匀称。他与他们在一起的时间越长，就会看到他们身上更多的美，也越来越少沾沾自喜。初人会发现，这些奇异的男女中有些人身体覆盖着软毛、毛发或鼹鼠绒毛般的丝绒；有些人的肤色是青铜色、黄色或深红色，还有一些人的皮肤是晶莹剔透的灰绿色，身体热量靠暗流血液[①]提供。作为一个物种，尽管我们末人是人类，但在身体和心理方面是极不相同的，这种差异导致从表面看我们简直不能算作一个物种。当然，有的特征是我们所有人共有的。初人游客或许对无论男女都有的灵巧大手感到惊讶。我们所有人最外面的手指在指尖上有三个微小的操作器官，这与第四代人类为第五代人类设计的器官非常类似，它们无疑会使我们的游客感到厌恶。末人头后部的双眼同样也会使其震惊，还有末人特有的长在头顶上的仰视天文眼。这是一个巧妙设计的器官，全部从骨鞘伸出时大约一掌宽，视野堪比小型天文望远镜。除了这些特点以外，我们身上再也没有其他新奇的东西，四肢和躯体都显示出了初人以来人类一直就有的清晰特征。我们身上的人类性和动物性都比以往更强了。对那位原始的探险者来说，我们身上的动物性更容易让他留下印象，而人性特征则超越了其理解能力。他或许会首先认为我们是退化的人种。他会称我们为弗恩，也就是半人半羊的农牧神；在特殊情况下甚至会称我们为猿人、熊、牛、有袋类动物或大象。然而，我们总体上当然是传统意义上的人类。在重力已经并非难以克服的情况下，对聪明的陆地动物来说，直立两足行走仍是最有效的行动方式，因此经过长时间漫游，人类重新回归了原来的体型。另外，如果这位游客认真观察，对面部表情敏感的话，他会在我们无数的外观类型中识别出难以言状但又具有典型人类特征的面孔，即心灵内部优雅品质的明显表征，且偶尔在自己的人种中也能发现这种品质的存在。他或许会说："这些人既是兽，也是神。"他会联想到过去长着

① 暗流血液，英文为"the under-flowing blood"。——编者注

动物头形的埃及众神。但在我们身上，动物性与人类性在每个特征、身体曲线及多样性方面都是互通的。在我们身上，初人游客除了会观察到灭绝已久的蒙古人、黑人、北欧人和闪族人的痕迹之外，还有许多奇异的来自在海王星或金星上生活时期的亚人特征和表现。他会在我们的四肢上发现陌生的肌肉、肌腱或骨骼，这些都是人类在初人灭绝后很久才获得的。除了初人游客熟悉的眼睛颜色外，他还会发现黄玉色、绿宝石色、紫水晶色和红宝石色的眼睛，当然我们末人的眼睛还有许多其他的颜色。但如果他有敏锐的观察力，便会在我们所有人身上发现我们特有的面部表情和身体姿态，鲜明生动而又带着尖刻讽刺，这是之前人类从没有过的。

这个旅行者会在我们中发现明显的性别特征，包括一般的身体比例和特殊的器官。但他要花费较长的时间才会发现，身体和面部最明显的差异源于传统两性衍生出来的许多亚性别。对我们来说，全面的性体验涉及两个不同类型人之间的复杂关系。关于极其重要的性群体，我在后面还会讲述。

另外，游客还会注意到，尽管生活在海王星上的所有人除了携带布袋或帆布背包以外都习惯裸体，但他们在特殊场合仍然要穿上衣服。他们的衣服常常颜色鲜亮，或闪着各种各样的光泽，或者较朴素一些，这些面料都是之前的时代从未有过的。

初人探险者还会注意到许多建筑遍布在绿色的乡村，且大多是平房，因为即使对多达万亿的末人人口来说，海王星也能提供足够的空间。不过四处也有不少高层建筑，它们的俯视剖面呈十字形或星形。这些高层建筑高耸入云，为海王星一成不变的地貌增光不少。对游客来说，这些建筑中最宏伟的莫过于如同几何图形般的“山脉”建筑，它们比任何自然的山脉都高出许多，包括最小行星上的山脉。这些建筑是用非常坚硬的人造原子材料建成的。在很多情况下，整个建筑物是透明的或半透明的，在夜里被内部灯光照得通明。这些追星高塔从三十多公里见方的地基上拔地而起，顶部的大气层已经有些稀薄。大量天文学家在这些建筑物的顶层工作，他们肩负重任，因为只有通过他们的眼睛，我们人类才能在小小的“木筏”上凝视着对面的“海洋”。男男女女也曾聚集在那里注视着我们的星系和无数其他更遥远的星系。在那里，第十八代人类曾共同参与至高无上的象征性活动，在此我无法在你们的语言里找到恰当的形容词，只好用这个具有贬义的词——“宗教的”。在那里，末人在一个没有自然山脉的世界里追求山间的清新空气。在最高海角的山顶和悬崖上，他们中的许多人快意地满足了攀爬的原始欲望，这是在人类从原始变为文明前内心里固有的一种渴望。所以，这些建筑集天文台、寺院、疗养院和健身房于一身。有的建筑风格几乎与人类一样古老，有的建筑尚未完工，因此风格迥异。旅行者会发现许多不同的建筑风格，并饶有兴趣地分别称它们为哥特式、古典式、古埃及式、古秘鲁式、中国式、美国式，另有许许多多他不熟悉的建筑风格。每座建筑都是作为一个整体的人类在某个发展历程中的杰作。没有一座不是代表人类整体的成就。每一个文明都用一个或多个这样至高无上的不朽作品表达着自己的思想。每间隔大约四万年，人类就会创立某个新的建筑思想并得到推广。这就是我们文化的连续性，丝毫没有必要将过去的成果勾销。

如果我们的来访者恰好走进某个塔楼，他会发现周围被大群的矮小机器包围着，这就是末人使用的飞行器。它们无翼，但有可展开的飞行臂。陌生的来客会觉得奇怪：体型巨大的生物如何在海王星强大的重力场中升空。然而，飞行是我们行进的普遍方式。一个人只需要在不同地点穿上一套装备着辐射发生器的飞行服就可以飞行，普通的飞行就这样成了一种“空中游泳”。只有需要超高速飞行时，我们才会使用封闭的空中飞船和飞机。

在这些高大建筑物的周围是平坦或起伏的地面，地面呈绿色、褐色或金黄色，上面布满了房子。我们的游客会发现大片土地都用来耕种，他还会看到许多人用工具或机器在地里工作。我们的大部分食物都是在灼热的木星上通过人工光合作用生产的，即使现在太阳正在恢复正常状态，但如果没有强大的降温系统，生命还是难以在木星上生存。光就营养而言，如果没有植物我们也能生存，但农业和农产品在人类历史上起到了如此巨大的作用，以至今天的农业生产和蔬菜食品对人类心理健康依然大有裨益。所以，人们现在对植物的需求很旺盛，它们不仅被作为无数制造业的原料，更是餐桌上的美味。青菜、水果和多种酒精果汁已经与葡萄酒一样成了某些仪式上不可缺少的饮食。肉类虽不属于普通食谱，但也会在少数庄严的场合食用。在定期的宴会上，珍贵的野生动物也会摆上餐桌。当一个人选择死亡的时候，他的遗体总会被朋友们隆重地吃掉。

海王星与木星食品工厂、较温和的天王星极地农业种植基地、其他遥远寒冷星球自动矿站的交通联系都由太空飞船来完成。它们飞行的速度甚至比这些行星还快，到其他星球的航行时间只相当于在海王星上度过的小半年。这些飞船中最小的大约一千六百米长，像鸭子一样降落在海洋表面。在接触水面以前，由于发出的光热导致的向下压力，太空飞船会发出巨大的轰鸣声，但一旦平稳降落到水面，就会静静地驶进港口。

太空飞船对我们整个人类来说具有非同寻常的象征意义，它们体现了很高的组织化水平，同时与其进入的浩瀚太空相比又是如此渺小。由于飞行过程中飞船要在相当长的时间里穿越失联区，即不在“心灵感应”联系区域之内，甚至有时连无线电联络也无法实现，所以导航员阶层享有特殊的地位。他们是勇敢、朴实和谦虚的人。尽管从他们身上能感受到人类征服太空的自豪感，但他们也会不厌其烦地用严厉但诙谐的词语提醒新飞行员：即便是最大胆的航行，范围也不过是宇宙大海中的一滴水罢了。

最近，一艘探险船完成外太空探险航行任务返航时，一半的机组人员不幸牺牲。幸存者也非常憔悴，身染沉疴，还有些心理失常。对一个思想牢固建立在健全心智之上，丝毫不受外物扰动的人种来说，看到这些不幸的人逝去确实具有教育意义。在这个有史以来人类试图进行的最长距离的航行中，他们遇到了两颗彗星和一颗流星。他们发现靠近的一些星群形态发生了改变。和在地球上看到的相比，一两颗恒星的亮度有微弱的增强，太阳变小了，使船员意识到无论在地球上看太阳有多大，它也始终是宇宙中的一颗恒星，并且是最耀眼的恒星。群星无情地不断出现，似乎使航行者们发了狂。当船最终返回停靠时，出现了我们现代世界很少见到的一幕。船员猛然打开舱门，蹒跚地走出来，与欢迎的人群拥抱并放声大哭。世上万物可能永远都不会相信，我们能够从惯常的泰然自若一下子变得如此脆弱。随后，这些身心疲惫的可怜人由于宇宙中的恒星与自己认知中的恒星截然不同而表现出了恐惧，他们都失去了人类的理性。他们在夜晚不敢外出，并极其渴望有人陪伴他们，但由于所有人都对天文学感兴趣，所以他们无法找到真正的伙伴。他们狂暴地拒绝分享有关人类在飞船上欣赏美景的心理感受。他们只是悲哀地依恋个人生活的乐趣，所以对宏观事物心生厌恶。他们的内心充满了人类的自负，房间里堆满了玩具。夜晚他们会拉上窗帘大声狂欢。但他们的举动是郁郁寡欢和心神不宁的，真正的目的不是欢乐而是逃避现实。

2. 童年时代与成熟期

我说过我们都对天文学着迷，但并没有失去“人类”的兴趣。来自地球的来访者很快会发现，低矮平房是单人宿舍、家庭住所、性群体或朋友们群居的地方。这些建筑的屋顶和墙壁可以全部或部分地拆卸，以便享受日光浴和观察星空。每一套房子周围都是旷野或花园，或种植着茁壮生长的果树。随处可以看到男男女女用锄头、铁锹或修枝剪在工作。这些建筑风格迥异，进门后，来访者会发现房子的设计极其多样化。即使是同一套房子，各个房间的风格也不相同。例如，有的房间里摆满了来访者无法理解的物品；有的房间里只有一张桌子、几把椅子和一个橱柜，可能房间本身就是纯粹的艺术品。我们有种类齐全的制成品，但来自崇尚物质财富世界的客人或许会嫌我们的房子太简单甚至太朴素，其实这是大多数家庭住房的共同特色。

他还会惊讶地发现房间里根本看不到书籍。然而，在每个房间里都有一个橱柜，里面放满了存储图表和各类信息的缩微胶片。每卷胶片里存储的资料数量都远远超过书本。它们要配合一种便携式机器使用，该机器的尺寸与外形类似于从前的烟盒。当把胶片放入机器后，它就会以任何设定的速度旋转，并有条不紊地触动机器，轻柔地振动，从而生成一种复杂的“心灵感应”语言信号，并进入读者的心智。这种传递作者思想的手段如此微妙和直接，绝不会出现读者误读作者意图的情况。应该指出的是，这些胶片是用其他仪器设备制作的，这些设备对作者心智产生的振动非常敏感。这并不是说它复制了作者的意识流，它仅仅会记录作者有意“刻写”下来的意象和思想。我还要指出，由于我们可以在任何时刻通过直接的“心灵感应”与星球上的任何人进行联系，这些“书”不会用来记录只有短期意义的想法。每一卷胶片只保留经过反复推敲和精挑细选后的思想成果。

还有一些其他仪器也可以在我们的家里看到，它们的功能要么是做家务，要么是通过某种方式直接提供高雅的生活内容。在大门附近挂着许多飞行服，与房子连通的车库里还停着不同大小、色彩艳丽、鱼雷形状的私人飞行船。

房屋里的装饰，除了儿童房间，格调都很简约甚至朴素。我们很欣赏这种风格，而且花费了许多心血进行设计和施工。孩子们确实常常把他们的房间装扮得光彩夺目，大人们也能够通过孩子们的眼睛加以欣赏，甚至加入孩子们真挚快乐的嬉戏之中。

相对我们庞大的人口来说，儿童的数量所占比例很小。然而鉴于我们每个人都可以永生，你或许会奇怪，为何还要生养孩子。这主要有以下两个原因：首先，我们的政策是培育比我们更高级的新人种，因为我们还远没有达到完美生物的程度，所以仍需要持续地抚养孩子。其次，孩子成年后会接替天性尚不完美的成年人，而当成年人最终意识到自己无用的时候，便会选择死亡。

尽管每个人迟早会死，但人类的平均寿命不会短于二十五万地球年。因此，儿童数量的稀少也就不足为奇了。但生活并不会因此而贫乏，因为婴儿期和青春期都很漫长。胎儿在母体内要生长二十年。我们的先辈们曾经历过体外发育，但这项技术被我们这一代人类抛弃，因为母性意识的极大提升使这样的做法没有存在的必要。不管是在身体方面还是心理方面，孩子的母亲都在艰难的孕期表现出了最强有力的精神。孩子出生后，婴儿期要持续大约一个世纪。在这段时间里，孩子需要慢慢地打下良好的身体和心智基础，幸运的是，这个过程进展非常稳妥，从未发生过意外，这要归功于母亲对孩子的细心呵护。此后，孩子还要经历几个世纪的儿童期和一千年的青春期。

当然，我们的孩子与初人的孩子非常不同。尽管在身体许多方面仍很稚嫩，但他们毕竟已是社会中独立的个体。每个孩子要么有自己的房子，要么在大楼里跟朋友同居。在每个教育中心附近都可以看到数千套这样的房子。有些孩子喜欢与自己的父母住在一起，或与其中一人同住，但这种情况很少。尽管父母与孩子之间常常进行一些友好的交流，但两代人各自独立生活会更好些。在我们这代人类中，这是不可避免的，因为成年人经验阅历极其丰富，哪怕孩子的天资再聪颖，一个人的探索也远远及不上父母的传授。另一方面，对我们来说，每个孩子的心灵都具有某种超越一切成年人的潜力。结果，一方面孩子无法理解长辈最优秀的地方；另一方面成年人尽管能洞察那些不如其优秀的心灵，但注定会对后代思想中新颖的事物缺乏理解。

在身体的某些方面，出生后六七百年的末人孩子只相当于十岁的初人孩子。但是由于末人的大脑要发达得多，所以论起心智复杂性，末人孩子已经远超绝大部分初人中的成年人。而且尽管从气质上说，他在很多方面仍是个孩子，但在智力的某些方面已经超越了历代人种里最优秀成年人的文化水平。来访者在与我们最聪明的一个孩子会晤后，有时会联想起“神圣男孩”传奇中的博学与淳朴。但同时，末人孩子又会表现出好动、喧哗、顽皮的特点，而且完全不能走出自身孩子气的视角平静超然地看待生活。一般来说，末人的孩子在尚未获得成年人的冷静意志之前，便已经在智力上超过了初人。但当孩子的个人需求与社会需求之间产生冲突时，他往往会让自己的利益服从于社会的整体进程，但他这样做时却怀着不悦和遗憾，这在成年人看来不免做作可笑。

当我们的孩子从身体发育上进入青春期时，那几乎已经是其出生后的一千年。他们要远离儿时安定的生活，去位于南极的“青年乐园”度过另一个一千年。这多少让人想起了第五代人类的“荒野大陆”。“青年乐园”是一片原始的灌木草原保护区，有大量的亚人食草动物和食肉动物。火山喷发、飓风和冰川季对富于冒险精神的年轻人来说吸引力极强，所以死亡率也很高。在这片土地上，我们的年轻人过着半原始半现代的生活，这也正适合他们的天性。他们打猎、钓鱼、饲养牲畜和耕地，陶冶人类个性中淳朴的高尚情操。他们既有爱也有恨。他们唱歌、绘画和雕刻。他们创造着英雄般的神话，并从与其他宇宙人进行直接交往的梦幻中得到快乐。他们会组建部落和国家，有时甚至会沉溺原始的血腥战争。从前当这一幕发生时，成年人会进行干预，但后来我们学会了顺从他们炽热的内心。丧失生命固然令人惋惜，但能通过专为年轻人策划的“战争”，让他们体验到原始的痛苦和激情，付出些许代价也是值得的。他们成年后再次体验这些感情时，那时通过哲学的透镜，便能感受到全新的意义。在“青年乐园”里，我们的青年男女体验着所有宝贵的东西以及原始阶段的悲惨事物。几个世纪过去了，他们亲身经历了所有的艰辛、狭隘的卑劣行为，还经历了盲目的残忍和冒险，但他们也体验到了魅力——热烈、奔放的荣耀。他们在思想和行动上也犯了一些人类都在犯的小过错，但最终他们为进入更宽广、更艰难的成年世界做好了充分准备。

我们总是在期盼着，当人类达到尽善尽美的程度，我们就不必再考虑世代相继的问题，再也没必要养育孩子，再也没必要考虑他们的教育问题了。人们期待着一个只有成年人组成的社会，期待着人类不光可能获得永生，同时可以使成熟之花永远保持鲜艳。这样死亡就永远不会剪断个体生命这条串绳，让那些来之不易的珍珠散落，免得要用新的串绳艰苦地将珍珠再次串起。人们在探索过去的过程中仍然可以尽情地欣赏童年时期的许多非常令人愉快的美好事物。

现在我们知道这一目标再也无法实现了，因为人类的末日即将来临。

3. 彻底的觉醒

谈论儿童的事情相对容易，但是成人经历中的重大事件，我该如何告诉你们呢？与我们的文明相比，无论初人世界还是之前最发达的人类社会，都显得非常幼稚。

我们与其他人类最大的区别源于性群体，它绝非仅仅是群交这么简单。

我们这代人类的设计者的目标是培育一个心智水平超越自己的物种。唯一可能实现这一目标的方法是极大地提升人类脑组织的层次。但是，他们知道一个人的大脑无法稳定地超过某个重量极限。所以，他们试图在一个由专门特化的大脑组成的系统中创建新的心理秩序，并设法通过空中辐射的方式实现群体“心灵感应”。在某些情况下，这些重要的大脑要担当辐射系统中的节点，而这个系统自身应该能够构成个体意识存在的基础。在此之前，许多个体之间的心灵感应已经实现了，但仍没有在超级个体或群体心理之间建立这类交流方式。众所周知，这种个体大脑间组成的联合精神只在火星上建立过。另外我们也知道，火星人的种族思想意识非常不幸地未能超越火星人的个体思想意识。凭借才智和幸运，设计者们偶然发现了一个可以避免火星人当初失败的方法。他们设计了一个小规模的性群体作为超级个体的基础。

当然，性群体内部的心灵联合并非性行为的直接结果。当然，性行为确实是发生的。在这方面，组与组之间的差异很大，但在大多数小组里，所有的男性成员与所有的女性成员都发生过性关系。于是，“性”在本质上就成为社会性的。这种结合的类型实在太多，所承载经验的范围和强度都超出了我的描绘能力。除了这种个体之间感情的增进以外，组内性活动的重要性在于它将个体带入亲密关系、性情相投与互补之中，没有这些就无法形成更高级别的体验。

所有个体不会永久被限定在同一个小组里。一个小组里的九十六个成员组成可能会逐渐变化，但超个体的心智始终如一，新成员有时会给小组带来新的记忆。一个人加入小组一万年之后，便很少会选择离开。在某些小组里，成员们一起生活；有的小组，成员分别居住。有时组内的两人甚至会形成一夫一妻的关系，共同生活几千年甚至一生。确实有人声称终生一夫一妻制是理想的状态，它带来的亲密感是如此深厚和甜蜜。但是即使对维持一夫一妻关系的双方而言，每方也必须定期通过与小组其他成员发生性关系来恢复自己的精神。这不仅是为了夫妻双方的精神健康，还为了整个小组的群体心智保持旺盛的活力。无论小组内部的性习惯如何，每个成员都对整个小组怀有一种特殊的忠诚感，这是一种通过性方式得以强化的特殊团队精神，对前代人类来说是不曾有过的。

偶尔会发生一种特殊形式的集体性行为，即集体心智真正出现时，某个小组的全体成员与另一个小组的全体成员会发生性关系。小组以外的偶然性行为不是很普遍，但也没有被禁止。当这样的行为发生时，它会被视为一种至高无上的精神亲密的象征行为。

与身体间的性关系不同，小组成员的心理联合每次出现时，只要持续便会涉及小组的所有成员。每当小组进行集体体验时，个体会继续从事普通的日常工作和娱乐，除非群体心智要求其进行某项特别的活动。但是，他作为独立个体所做的所有事情完全是在心不在焉的状态下完成的。在他熟悉的情形中，他会做出正确的反应，甚至还可以做他熟悉的脑力工作，或者与熟人进行富有思想性的谈话。然而，他其实始终“在远处”，精力集中在集体心智中。除了突发和陌生的危机以外，任何事物都无法将其召唤回来，而且召唤过程常常会使小组体验终止。

从根本上说，小组中的每个成员都是高度发达的、具有人性的动物。他喜欢吃自己的食物。无论在小组内部或外部，他对性诱惑都有敏锐的观察力。他有个人的气质和弱点，也喜欢嘲笑别人和自己的弱点。

他或许与某些人一样厌恶孩子；或许与某些人一样，只要孩子喜欢，便会热情满满地跟他们逗乐。他或许会奋力争取“青年乐园”度假的许可。如果他失败了（成功率是很低的），会与一个朋友去散步、划船、游泳，或进行剧烈运动。他或许在花园里闲逛，探访从前最喜欢的地方，以此振作精神（而非身体），娱乐占据了他大部分的生活时间。由于这个原因，在适当的时候，他会非常开心地回去上班，无论其职责是维护世界的某个重要组织，或从事教育工作，或进行科学研究，或与他人共同探索艺术，当然更可能是我此处无法详述其性质的众多事业。

作为人类个体，他或她从某种程度上说与第五代人类属于同一类型：同样体态优美，直觉强大，同样具备强大的感知能力和智力。如同第五代人类一样，第十八代人类是有个体需求的，也会衷心去争取；但也同样会欣然将个体需求绝对地服从于人类整体。个体间只会发生一类冲突，不是因为意志的不可调和，而是出于误解，出于对论题知识的了解不完全；这种冲突总是能够通过耐心的心灵感应来加以阐明解决。

不仅人类个体天性所必需的脑组织得到完善，每个性群体成员自己的大脑里还都有一个特殊的器官，本身并无功用，但可以通过“心灵感应”的方式与小组内其他成员的特殊器官合为一个电磁系统，它是群体心智的基础。在每个性群体里，每个成员的这一器官的形式和功能都不相同，且只有全部九十六个成员同时启动时，该小组才能进入统一的心理联合状态。这些器官不仅能使每个成员分享所有其他成员的经历，因为对辐射的敏感已经使之成为可能，而且还是所有末人脑组织的共同特征。特殊器官协调活动的意义是，它可以产生真正的群体心智，其带来的体验远超个体独自体验的范围。

如果成员的气质和能力间没有适当的区别，那么群体心智就不会发生。我只能通过类比的方式来做一个示意性的描述。在初人中有许多不同的气质类型，当时人类的心理学家还没有对其基本特征进行全面的分析。我在这里只提几个类型：沉思型、活跃型、温和型、敏感型。当然，这个划分不免有些浅薄。现在，性群体成员的气质差别还要更大，类型也更多。这种差别被用来充实小组的整体，这对初人来说是无法做到的，即使他们能够将“心灵感应”交流和用电磁方式联系在一起，他们也没有能进行长距离交流的大脑。

在日常生活中，我们每个人都是心态不同的个体，相互之间的一般交流可以通过“心灵感应”的方式进行。但个体常常会发觉他是群体心智的一员。脱离开这种所谓的“个体共同意识”，群体心智将不复存在，因为它的存在是以诸多个体之间的相互理解为基础的。当这种共有意识出现时，每个个体将会感觉到所有成员身体的存在，并将其作为“自己的多元身体”，同时通过所有这些身体去感知世界。这种共同意识会同时出现在所有个体身上。但是除了感觉域的单纯扩大，还有一种全新的体验觉醒了。关于它，我只能告诉你一点：它与层次较低的心理状态有着绝对的差别，其程度远超儿童与成人之间的差距。另外，我们还确信，通过这种全新的体验会发现司空见惯的人与物具有许多之前不知道、不理解的特征。因此在我们的群体模式下，大多（而非全部）长期困扰人类的哲学难题，特别是与个人天性有关的难题，都得到了全新的、清晰透彻的理解，再也不会让人烦心了。

在这种高级的心态层面上，性群体及其成员都是作为“超个体”在进行交往。这样，他们组成了拥有共同思想的群体。如同人与人之间有差异一样，组与组的个性、经验也都不同。这些小组自身不会被分派不同的工作，比如有的小组全部从事工业活动，另一个全部从事天文活动，等等。工作分派只在个体层面存在。每个小组都有来自不同行业的人。小组自身的职能不过是保持特殊的洞察方式和审美态度。当然，相关的个人工作始终被控制，不管是小组活动，还是有限的个人活动。虽然他们作为个人不能长期保持对高深事物的深刻理解，这是他们最近才获得的能力，但他们确实能够牢记很多不超出其个体心理范畴的事物，特别是集体体验对个体行为的影响。

不久前，我们又获得了一种更加深刻的体验，部分是因为幸运，部分是通过深入的群体心理研究。在此之前，人类的个体心智可以集合在一个组中，在组的范围内发挥特殊的功能；现在则扩展到了整个种族。这种至高的体验很少成功，而且具有危险性。在这种情况下，个体会超越小组体验，成为整个人类思想意识的代表。当然，他要时刻与星球上任何地方的其他个体做“心灵感应”交流。而且一个人向全世界说话时，往往整个人类都要“收听”。但在真正的人类体验中，情况则不同。通达整个星球、涉及人类万亿人心灵的辐射系统成了人类自我的物质基础。每个人会发现，自己的思想体现在人类所有成员身上。通过直接得到的感受，末人个体就能体验到所有的身体接触，包括所有恋人间的互相拥抱。通过所有男男女女的无数双脚，他就一下子把整个世界拥抱在自己的怀里。他用所有其他人的眼睛观察事物，用一个人的视角去观察所有人视野中的景色。这样他就可以立刻将整个海王星视为一个连续的、多姿多彩的球体，将它表面的事物全部领会。但还不仅如此，与群体心理高于个体思想相反，末人个体现在置自己的思维于群体心智之上。他看待其他人的心灵就如同一个人看待自己重要的器官一样，内心融合着多种心态：蔑视、同情、崇敬和平静。他观察着这些心灵，如同一个人在研究自己大脑里的活细胞；但也或许如一个人在毫无兴趣地观察蚁丘；或许像被同胞们奇异、多样的行为方式迷住；或许如一个人从战场的上方观察自己和战友们绝望地挣扎奋战；但主要怀有一种艺术家的心态，除了眼中所见与所见之物，大脑一片空白。在全人类心智模式下，末人个体会用宏观的态度去理解所有的事物。通过所有人的眼睛和所有的天文台，他注视着在太空中运行的星球，凝视着遥远的太空。可以说通过这种方式，他将水手、船长、司炉和瞭望员的视野融汇在一起。他从海王星的两个边缘同时注视太阳系，就如同用双目视觉立体地观察太阳和各大行星。进一步说，人类个体感知到的“现在”包括了一个久远的时代，而不仅是一个时刻。这样，他沿着海王星宽广的轨道，在每个连续的点去观察银河，观察最近的恒星向不同方向移动，全方位地了解星群。不仅如此，凭借我们强大的最新观测仪器，整个银河将以立体画面呈现在面前。但是，巨大的星云和遥远的宇宙在平展的天空依然仅是一个小小的点。在沉思它的辽远时，即使是站在人类进化顶端的我们也不禁会认识到自己的渺小无能。

但是，全人类心智主要思考一些超越群体、更超越个体的哲学问题，比如时间与空间、心灵及其对象、宇宙的演化、宇宙的完善，要洞悉它们的真正本质。现在我们有必要做一点说明，思考后的主体内容是无法传递的。的确，这样的洞察力超越了人类个体的能力，甚至超越了群体的心智。当我们从全人类心智中走出时，也并不能清晰地记得之前经历了什么。

关于全人类心智模式中的体验，我们对一件事情的回忆特别不解，这个回忆与看似不可能的事物有关。在全人类心智模式下，我们的体验不仅在空间上，而且在时间上以一种非常奇异的方式被放大。当然，心灵对时间的感知之间存在一个二分：一个是现实中的“现在”；一个是能够在这个“现在”中分辨出的事件序列，事件之间的间隔都非常微小。作为个体，我们可以在一个“现在”之内占有相当于地球上的一天，而且在此期间可以随意辨别出剧烈的波动，例如我们通常共同听到的一个高音调的乐音。在全人类心智中，我们将最年长的在世个体从出生至今的整个阶段都视为“现在”，而人类的整个过去则作为个人的记忆出现，一直追溯至人类种族朦胧的幼年。然而只要我们愿意，就可以在“现在”之中分辨出两个不同的振动。人类对时间的感知仅仅提高了幅度和精度，而不会产生矛盾。但是现在我们要问自己：全人类心智到底是如何将根本不存在的漫长岁月体验为“现在”的呢？我们首次进行的全人类心智体验仅仅持续了海王星的卫星绕其旋转一周的时间。在此以前，全人类心智根本不存在。然而在它开始存在的第一个月里，它便将人类之前走过的全部历程都视为“现在”了。

实际上作为个体，我们对全人类心智模式下体验的回忆是很难理解的，我们只能说它极其精微美妙。同时，我们对其有一种难以言喻的恐怖印象。在我们熟悉的个体生活里，我们能够平静而喜悦地看待一切可能发生的悲剧。而现在也能够模糊地意识到，在全人类心智下，我们正在窥测一个邪恶的深渊。我们现在还不能想象它，甚至无法忍受对它的想象。然而我们也知道并已接受，这个地狱是空旷宇宙的有机组成部分。我们既模糊地记得又奇怪地相信：人类的漫长历程与个人的琐碎愿望一样，从某种远比人类事业更伟大的视角看来，都是一个普通的部分；而且，人类最终的毁灭也是这种至高完美的一部分，正如人类曾经的胜利一样。

这些词语多么苍白！与全人类心智下看到的美相比，这些词语多么不相称。每一个人，无论来自哪一代，都会偶然看到事物的某个部分或方面，而它们其实都是由平常看不到的美转化而成的。即使是初人，也在欣赏悲剧时有过这样的体验。第二代人类，还有第五代人类，也都刻意地寻求这种体验。有翼的第七代人类在天空飞行的时候偶尔会有这种感觉，但他们的思想有局限，所能欣赏的只是自己的微观世界和悲剧历史。我们末人对个人和人类的生活都表现出了热情，无论过得好还是坏。我们始终有这种体验，而且我们也体验对那些弱小心灵来说无法理解的事物。另外，我们还可以用智慧去体验事物。我们深知同时赞美善与恶是多么怪异的行为，于是认清了这种体验的扭曲性。即便是我们，在个人状态下也不能协调对人类奋斗精神的忠诚与自身的冷漠。因此，如果我们真的仅仅代表个体，那么每个人都会保留一颗倾向冲突的心。但在全人类心智中，我们每个人都体验到了充满智慧和感情的伟大诠释。回到个体状态时，我们永远没有机会重新看到那遥远的过去，但是对它模糊的回忆往往征服了我们的内心，支配着我们对未来的规划。在初人之中，艺术家在创造性的洞察力逝去、回到为稻粱谋的生活中之后，或许会在短暂的彻悟时间里将体会到的事情具体地描绘出来。他只记得，但无法再次看到所见到的事物。他会尽力重塑能够折射出逝去壮观景象的事物。作为个人，我们快乐地亲身体验着人际关系和所有人类文化中令人心旷神怡的活动，在无数个人事业中，我们会相互配合或交换意见，在维持社会物质生活的工作中去履行职责，我们看到的事物似乎被来自某个光源的光照亮，但这个光源本身却鲜为人知。

我已经给你们讲述了我们最显著的特征。你或许能想象到，频繁出现的群体心智状态，以及比较少见的全人类心智状态对每个人的心灵和整个社会秩序产生了何等深远的影响。我们的社会是被全人类的统一目标所支配的，可谓前所未有。在某种意义上，这就是一种宗教。但这并不是说，个人发展一定会受到人类目标的阻挠。完全不是这样，因为种族目标实现的首要条件就是众多的个人成就，不管是身体还是心理上的。但在男男女女的心里，种族目标占有绝对的统治地位，所以人们对制定所有社会政策的动机是没有任何疑义的。

我不想在这里详细地描述我们的社会。在这个社会里，我们有上万亿名公民，他们分布在一千多个民族中，过着幸福和谐的生活，根本不需要军队甚至警察。我也不必介绍广受支持的社会组织，它为每个公民分派了独一无二的职能，根据社会需要控制各类新公民的诞生，同时维持源源不断的创造力。我们没有政府，也没有法律，如果这里的法律指的是靠武力支持的陈规旧习，而且必须通过一套笨拙的机制才能实施的话。尽管在这个意义上，我们生活在无政府社会里，但我们的社会却有一套复杂的惯例体系维系，其中有的非常古老，已形成自然的禁忌，而不是刻意养成的习惯。我们中有些人相当于你们的律师和政客，职责是研究这些习俗并提出改进意见。建议不会提交给某个代表机构，而是所有的世界公民通过“心灵感应”进行协商。从某种意义上说，我们的社会是所有社会中最民主的。但从另一个意义上说，它又是极其官僚的，因为距离组织者协会上次提交的建议遭到驳回或严厉批评已经过去了上百万个地球年，这些社会工程师研究起资料真是一丝不苟啊！现在只有一种冲突可能发生，一方是作为个体的全体人类，一方是作为群体心智或全人类心智的全体人类。尽管人类在这些方面曾经发生过严重的冲突，冲突给体验过群体心智或全人类心智的人带来了极大伤害，但现在这样的冲突非常罕见，因为即使仅仅作为个体，我们也正在学会越来越依赖超个体体验的判断和指引。

现在我要讨论全书最困难的一个部分了。我必须以某种方式非常简洁地向你们介绍那个将决定我们人类目标的生存观。正是因为这种观念，我们的目标才具有了宗教性。这种观念深入我们内心，首先是由于个人在科研和哲学思想中的工作，其次是由于群体和全人类体验的影响。可想而知，对那些没有我们这些优势的人来说，很难用任何他们可以理解的方式去描述这个我们当代的观念。这个观念太丰富，或许会让你想起“神秘主义”。然而不管是内容上还是方式上，两者之间的差别远大于相似。神秘主义者相信宇宙是完满的，而我们只认为宇宙是至美的。他们的结论没有通过思想的考察，而我们前进每一步都在思考。所以，即使赞同神秘主义者的结论，我们在方法上还是比他们更理性，因为理性的人最厌恶用惬意的幻想自欺欺人。

4. 宇宙观

我们发现自己生活在一个巨大、无界而又有限、由时空事件组成的秩序中。我们每个人作为全人类心智中的一员，已经知晓还有其他如此的秩序和其他性质不同的事件环境，它们在另一永恒的存在模式与我们相关联，只是并非在时间或空间的意义上。对那些陌生环境中的事物，我们几乎什么都不了解，只知道对我们来说它们是高深莫测的，哪怕在我们的全人类心智状态下。

在我们所在的时空环境中，我们注意到了所谓的“起源”和“末日”。在“起源”阶段，我们不清楚如何出现了到处弥漫的、难以想象的稀薄气体，它们是已知的时间跨度内所有物质和精神事物的起源物质。它朦胧地聚成一团，却又有着精确的数目。从气体中间分出了无数小群体，最终形成星云，每个星云各自又凝结成一个个星系。每个星体都有自己的起点和终点，而且在这两者之间，只有极少数时刻能够支持生命存在。但是，宇宙终会走向共同的“末日”，一切星系的残骸会飘到一起，形成一个荒芜的、看似一成不变的灰烬，周围是混沌的能量。

只是由于对某些事件的无知，所以我们才将“起源”和“末日”视为宇宙的终极。我们知道（而且通过全人类心智，我们已经清楚地懂得）：空间和时间都是没有边界的，但又是有限的。在某种意义上，时间是周期轮回的。“末日”之后，在一段比从“起源”到“末日”之间还要长得多的时间里，不可知晓的事件依然会发生，最终宇宙里会再次发生“起源”。

然而，尽管时间有轮回，但不会重复，时间不可能在任何其他时候重复自己。时间只是一个过往事件连续性的抽象特征，而且任何一个连续的周期都是由其中发生的事件总和构成的，所以没有任何重复性的事物是永恒的。同样，事件的连续性也有轮回，但不是重复的。在我们所谓的“起源”中形成的弥漫气体相似于我们之后很久乃至宇宙的“末日”之后很久形成的弥漫气体，过去的“起源”也等同于未来的“起源”。

从“起源”到“末日”，这只是时间巨轮两根相邻辐条之间的跨度。还有一个更大的跨度，它从“末日”开始，然后转回到“起源”。我们不了解这期间到底发生了什么，只知道必定有事件发生。

在时间这个循环中，到处都有无数事件发生。在一个连续不断的运动中，事件出现，然后消失，由后续的事件接替。然而，它们中的每一个都是永恒的。尽管消逝是事件的重要特征，而且没有消逝，它们就不会存在，但它们都是永恒的。当然它们的消逝并非错觉，它们是永恒的，却建立在“消逝”的基础之上。在全人类的心智模式里，我们清楚地看到事物就是如此，但在个人心智中这总是难解之谜。然而即使在个体心智中，我们也必须接受这个晦涩辩证法的两面，就如同虚构的故事需要我们用亲身的体验加以验证一样。

“起源”大约发生在“末日”的一百万亿地球年之前，在“末日”后还要延续至少九倍长的时间。在这短短一百万亿年里，能够出现生命的时间更是短暂，而且能够出现生命的世界也很少。生命相继出现、成长并死亡，在生命的短暂夏季里接连开花，在这个季节之前和之后，甚至到起源和末日，甚至到起源之前和末日之后，沉睡，完全的寂灭。在恒星出现以前，在恒星沉寂以后，生命都不存在；即使在生命能够存在的时候，它也是极其稀少的。

迄今为止，银河系里有大约两万个存在生命的星系。这些生命中，有几十个曾经达到或超过了初人的水平；但人类已经远远把其他生命甩在后面。今天，只有人类幸存。

与银河系同等级的星系数以百万计，例如仙女星系。我们有理由推测，在某个环境适宜的星系中，有的生命可能已经获得了远超过我们的洞察力和其他能力。我们所能确知的是，有四个星系有高级文明。

在我们的智能生命探测仪范围内，没有发现其他星系中产生过超越人类的生命。但有的星系距离我们太遥远了，所以无法判断。

你或许想知道，我们是如何开始探测这些遥远的生命和智慧的。我只能说，智能的存在会微弱地影响天文现象，我们的仪器即使在遥远的距离以外也对这些效应很敏感。如果只是纯粹的生物，产生的天文效应就很微弱；而心智发育带来的效应就大得多了。很久以前，月球之所以脱离原有轨道，正是由于第五代人类的社会心理进化。在我们的情形中，人口如此众多，心智活动如此发达，只有不断消耗物理能量才能让太阳系免于紊乱。

我们还有其他方法探测太空中远方的智能。当然，我们可以进入任何时段的人的思维中，只要我们能够用自己的心智去了解他们，我们也尝试过使用这种能力去发现遥远的智能星球。但通常来说，他们与我们的心智存在质的差别，以至我们甚至无法探测到他们的存在。同样，我们对其他星系智能生物的了解几乎全部来自他们身体的效应。

我们不能说，除了少数被称为行星的天体以外，其他地方不会有生命的存在。因为我们有证据证明一些较年轻的恒星上有生命，甚至有智慧。我们不知道他们是如何在如此炽热的环境中生存的，也不知道是恒星本身就是一个生物，还是恒星由众多火焰一般的人或动物组成。据我们所知，壮年期的恒星上都没有生命，因此这些年轻恒星上的生命很可能迟早要毁灭。

此外，我们还知道一些古老的、冷却的恒星上存在智能生物，但这种情况很少。我们不清楚他们将来会怎样。或许宇宙的希望就取决于这些智能生物而不是人类。但是，现在他们还仍都处于原始状态。

在当今的银河系里，论及视野宽广与思维创造，人类可谓一骑绝尘。

因此，我们认识到了自己的重要性，尤其是在形而上学领域。但是，我在这里只能用隐喻的手法，为我们的形而上学勾勒出一幅漫画。

在“起源”阶段，物质力量很强大，但没有具体的形态。心灵作为众多独立、原始的存在处于沉睡状态。之后生物经历了漫长的、不断变化的、向复杂与协调进化的过程，心智也是如此，它被唤醒，形成了统一体，并具有了知识，感受到了快乐，有了自我表达的能力。所有生命的目标就是领悟并赞美宇宙，巅峰就是发现深刻的美。据我们了解，至少在银河系的任何地方和时刻，我们都走在进化的最前面。而对我们来说，已经取得的进展虽然微不足道，却是一个好的开端。我们这个时代的人类已经获得了深刻的洞察力、广博的知识、强大的创造力和真诚的敬畏心。我们已经开始了更深奥的研究，对生物本性的研究已经脱离了表面，发现了美妙而又恐怖的一面。我们已经创建了一个庞大的社会，而且已经觉醒形成了全社会的统摄心智。我们已经规划了一个长远、艰巨的未来，在“末日”前的某个时刻要完全实现精神理想的追求，这便是我们的巅峰，哪怕此时劫难已经近在咫尺。

当我们充分发挥了自己的官能，毁灭的命运便不会让我们忧心。我们知道，尽管美丽的社会必定要消亡，但它的存在不会被摧毁。我们至少已经在这个永恒世界的一个区域雕刻了高贵美丽的图案。保持着微妙关系的形形色色最可爱的男女们组成了庞大的群体，他们为了一个共同目的在奋斗着，那便是人类终极的目标。这些男女组成了伟大星球上的社会与超个人的群体，他们身上已经出现了更深刻的洞察力和更强大的创造精神。这些是攀登更高目标所需要的，而且都是真正的成就。但即使如此，从更加宏观的视角看，它们也都是微不足道的。

然而，尽管我们根本不会为自己的最终灭亡而感到沮丧，却也不得不思考在遥远的未来是否会有其他的心灵去实现宇宙的理想，或者我们自己便是生命发展的顶峰。不幸的是，尽管我们能探索过去的智能心灵，但是我们无法进入未来。即便徒然，我们还是会问：是否会有心灵将其他所有心灵汇聚一身，从星辰中汲取美的精华，理解一切，去公正地赞美一切?

如果在遥远的未来，这一目标得以实现，它便已经在当下实现了，因为无论何时被实现，它的存在都是永恒的。但从另一方面说，如果它真的在永恒中实现了，那也必定是与现有成就截然不同、又无限超越了我们的心智的成就。在自然宇宙中，它必定属于遥远的未来。

但是如果没有任何未来的心灵在人类毁灭前实现这个目标，那么宇宙依然是美的，但它并不完满。

我说过我们认为宇宙是美的，但它同样令人生畏。我们可以用一颗平常心去看待我们个人的终结，甚至是我们所赞美的人类社会的终结，因为我们最欣赏的事物是宇宙的完美。但是，有无数的心灵永远不能欣赏那美景。他们已经遭受了巨大的痛苦，最终却无法得到安慰。首先，各个时期都有无数的低等生物分布在各个有生命的天体上。他们只是生活在梦里，而痛苦又不是那样尖锐。但无论如何，我们要同情他们，因为他们失去了更锥心的体验，而心灵只有在这种体验中才能找到归宿。此外，无数星系中，无数天体上都存在智能生物，不管是不是人形生物。他们艰难地认识着世界，拼命地探索着未知世界，品味着短暂的甘甜，并在痛苦与死亡的阴影下生活，直到最后不幸的命运使生命之光熄灭。太阳系里有火星人，他们疯狂、悲哀、执迷；金星人被困在海洋里，遭到人类屠杀；末人之前的人类同样痛苦。无疑，每个时期都有部分个人过着幸福的生活，某些受眷顾的物种中甚至大部分都能过上这样的日子。还有一些人甚至对至高无上的美都略知一二，但对大多数人来说，直到我们的时代，人类才摆脱失败并取得成功。如果这些智能生物真实的悲伤没有超越快乐，那真是不幸中之万幸，因为他们对人类的终极目标完全不了解，自然也不会像人类一样为这一目标所困。

在我们之前，第十六代人类被这巨大的恐慌所困扰，发起了一个旨在拯救不幸的过去，看上去颇为荒谬的改革运动。现在我们清晰地了解到，他们雄心勃勃的计划尽管希望渺茫，但并非异想天开。因为如果这个伟大理想得以实现，哪怕持续时间很短，觉醒的“万有之灵”也会将宽广时域内的全部心灵容纳其中。于是他们中的每个人，包括最无足轻重的人，都会唤醒“万有之灵”，发现自己成了它的一分子，理解了一切，欣悦于一切。尽管过后由于不可避免的恒星衰变，荣耀的美景终将消逝，或突然毁灭，或慢慢消散，然而被唤醒的“万有之灵”会有永恒的生命，而且每个逝去的灵魂中都会蕴含着至高无上的美，尽管他在生前并不知晓。

结果或许就是这样。如果不是这样，永远逝去的心灵仅仅是失去了生命，却没有美。

我们不知道哪种可能性最终会成为现实。作为个体，我们真诚地希望万事万物的永存会包括这终极的觉醒。我们的宗教生活，我们的社会政策正是以此为目标，这个目标遥远但始终存在。

在全人类心智模式中，我们也曾渴望着实现这一目标，但有一定的差异。

即使作为个体，由于对命运的敬畏已被我们视为心灵的最高成就，我们的欲望也变得不那么强烈。即使作为个体，无论我们的计划最终成功还是失败，面对身边的事物我们仍然总是感到欢欣鼓舞。失败的先驱、被抛弃打击的恋人能够在不幸中获得至高无上的体验，即平心静气的喜悦，这实际上是对“现实”的尊重，又根本不会改变“现实”。即使作为个体，我们也能视人类即将发生的灭亡为高贵而悲惨的事物。我们深刻地意识到，人类精神已经将坚不可摧的美深深刻在宇宙之中，而且人类的事业必然要走到终点，我们将用发自内心的欢笑和平静去迎接这突如其来的终结。

但是还有一种思想认为：在我们的个体状态下，我们仍然是沮丧的，因为宇宙计划本身会失败；“现实”可能永远发挥不出全部的潜力；在任何一个时刻，众多相互冲突的事物都不能构成统一和谐的有机体；心灵永恒的本质与我们想象的不一样，处于悲哀的昏睡状态；我们所在的时空界中不可摧毁的美注定是不完满的，因此也不值得过分崇拜。

但是在全人类心智状态中，这一根本的恐惧是不存在的。在那些很少的情况下，当整个人类都处于觉醒状态时，我们甚至开始怀着恭敬的态度去看待宇宙可能遭遇的毁灭。因为在这种心态下，我们用某种方式真诚地希望宇宙理想得到实现，然而作为个体，理想对我们的支配力并没有超过私欲。尽管全人类的统一心智期待着这至高无上的成就，然而就在同时，它又超然于这个成就，超然于一切欲望和情感。在全人类的统一心智下，我们只能赞美现实、喜悦地接受其从黑夜到光明的转化所带来的狂喜。

所以作为个体，我们试图将所有的宇宙探险视为一首正在演奏的交响乐，它未来或许会或许不会自然地奏毕。然而像音乐一样，恒星的兴衰不能仅从它最后的表现来评判，而要看它在整个过程中的完满程度，而这是我们不得而知的。真正的音乐是主旋律交织在一起的表现模式，它会渐进，然后结束。另外，这些主旋律由许多更简单的部分编织而成，后者又是由和弦与音调构成。但是，天体音乐具有几乎无限精巧的复杂结构，主旋律在一个繁复的层级体系里相互交错。只有神，只有与这音乐本身一样敏锐的头脑才能充分聆听它，欣赏它，一下子领会到它环环相扣的独特性。任何人类心灵都不能武断地说，“这就是音乐的全部”，或者“这只是噪声，偶尔出现有意义的音符罢了”。

这些天体音乐不仅在丰富程度上与其他音乐有异，媒介的性质也全然不同。它不仅仅是由声音，更是由灵魂组成的音乐。每个旋律、每个和弦、每个音调、每个颤音，不仅是音乐中的一个被动要素。它们既是聆听者，也是创作者。每当音乐形式表现出个性时，肯定会出现有个性的创造者和欣赏者。音乐形式越复杂，他们的心灵就越敏锐和主动。在音乐内部的每一个要素中，我们体验到的都是它所包含的氛围，可能模糊，也可能清晰，可能大谬不然，也可能接近事实。我们可能喜好，也可能厌恶；而这好恶可能是对的，也可能是错的。另外，体验的过程中，各个要素也会受到影响。就如同在真正的乐曲中，每个旋律都可以说决定着它之前的旋律、之后的旋律和当下的伴奏。在这首更加宏大的乐曲中，每个个体因素自身都决定着它的环境，也决定着前后发生的事件。

但这些互相交错、互为因果的事物究竟是偶然的，还是如乐曲中受到整体美感的支配，我们不得而知。我们也不知道，如果不是偶然的，那么所有美的事物是否是某个心灵的杰作；更不知道某个心灵能否真正去欣赏整体的美。

但是我们知道：当我们的精神处于最清醒状态时，我们便会赞美“现实”揭示给我们的一切，并用喜悦的心态去迎接它的明暗兼具的形式。

第十二章｜ 末人的终结

1. 死刑

我们生活在崇尚哲学，甚至可以说哲学至高无上的时代。但是一个艰巨的现实问题也一直困扰着我们。我们要为人类最艰难的一个时代进行准备，根据计算，它大约会在一亿年后到来，但也可能会突然大大提前。很久以前，生活在金星上的人类相信，太阳在他们的时代就会成为白矮星，那时他们的星球会迅速进入冰冻期。这个计算过于悲观，但我们现在知道，即使考虑到大撞击所造成的轻微延迟，从天文角度来看，太阳崩溃并非极其遥远的事情。我们已经计划在这相对短暂的太阳开始收缩的时间里，将星球平稳地移近太阳，直到最终迁入可能的最狭窄轨道。

人类将会安顿下来，继续生存很长时间。但是，未来某个时刻还会发生更严重的危机。那时太阳将会继续变冷，末人将再也无法依靠太阳光生存。湮灭物质来补充能量缺乏成为必然。其他行星或许可以用来达到这一目的，太阳本身也有可能。或者，如果人类能在一个很长的航行中存活，他们可以大胆地将星球移向某个更年轻的恒星系。或许人类之后可以制订更宏大的计划，可以探索并移居到外星系角落里的星球上去，建立起庞大的行星联合体。（我们梦想着）他们甚至可以与其他星系交流。人类并非不可能成为宇宙灵魂的萌芽，也就是说，我们仍然希望他们会在宇宙崩溃前再次奋起，凭借掌握的知识和拥有的审美迅速、永久地登上永恒宇宙的巅峰。我们大胆地预测，遥远未来的无比智慧、无比强大的人类会怀着愉悦和敬意来回顾自己的原始文明时代。无疑，他们内心充满了同情，也有好奇心，但无论如何会有敬意。不过我们仍半梦半醒，正与我们的无能斗争。正是在这样一种半同情、半敬意的心境中，我们在回顾远古的人类。

我们的预期现在已经发生了突然的、彻底的变化，因为天文学家有了一个惊人的发现，人类末日的到来加速了。人类一直以来都处于危险之中。在整个发展历程中，体内化学环境的轻微改变、经常发生的致命病菌感染、自然环境的剧烈变化、自身愚蠢的行为导致的多重效应都有可能轻易地将人类毁灭。他们已经有两次险些被天文事件毁灭的经历了。太阳系正在快速通过银河系一处恒星众多的区域。太阳系的天体与另一个大天体发生纠缠，引发碰撞然后被摧毁，这是多么容易的事情啊。但是，命运为人类安排的终结要更加意想不到。

不久以前，人类发现不远处的一颗恒星即将发生意外的变化。由于不明原因，该恒星颜色从白色变为蓝紫色，而且亮度暴长。尽管在我们的天空上看，它仍是一个小点，但耀眼的紫色光芒照亮了整个夜空。这是一幅美景，但也令人有些许不安。我们的天文学家发现，它不是一颗普通的新星，也不属于常常发出暴闪的一类恒星。这是一个前所未有的现象，是一颗正常的恒星患上了怪病，其生命过程奇异地加速，储藏在物质中的能量本来会缓慢释放，现在却突然狂暴涌出。以目前的速度，这颗恒星会在几千年后缩小成一团灰烬或彻底消失。这个离奇的事件有可能是由恒星附近智慧生物的愚蠢调节行为导致的。但是，由于温度极高的物质确实处于一种不稳定的平衡状态，所以或许仅仅是某种自然事件的巧合。

起初，人们只把该事件视为迷人的奇观，但进一步的研究引起了人类更严肃的关注。我们的星球和太阳正遭受着持续增强的太空振动影响，大部分振动的频率都异常的高，潜能有多大不得而知。它们会对太阳产生什么影响？过了几个世纪，这颗变异恒星附近的某些天体被发现受到了异常变化的影响。它们散发的热量让夜空比以往更亮了，但无疑也带来了恐慌。我们依然希望太阳因距离它太远而不会受到影响。但缜密分析表明，人类必须抛弃这一幻想。尽管太阳距离这颗恒星很遥远，但这只会使其遭受累积效应的影响并把开始瓦解的时间推迟几千年。也就是说，太阳迟早会受到影响。很可能在三万年内，太阳周围的巨大区域便将失去一切生命。这片区域如此之大，以至在受到影响以前，我们的星球根本无法快速逃脱。

2. 绝望中的行动

厄运当头触发了我们内心未曾有过的思绪。迄今为止，人类寿数似乎注定绵长，每个人都已经习惯憧憬着未来几千年的个人生活，最终自愿结束自己的生命。的确，我们常常在设想自己的星球会突然毁灭，甚至还会细细品味这一幻想的结果。但现在，我们面对的却是既成的事实。从表面看，每个人都表现出了不同寻常的淡定，但内心却异常焦虑。这并不是说我们陷入恐慌和绝望，因为在此次危机中，我们本能的镇定发挥了很大的作用。但是，我们确实不是一下子就真正让思想适应了新的形势，清晰认识到在宇宙背景下人类的命运。

然而，我们现在学会了将人类的伟大历程当作一件完整的艺术品去品味，并对突如其来的悲惨结局表示崇敬，一如无法实现的美好谋划。忧伤此刻已彻底转化为快乐。挫折意味着人类的无能和渺小，它一直以来就折磨着我们，它让我们向所有以往默默无闻奋斗的先驱们表达了全新的同情和敬意。在我们看来，当代人类中最杰出的成员也好，后来才演化为人类的生物也好，虽然来自不同环境，但都同样卓越。当我们环顾天空，看到即将毁灭我们的紫色光焰时，我们内心充满了敬畏和怜悯。我们敬畏这圣光难以置信的潜势，对其作为宇宙之灵用自我挫败的方式实现自我的抱负感到怜悯。

事已至此，我们似乎只剩下一件事情去做：在余下的生命里尽可能地发扬自己，用最高贵的姿态迎接自己的末日。但是，此刻再次出现了罕见的全人类心理体验。人类在海王星上的那一年中，每个人都生活在精神恍惚的全人类心智状态下。每个人都在解析远古的秘密，赞颂着许多从未见过的美好事物。这种不可言喻的体验在死亡的阴影下经受住了考验，它是人类整个生命的精华。但我只能说，当一切结束的时候，我们连个体也都拥有了一种全新的平和心态，奇妙而和谐地将忧伤、欣喜和庄严的微笑融合在一起。

基于这样的种族心理，我们发现自己面临着两个以前从未认真思考过的使命。一个涉及未来，另一个则涉及过去。

就未来而言，我们现在正着手做一项孤注一掷的工作，将新人类的种子散播到其他恒星。为了这一目标，我们要利用太阳的辐射压，和随后出现的强力辐射。我们希望能够设计出极其微小的电磁“波系”，类似于一般的质子和电子，它们可以独自顶着太阳发出的辐射风暴以接近光的速度移动。这是一项艰难的工作。进一步说，这些单元必须能够精巧地相互关联，以便在有利的条件下结合为生殖细胞。它们不能直接进化成人类，而是先进化为有部分人类特征倾向的低级生物。我们将在海王星轨道上的某些位置将其投射出去，由太阳辐射带到银河系里环境更适宜的区域。它们活着到达目的地的机会很小，找到适合环境的机会更小。但如果这些人类的种子中有的落在好的环境中，我们希望它们会迅速开始生命演化，在未来的某个时候，或许会在新环境中生长成复杂的有机形态。它们会有非常真实的、向智能进化的生理倾向。当然，它们沿此方向进化的倾向性要远大于向地球亚生命原子群进化的倾向性。归根结底，地球生命是由后者演化而来的。

可想而知，如果人类足够幸运的话，他们仍会间接地通过它的创造物去影响银河系的未来。但是在这首生命的雄壮乐曲中，人类的主旋律此刻要永远地终结了。人类跌宕起伏的历史走到了尽头，他们为最终的成功而拼搏，但这一骄傲的事业遭到了彻底失败。无数代人类积累的宝贵经验也将石沉大海，当今积累的智慧也将不复存在。

另一项我们要投入的工作与过去相关，它对你来说似乎会非常荒谬。

我们一直以来都能进入过去人们的心灵之中，分享他们的经历。迄今为止，我们只是被动的观众，但是最近我们获得了支配过去人类心灵的能力。这似乎是不可能的，因为过去的事件已成现实，哪怕在最微小的方面，那又如何在事件发生后被真实改变呢？

的确，过去的事件现在已经成为无法挽回的历史，但在某些情况下，过去事件的某个特征仍取决于遥远未来发生的事件。如果没有某个未来的事件，那么过去的事件永远也不会发展为最后（和永远）的状态。尽管这未来事件与过去事件并不是同期发生，然而它会在永恒的领域直接影响过去的事件。事件的过往是真实的，时间是过往事件的延续。尽管事件有时限，但也是永恒的。在某些罕见的情况下，一些在时间上分离的心理事件在无限的时间里会发生直接的相互影响。

我们的心灵常常在直接审视过去人们的心灵时受到深刻的影响。现在，我们又发现某些有关过去心灵的事件，受到当下心灵经历的当下事件支配。毫无疑问，有些过去的心理事件正是由于某些心理过程而显示出了现在的特征，而这些过程是我们本应完成却并未完成的。

专注直接审视过去心灵的历史学家和心理学家常常抱怨过去心灵中的某些“奇异点”，而心理学中的一般法则并没有对心理事件的过程做出全部的解释，其实是某些我们全然不知的因素正在发挥着作用。不久人们就发现，至少在某些情况下，这种在心理学一般原则之上的困扰正好反映了生活在我们这个年代的观察者内心的思想和愿望。当然，只有那些影响过去人们心灵的事物才会发挥影响作用。我们内心中那些对过往人类毫无价值的思想和愿望根本无法进入经验之中。新的思想和价值观必须通过熟悉的事物，才能充分地传播开来。我们现在发现自己有了与过去交流，并促进思想和行动发展的惊人能力，但并不能直接改变过去。

但是有人会问：假如在某个过去心灵中的某个“奇异点”方面，我们最后没有选择发挥必要的影响力去促成它，那又如何呢？这个问题毫无价值。我们不可能不去影响过去的心灵，因为他们实际上已经依赖于我们的影响了。在永恒的领域，我们确实自由地做出了选择（也只有在这里，我们才与过去的心灵相遇）。就时间来说，尽管做出选择与我们现在这个时代有某种关系，并且可以说是在那个时代发生的，但它也与过去的心灵有关，可以说那发生在很久以前。

过去某些人的心灵中有一些奇异点，但它们不是我们今天施加影响的结果。无疑，这些奇异点，有些是我们被毁灭前在某种情况下造成的。但有些可能是受到了我们之外的影响，例如幸运地从我们绝望地散播出去的种子进化而来的生物；或者是宇宙之灵，它在未来的出现和永存正是我们所真诚期待的。不管原因是什么，各个时代都出现了一些伟大的心灵，甚至在远古人类中间也是如此。他们的出现并非出自我们的影响。他们在某些方面是如此“奇特”，以至我们不能仅从过去的视角对他们进行非常清晰的心理解释，而我们又不是他们奇异性的促成者。你们的耶稣、你们的苏格拉底和你们的乔达摩·悉达多都显示出了这种痕迹。但最具独创性的人却因为太离经叛道，反而没有给同时代的人产生什么影响力。我们身上也有可能出现了“奇异点”，但我们无法通过一般的生物和心理原理进行解释。如果我们能够证明事情确实如此，那么就会有确凿的证据证明，在未来的某个时刻会出现一个高级智能生物，进而证明宇宙的永生。但是，迄今为止，哪怕是在全人类心智状态下，我们对此的认识也相当模糊。或许，我们达到全人类心智的状态也与未来施加的某个影响有关。甚至可以猜测，任何一个人任何一个创造性的进步都涉及与宇宙之灵无意的合作，而宇宙之灵必将在“末日”来临前觉醒。

我们有两种方法通过过去的个体影响过去：一种是通过具有创造力和其他能力的人；另一种是通过生存环境恰好适合我们目标的普通人。在具有独创性的人身上，我们只能看到非常模糊的凭直觉感知的事物，但它后来会被他自己“激发”，形成与预期极其不同的形式，但是这事物会在他的时代发出最强音。另一方面，我们可以将普通的心灵作为被动的工具来传播具体的思想。但在此情况下，受影响的个体无法将原始资料激发出一种适合其时代的伟大、有力的形式。

你或许会问：我们到底希望给过去带来什么？我们力图将敏锐洞察事实和重要性的能力传递给过去。尽管我们凭借自己的优势可以轻而易举地得到它们，但无助的过去做不到这一点。我们力图帮助过去，让过去变得更好，这就如同人们之间的互相帮助。我们力图将过去所有个人和几代人类的注意力引向真实和美好，因为这些对他们的经验来说十分隐秘，所以常被忽略。

我们的目的有两个。进入过去人们的心灵中，可以了解他们，并禁不住爱上他们，所以我们会想要帮助他们。通过影响优秀的人物，我们力图间接地影响众多的人。但我们的第二个目的则非常不同。在我们眼中，人类一代一代的生命历程是极美的。尽管还远未达到完美的程度，但有着了不起的悲剧之美。现在结果证明，这个美好的事物需要我们在过去的不同时刻给予支持。因此，我们决意要去发挥自己的作用。

不幸的是，我们最早付出的努力由于当时缺乏经验而导致灾难性的结果。各个时代的原始人类都有许多愚蠢言行，他们归因于没有形体的灵魂在作祟，不管是神灵、恶魔还是逝者。其实，它们都只是我们早期实验的结果，都是毫无意义的。比方说，按照我们的构思，这本书应当是非常好的，但由于要假借你们同时代的作者之手写就，所以不免杂乱不堪，几无价值。

我们对过去的关注并不限于影响过去，这其实是很罕见的；主要还是另外两个层面的考虑。

首先，我们详细地着手这项伟大的计划，直接了解过去，了解人类的过去。这可以说是最高的爱的奉献。当一个人开始了解并关心另一个人的时候，一种美好的新事物就会被创造出来，那就是爱。宇宙因此而显得更加浩瀚、更加美好。然后，我们力图了解并热爱每个我们能进入的心灵。在多数情况下，我们对他们的认识比他们自己还要深。在这种了不起的理解和欣赏中，他们身上的任何细节和缺点都不该被遗漏。

我们对过去人类的关注还有另一个层面。我们需要他们的帮助。因为我们坦然接受了自己的命运，因此有义务将最后的活力贡献给绝望的、最不适合我们天性的工作，即传播种子，而不是入迷的沉思。我们对这项工作几乎是反感至极。我们欣然地将最后岁月花在美化自己的社会和文化上，花在对过去的神圣探索上。但对我们这些天生的艺术家和哲学家来说，我们还必须义不容辞地将整个世界的注意力引向沉闷的人工物种的培育、增殖和散播工作。如果想要成功，我们必须制订一项非常长期的合理研究计划，最终建立一个全球加工系统。此项工作只有到我们体魄开始衰弱时才会完成，那时我们的社会也开始瓦解。现在，如果我们不能积极地认识到该工作的重要性，那便永远无法完成这一使命。“过去能够帮助我们”这一论断再次得到验证。我们已经充分理解了神秘的宿命论，现在要谦卑地回到过去，再次体悟人类心灵的另一个终极成就：对生命力量的忠诚，与死亡力量战斗。游走于过去的英勇悲壮之间，我们再次被远古的热情所激发。这样，当我们返回自己的世界时，即使内心在经历深刻领悟后平静下来，也依然能够努力奋斗，仿佛眼中只有胜利。

3. 终曲

这一节我要谈的事情，发生在上一节大约两万地球年之后。此时接触你们已变得很困难，与你们讲话就更困难，因为末人已经不是从前的样子了。

我们两项伟大的任务尚未完成。大部分的人类历史还未被完全探索，人类的种子尚未开始播撒。这项艰巨的任务比预期中还要困难。直到最后几年，我们才成功开发了人工人种，接下来这些种子就能够被投入太阳辐射圈里，坚强地忍受着成百上千万年的跨越银河的飞行，同时它们还拥有进化出生命和思维的巧妙潜能。此刻，我们正准备大量培育这种生殖物质，并在海王星轨道上合适的位置抛射。

自太阳第一次开始表现出瓦解的征兆，已经过去了几个世纪的时间，其征兆主要是颜色慢慢变蓝，随后亮度和温度明显增长。此刻，当太阳光刺破不断变厚的云层时，令人无法忍受的灼刺光辉照在我们身上，愚蠢的人直视太阳时会损伤视力。即使在目前常出现的多云天气条件下，眼睛也会被强烈的蓝紫色光灼伤。眼部的损伤折磨着我们每个人，戴上专门保护眼睛的特殊眼镜也无济于事。热量本身也产生了破坏作用。我们正在促使星球从原先的轨道向外移动到更大的螺旋形轨道上，但是无论我们做什么，都无法避免气候的日益恶化，即使两极地区也难逃厄运。两极中间的地区已经荒芜。赤道附近的海洋已经蒸发，使整个大气层受到了严重破坏，即使在两极我们也饱受湿热飓风和巨大雷暴之苦。这些灾害已经损坏了我们的大部分高层建筑，有时坍塌峭壁形成的玻璃状岩石碎块会如山崩一样，将一个富饶的区域全部埋没。

两极地区的人们起初尝试着保持无线电联络，但从南部上次收到受灾更严重的北部的消息以来已经过去了很久。我们这边的情况也已变得令人绝望。我们早已建立了几百个投种站，但只有不到二十个投入使用。失败主要是由长期人员不足造成的。凶猛的太阳辐射已经对人体器官造成损伤。恶性肿瘤爆发，医学研究人员也找不到有效控制的方法，这使南部人口数量急剧减少，也阻碍了热带人口向南部的迁移。另外，我们每个人内心都已崩溃，几乎看不出从前的样子。我们曾经拥有进化最完善的人种才具有的高级思维能力，现在这种能力由于特殊组织的衰竭要么消失，要么失调。不光全人类心智已经消失，性群体也失去了统一的心灵。三个性群体由于某些物理化学性质的紊乱已经彻底消失。腺体疾病已经使我们中的许多人患上了无法控制的焦虑厌世症。但我们清楚地知道，他们的发病是毫无原因的。正常的“心灵感应”能力也已变得非常不可靠，以至我们被迫重新依靠古老的声音符号进行交流。对历史的探索现在只有专业人员可以进行，而且极其危险，因为它会导致时间错乱。

高级神经中枢的退化也给我们带来更加严重、难以根除的病症，即普遍的精神退化，这在从前似乎是不可能发生的，我们曾经对自己的心理健康确信不疑。绝对沉着冷静的意志力伴随我们每个人长达数百万年，我们的社会和文化也建立在它的基础上。我们已经几乎忘却这意志力有其生理学基础，如果基础被破坏，便无法维持理性。但受到几千年恒星辐射的影响，我们逐渐失去了平心静气、敬畏神圣所带来的心醉神驰，甚至失去了做出正常无私行为的能力。现在，每个人都有一种不合理的利己倾向，排斥其他人。嫉妒、虐待，甚至谋杀和无端的残忍，这些我们以前闻所未闻的事情，现在非常普遍。起初，人们开始注意到自身野蛮的冲动时，会用轻蔑的态度将其消除。但随着高级神经中枢的进一步衰退，我们当中粗野的人开始变得更加不守规矩，人性在他们身上逐渐缺失。从此以后，理性行为只有在令人疲惫和丧失体面的“道德斗争”后才会出现，而不像从前是一种本能自然的行为。更不幸的是，道德斗争越来越多地以失败告终。试想：我们发现每个人都要为制止冲动而不顾一切地斗争，人们内心充满了恐惧与厌恶，而这些冲动都是从前我们惯常认为的愚行。只要为了帮助心爱的人，我们便会背叛散播人类种子的终极使命。知道这一点已经足够让我们难过了，更别提有时我们内心过于沮丧，甚至无法对邻居表达最普通的关爱了。过去，我们从来没见过把自己放到朋友、爱人之上的人，哪怕是最微不足道的背叛，也不曾有过。但是，现在很多人都被受伤的朋友惊恐、难过的眼神所困扰。

精神失常早期，我们建设了一些疯人院，但很快就人满为患，给本就不幸的社会带来了负担。于是精神病患者都被杀死。但是按照以前的标准，我们显然都属于精神病患者。现在没有人相信自己的行为是合理的。

当然，我们相互间也不信任。一方面由于普遍存在的不合理的欲望，另一方面由于“心灵感应”消失导致的误解，于是我们陷入各种各样的纷争之中。这就需要制定政治规则和法律体系，但这似乎只是带来了更多的麻烦。徒有其名的秩序通过不堪重负的警察机关得以维持，但实际上秩序掌控在某些专职的领导者手中，他们身上都暴露出了官僚主义的恶习。在很大程度上，他们愚蠢的行为导致南极地区两个种族间突发的社会革命，昏聩的世界政府计划通过武力镇压，陷入冲突的人现在正准备与政府对抗。同时，由于经济秩序混乱，而且失去了木星的食物补给，饥饿加剧了危机，给了某些脑筋活泛的疯子损人肥私的机会。

这一切愚蠢的事情发生在一个在劫难逃的世界上，发生在一个昨天还是银河系里最耀眼的群体之中。我们中仍然关注精神生活的人情不自禁地懊悔，人类没有在腐败开始前选择体面的自杀。但事情绝不该如此，因为正在进行的工作尚未完成。散播种子的工作已经成为每个人至高无上的神圣使命。即使那些不断冒犯这一使命的人也意识到，这是人类最后的职责。就是为了这一使命，我们才在跟时间赛跑，提防自己跌落回野蛮状态；一旦跌入，人类以往几乎很少从野蛮状态中挣脱出来。

然而，我们为什么还要继续这一艰难而希望渺茫的尝试呢？即使种子侥幸在某处扎根并茁壮成长，其冒险历程也必定会终结；即使不会迅速葬身火海，也会最终在抵御严寒的生存斗争中败下阵来。我们最多只不过是在散播死亡。因此，这项事业似乎并没有合理的理由，除非盲目地实施一个处于先前更文明状态时制定的目标算是合理的话。

但是，我们不能确信自己从前是否确实比现在更文明。我们回首以往，内心不免惊奇不已，但也有不解和疑虑。我们努力地通过全人类心智回想人类曾经的荣耀，但是几乎什么都想不起来。我们甚至无法对以往独立个体都能触及的平凡美妙做出反应，那种内心的平静仿佛是对悲剧的精神呼应。平凡生活中能体会到的美妙已离我们而去。对我们来说，这不仅是不可能的，而且是难以置信的。我们现在认为，个人不幸和群体灾难只剩下了惊骇。为了走向成熟，人类经过了如此漫长的奋斗，最后却落得瓮中之鳖的下场，只能供疯子取乐！美从何来呢？

但是，这并非我们要对你们说的最后的话，因为尽管我们已经失败，但在我们身上仍具有一些以往奋斗历程中积淀下来值得敬佩的品质。我们已经视力模糊，身体虚弱，但对自身如此境况的了解驱使我们去做更大的努力。我们当中尚未消沉的人为了相互激励而组成了一个兄弟会，这样真正的人类精神或许能保持得长久些，直到人类的种子被散播开去，当然死亡也已经逼近。这个组织自称“死囚兄弟会”。我们力图相互之间对每个成员、对我们的共同理想和再也无法看到的美景真诚。我们发誓要抚慰仍然在世的人，发誓一定要完成散播种子的使命。我们还发誓要把心灵的光辉保持到最后。

我们有时会聚集在一起互相勉励，人数有多有少。我们有时只是静静地坐着，努力寻求着相互的安慰和前进的动力。有时我们会出声发言，不免如风中之烛般微弱，但总能给艰难处境中麻木的心灵带来一丝温暖。

但我们之中有一个人，不停地来往于各个地方和各个群体，他的声音一直回响在人们耳边。他是一个年轻人，是末人中最后出生的人。在我们得知人类即将遭受的厄运并停止繁衍前，他是最后一个临产胎儿。他既是最后一个出生的人，也是最高尚的一个人。我们期盼着他和他的同辈激励我们。尽管他最年轻，思想却与众不同。在他身上，精神就是被唤醒的具有灵性的肉体。他有足够的力量，比我们更能抵御太阳风暴的侵袭。这种精神发出的光芒仿佛令太阳都黯然失色。他好像真的实现了人类的希望，哪怕只有一天时间。尽管他与其他人一样经受了肉体上的痛苦，但是他在精神上战胜了痛苦。虽然他比我们中的其他人都更能感受到别人的痛苦，但是他超越了自己的怜悯之情。他给予别人的安慰蕴含着一种奇特的诙谐意味，可以劝导受难者用微笑去面对自己的痛苦。当我们这位最年轻的兄弟与我们一起注视着正在走向死亡的世界和人类奋斗中遭遇的挫折时，他不像我们那样感到沮丧，而是内心非常平静。在这种沉着冷静的心态面前，绝望被激发成泰然。聆听他充满理性的演讲，甚至只是听到他铿锵的声音，就能使我们眼前一亮，我们的心里奇迹般地充满了喜悦之感。然而，他的话语往往是沉重的。

让我用他的话语来为本书作结吧：

星辰强大无比，人类在它们面前显得那么渺小。但人类是美妙的精灵，是星辰把他孕育，也是星辰把他扼杀。他比那群虽然发光但没有头脑的星辰更伟大，因为星辰所拥有的是无限的潜势，而人类的成就虽小，却是真切的。似乎人类很快就要走到尽头。但当人类真正要消失的时候，却又显得举足轻重。人类并非一事无成，他是万物赖以生存的永恒世界中一道永恒的亮丽风景。

人类已经满怀希望地插上了翅膀，在这即将结束的短暂飞行之后，他又要远飞。他还希冀成为“万物中的精英”、“通晓万物的全才”和“万物敬仰的使者”。不幸的是，他即将遭遇灭顶之灾。他是羽翼未丰的雏鸟，却深陷丛林之火。他如此幼小，如此单纯，毫无洞察世界的能力。他对众生赖以生存的星球了解甚少。他这只尚未离巢的幼鸟对外面美好的世界表现出了好奇之感。他只对食物和代表食物的呼唤产生愉悦感。而众星球奏出的乐曲尽管穿越了他的身体，但他丝毫没有听到。

然而整个宇宙利用了他，现在更是在其即将灭亡之时为所欲为。“宇宙万物”是那么崇高美好、令人敬畏和绮丽多姿，但对人类而言，最美好的事物就是他能为“宇宙万物”倾其全力。

但宇宙真的是在利用他吗？“宇宙万物”之美真的由于我们的痛苦而得以凸显了吗？“宇宙万物”真的美吗？那什么是美呢？在人类整个的奋斗历程中，他一直在努力地去倾听星球奏出的乐章，似乎总是能领会每个小节的精髓，甚至整篇乐章的寓意。然而他却永远无法相信自己真的听到了那美妙的音符，他甚至更无法相信世上真的有那么完美的乐曲。人类的感觉不无道理，因为如果那乐曲真的存在，它也不仅仅是为人类这沧海一粟而奏响。

但有一点是不容置疑的。人类至少是一部优美的乐曲，他还是一段由气势磅礴的乐曲为其伴奏的勇往直前的主旋律，也是一个为自己呼风唤雨、翻江倒海的大舞台。不言而喻，人类凭借伟大的成就，已永远成为永恒万物的一道美丽的风景，成为人类中的一员真是值得庆幸。我们或许还要肩并肩在和谐的环境中继续前行，我们的内心充满了欢笑。我们要感谢过去教给我们的一切，更要感谢我们勇猛顽强的意志给我们前进的力量。毕竟，我们要把人类这首短暂的乐曲完美地演奏到曲终。

附录　初人的历史

欧洲动荡

1. 欧战及其后果

现在，我要从末人的角度来观察你们的时代。

在人类的灵魂被唤醒，开始认识世界和自己很早以前，他有时会从睡梦中惊醒，睁开困惑的眼睛，然后又继续睡下。人类早先经历的这些时刻就包括初人从野蛮到文明的整个奋斗过程。在那一时刻，当人类跨入鼎盛的时候，你们顽强地站了起来。早期的文化在你们这一代几乎看不到进步，而你们时代的人类精神已经出现了衰退的迹象。

你们“西方”文化的第一个（有人或许会说，是最伟大的）成就是两种理想的构建，它们是精神健康的基础。苏格拉底以追求真理为快乐，而非以实用为目的，他崇尚公正的思想、诚实的心态和雄辩的口才；耶稣乐于关爱周围的人，体味他认为充斥在世界中的、代表对世人和上帝无私的爱的神性。苏格拉底致力探求客观冷静的智慧；耶稣致力追求对上帝激昂无私的崇拜。苏格拉底极力主张知识的诚笃；而耶稣则极力追求意志力的坚韧。当然，尽管强调的内容不同，但他们的思想都深入人心。

不幸的是，他们崇尚的理想要求人的思维意识必须理性和有活力，而初人的神经系统并不具备这两个要素。几个世纪以来，苏格拉底和耶稣这两位巨擘召唤着智慧超群的人类去实现那些理想，但均告失败。这些挫折导致在人类中产生一种悲观的懈怠情绪，这又延迟了理想的实现。

当然还有其他延迟理想实现的原因。孕育并培养了苏格拉底和耶稣的两个民族是最先对“天意”产生敬意的民族。人类首先在希腊的悲剧艺术中、希伯来人对神法的崇拜中，以及印度的弃世传统中，朦胧地体验到了那种陌生但神奇的美感，这种美感使人类在整个奋斗生涯中反复受到鼓舞，但也觉得困惑。对神性的崇拜与对生命——抗击着死亡的生命——的坚韧追求之间是存在冲突的，而这种冲突是无解的。尽管只有极少数人清醒地意识到了这个问题，但初人心灵的进化在不知不觉中一次次地被这个无法逾越的困境所限制。

人类被原始的经验所驱使、诱惑的同时，对物质能量的支配力也越来越强，这使得他们的现实社会结构在不断地迅速变化，最终原始的天性再也无法驾驭复杂的环境。适应了在野外狩猎和搏斗的动物们突然被召唤在一起，摇身一变成了城市居民，分布于世界各地。这时，他们发现自己不够发达的大脑无法掌控危险的力量。人类挣扎过，但很快会知道，人类在巨大的压力下崩溃了。

欧战当时被称作“结束一切战争的战争”。为了控制自己的本性，初人发动了无数场悲剧性的战争，人类的无能展露无遗。欧战是其中的第一场，也是破坏力最小的一场。起初，有的人是高尚的，有的人则是虚伪的，不同的人性和动机引起了对立双方的冲突。尽管双方都做好了应对的准备，但谁都无意引发冲突。受拉丁文化影响的法国和受北欧文化影响的德国在气质上的真正差异，以及德国和英格兰之间表面上的较量，加上德国政府和军方的一些愚蠢、无理的举动，使得整个世界分化为两个阵营。然而在这两者之间，我们看不到任何原则上的分歧。在冲突中，双方都坚信只有自己代表着文明。但实际上，双方都经常付诸纯粹野蛮的行动。双方不仅展现了英雄气概，还表现出了初人难得的宽宏大量。有一些在末人看来平常的行为，在那个年代却只有高瞻远瞩、能够掌控自我的人才能做出。

痛苦的时光一点点过去，交战各国人民心中萌生了一种真诚强烈的愿望——要建立一个和平的、团结的世界。至少在一段时期内，一种更崇高的思想从狭隘的种族斗争中诞生了。但当时这种热情缺乏明确的指导，甚至缺乏信仰的勇气。欧战后的和平是古代史中最有意义的时刻，因为它折射出了充满希望的智慧和不可救药的愚昧。两者分别代表了一个物种的忠诚和物种内部狭隘斗争的冲动。至少从表面上来看，这个物种就是人类。

2. 英法战争

欧战结束后不到一百年，一个短暂而悲惨的事件就发生了。我们或许可以说，它决定了初人的命运。在这个世纪里，和平和理智的意志已经开始成为强大的历史力量。除了一些当时被记录下来的最不幸事件以外，在人类最危险的时代，或许是主张和平的一方主宰着欧洲，然后通过欧洲主宰着世界。在这个关键的时刻，如果初人运气稍微好一些，或者出现一种更智慧、更有自控能力的人类团体，或许初人就不会随即陷入一个漫长、黑暗的时期。如果胜利发生于人类总体心智水平步入衰退之前，那么“全球国家”的成就就不会被认为是末日，而被认为是真正文明的第一步。但是事与愿违。

欧战之后，从前比其他国家更加好战的战败国，现在却最爱好和平，成了启蒙运动的坚强阵地。实际上，到处都发生着深刻的心理变革，但主要还是在德国。而胜利者，尽管渴望显得宽厚仁慈，建立一个崭新的世界，但受自身胆怯心理和统治者失败外交策略的影响，陷入自己一直以来在讨伐的邪恶之中。他们一次次铤而走险，破坏睦邻友好，很快就又陷入武装冲突。其中有两次冲突是要特别关注的。

第一次冲突发生在法国与意大利之间，对欧洲来说破坏性较小。这是一场荒唐的短暂战争。自从古罗马衰亡以来，意大利人在艺术和文学领域里的成就已经超越了军事领域。但是在基督教创立以来的第 19 个世纪，意大利通过英雄般的运动解放了，反而让意大利人对国家声誉特别重视。在欧洲人眼中，国家实力是用军事荣耀去衡量的，所以意大利人在推翻了本就不稳的外族统治后，急于在战场上摆脱平庸无能的帽子。然而欧战之后，意大利经历了一段社会动荡和停滞时期。随后，一个浮夸却真诚的民族主义政党掌控了这个国家，并给意大利人带来一种新的自尊感。这种自尊感建立在公共服务改革与军国主义政策之上。火车开始准点运行，街道干净起来，道德规范得到提升。意大利的航空业创下多项纪录。年轻人穿上军装，真枪实弹参加军事训练。他们相信自己就是国家的救世主，他们被激励到战场去流血，最终被利用去执行“政府”的意志。整个运动主要由一个人策划，他富有行动策划方面的才能，加上花言巧语和粗暴的思维，他如愿以偿地成了一个独裁者。他几乎奇迹般地将意大利训练成了一个高效的民族。同时，在强大的情感感召下，他不可思议地、浅薄地大肆鼓吹意大利人的自我意义和“扩张”意志。由于意大利人认为没有必要控制人口，所以“扩张”便成为实在的需要。

这样，意大利由于觊觎法国在非洲的领土，嫉妒法国人对拉丁民族的领导权，而且对法国庇护意大利国内“叛徒”的行为非常愤怒，于是与这个骄傲的前盟友逐渐反目。一场臆想的边境“侮辱意大利国旗”事件，至少导致一小股意大利国民自卫队士兵擅自向法国领土发动袭击。尽管袭击者最终被捕，但法国人也付出了血的代价。在意大利人看来，虽然最终的道歉和赔偿将是冷静克制的，但会隐隐伤害他们的尊严。意大利爱国者们习惯了采取短视的暴怒行为。“独裁者”不但没有勇气道歉，反而被迫去要求释放被捕的国民自卫队士兵，并最终向对方宣战。经过一场激烈的遭遇战，不屈不挠的法国军队开进意大利北部。意大利人的抵抗起初是英勇的，但最终却乱作一团。在惊慌失措中，意大利人从军事荣耀的梦幻中清醒过来。平民百姓开始反对“独裁者”，而当初迫使他宣战的正是他们自己。独裁者浮夸而英勇地试图镇压罗马暴民，但失败了，并惨遭杀害。新政府迅速签订和约，并将从前以“保护”为借口吞并的一片相邻领土还给了法国。

从此，意大利人不再关心如何在军事荣耀上超越加里波第，而是更渴望赶上但丁、乔托和伽利略所取得的辉煌荣耀。

法国现在已经彻底主宰了欧洲大陆。但是，输不起的法国人表现得既傲慢又焦虑。很快和平又遭到了破坏。

欧战的最后一批老兵刚刚嘱托完后辈要铭记历史，法国与英格兰之间的长期对抗就达到了极点。起因是两国政府针对一名非洲裔法国士兵性侵英国妇女案发生的纠纷。在这次争端中，英国政府确实搞错了，国内的性压抑氛围或许对其构成了误导。从来没有什么骚扰事件，引起传言的事实是，一个生活在法国南部的无聊而又神经质的英国女子渴望得到一个粗野汉子的拥抱，便引诱一名塞内加尔下士到她的住所。后来当他表现出厌倦的时候，她就报复他，声称他在市镇的树林里猥亵了她。这个传闻太容易让英国人津津乐道、信以为真了。同时，英国新闻界的大亨们不想错过这个机会，借机炒作性行为、种族意识和自义说等话题。随后，当时在英国的法国公民就经常受到苛待，甚至偶尔会被暴力袭击。一时间，法国内部心怀疑惧，崇尚武力的一派抓住了这个千载难逢的机会。实际上，这场战争主要是空战。法国当时已经成功劝说（失去理智的）国际联盟限制英国空军战机的数量。由于伦敦位于法国滨海基地攻击范围之内，限制英国军机数量显然削弱了英国打击巴黎的战斗力。这种事态当然不会持续很久。英国越来越坚决地鼓动废除这一限制。另一方面，在欧洲，要求进行彻底的空军裁军的热情越来越高涨。法国理智的一方势力逐渐强大，这就使法国政府毫无悬念地接受了这一要求。因此在这两种情形下，法国的好战分子们急切地希望尽早开战。

顷刻之间，为裁军做出的努力全部付诸东流。曾使两国无法互相理解的思维方式上的微妙差异，突然间被这起挑衅事件扩大为无解的纷争。英国人又开始认为法国人全都容易冲动，而对法国人来讲，英国人与过去一样是最无礼的伪君子。两国中头脑清醒的人都强调双方要尊重基本的人性，但无人理睬。感到不安的德国人想从中调解，也无功而返。国际联盟尽管当时有很大的声望和权威，威胁要将两国除名或惩罚两国，但也无济于事。在巴黎有传言说，英国违背了自己做出的国际承诺，在大张旗鼓地建造大型飞机，准备袭击从加来到马赛的整个法国。实际上，这一传言也不完全是诽谤，因为战斗开始时，人们就发现英国空军的打击范围比预计中大得多。然而，战争的全面爆发依然使英国大惊失色——就在刊登法国宣战新闻的伦敦报纸热卖的时候，敌机已经出现在该市上空。几个小时之后，伦敦三分之一的地区就成了废墟，一半的人口在大街上中毒。一枚炸弹落在大英博物馆旁边，使整个布鲁姆伯利区变成了一个大坑，满是木乃伊、雕像和手稿的碎片，还有商品、售货员、科研人员的尸体。就这样，片刻之间，大批英国最具价值的文物和最具思考能力的群体被摧毁了。

不久发生了一场小规模但极具影响力的冲突，这个冲突很可能影响了之后几百年的历史进程。在伦敦遭受轰炸的过程中，英国内阁在唐宁街首相官邸的地下室举行了一次特别会议。当时的执政党主张进步主义、和平主义和世界主义，本无意与法国产生争执。在这次内阁会议上，一名怀有理想主义思想的成员大力主张英国要摆出大度的英雄气概。为了让自己的声音超过英国隆隆的枪炮声和法国炸弹猛烈的咆哮声，他用力提高嗓音，提议通过广播发出如下消息："全体英国人和法国人，落在我们头上的灾难完全是由你们一手造成的。在这极其痛苦的时刻，所有的仇恨和愤怒都已离我们远去。我们的双眼已经睁开。我们再也不会认为我们仅仅是英国人，你们也不要再认为你们仅仅是法国人；在所有其他物种面前，我们都是文明的人类。请不要误认为我们是战败者，之所以发出这则信息，是为了获得你们的宽恕。我们的武器尚未动用，我们的资源仍然丰富。然而正是由于我们今天才真正理解了战争带来的灾难，所以我们决定放弃战争。不会有英国的飞机、战舰和士兵再被投入战争。你们好自为之吧！即使一个伟大的民族被消灭，也比整个人类陷入动荡强得多。我坚信你们也会放弃战争。战争已把我们的眼睛擦亮，你们的双眼将为我们的手足情谊而闪亮。法国精神不同于英国精神。它们极其不同，但这只不过是眼睛和双手的区别而已。没有你们，我们仍会是野蛮人。而没有我们，耀眼的法国精神也得不到充分的表达。法国精神在我们的文化和言语中获得了重生，而英国精神就是来自你们，来自你们最独特的卓越才华。”

在人类以前的历史中，这样的信息是不会被任何政府认真考虑的。如果这个建议是在前一场战争中被提出来，那么提出这个建议的人会被耻笑、咒骂，或许还会被谋杀。好在后来发生了很大的变化，信息往来与文化交流的扩大，再加上长期活跃的世界主义运动，欧洲人的思想意识已经彻底改变了。即便如此，当进行简短的讨论后，英国政府下令将这特别的信息发送出去时，阁员们还是为自己的举动感到惊讶不已。用一位阁员的话说，他们不清楚究竟是魔鬼还是上帝主宰了他们，但肯定的是，他们确实被附身了。

那天夜晚，（那些幸存下来的）伦敦人的精神面貌得到了提升。城市生活的杂乱无章，人们身体上的巨大痛苦和内心中强烈的怜悯之情，以及对似乎所有人都参与的、前所未有的精神活动的感悟，所有这些交织在一起，即使在这个被摧毁的大都市的喧嚣和困惑里，也产生了一种被抑制住的热情和内心深处的平静，这些对伦敦人来说都是史无前例的。

与此同时，不知道未遭受损失的伦敦北部人是将政府突然采取的和平主义态度看作懦弱的表现，还是看作非同一般的英勇姿态。不过，不久他们就心甘情愿地接受事实了，或许他们的内心倾向于后一种观点。针对英国发出的信息，法国方面有两种不同的态度：一派高呼胜利；另一派则沉默困惑。随着时间的推移，前一派主张制定侵略政策，而后一派则高呼“英国万岁，人道主义万岁”。此时，追求世界主义的意志非常强大，最终的结果几乎肯定是健全的理智取得最终的胜利。但不幸的是，英国的一起意外事件将整体进程带上了相反的方向。

空袭发生在周五夜间。到了周六，英国不同寻常的信息已经传遍各国。当天傍晚，雨雾天气使落日显得苍白无力，一架法国飞机突然出现在伦敦西郊上空。它慢慢地下降，旁观者以为是和平的使者。飞机离地面越来越近，然后突然有东西掉了下来，并立刻在附近的一所大规模学校和王宫旁边发生了大爆炸。学校严重损毁，王宫则逃过一劫。但是，一位年轻漂亮且非常受民众喜爱的公主被击中，这为和平事业带来了巨大的灾难。她身受重伤，但一些经常阅读画报的学生还是能辨认出她。她的尸体被刺穿在通往市区的主要街道旁高高的围栏上。爆炸过后，敌机坠毁并燃烧，最后被机上人员摧毁。

旁观者冷静思考片刻，马上意识到这场灾难其实源自事故。那架飞机由于遇险而掉队，并非充满仇恨地蓄意攻击。但是面对残缺不全的学生尸体，因痛苦和惊恐而忧愤不已的公众则无心进行推测。还有公主，她有着无穷的女性魅力，更是民族意识的象征。这样一个人物却被残杀，赤裸裸地暴露在崇拜者的面前。

消息传遍了整个英国，但遭到歪曲，所以人们坚定地认为这次行动是海峡对面有着扭曲性欲望的恶魔犯下的滔天大罪。一小时后，伦敦人的心情发生了变化，而且全体英国人第一时间本能地产生了一种仇恨，这仇恨远超对德国人的愤恨。英国空军早已全副武装，此时一声令下便飞往巴黎。

此时的法国，好战的政府已经垮台，主张和平的政党掌控了国家。正当大街上挤满激昂支持者的时候，英国人投下了第一枚炸弹。周一早晨，巴黎被彻底击垮。随后几天，两军发生了冲突，更有针对平民的杀戮。尽管法国人很勇敢，但英国空军一流的组织调动能力和机动效率，以及高度的警觉性和过人的胆识，使法国军机无法升空。但即便法国已经被打垮，英国也无力扩大战果。两国的所有城市都陷入瘫痪。饥荒、骚乱、抢劫，特别是加速传播和无法控制的疾病，使两国都濒临瓦解，战争这才陷入停滞。

实际上，不只是表面敌对行动的停止，由于两国已经遭到重创，人们也无力再向对方发泄愤怒，所以两国的精力暂时都花在尽力消除饥荒和瘟疫的影响上。重建工作需要大量的外部援助。当时，两国由国际联盟代管。

将此时的欧洲与欧战后的欧洲做对比，结果就显而易见了。从前尽管各国表现出了促进团结的真诚意愿，但他们制定的政策中仍都含有憎恨和猜疑的内容。那时还有许多有关赔款、割地和安保的争辩，欧洲分为两大阵营的争论也不绝于耳，尽管当时只是纯粹的人为和情感因素所导致。但英法战争后，一种全然不同的心态占了上风。此时两个国家都没有提到赔款，也没有向同盟国寻求安全保障。在极端灾难的影响下，爱国主义似乎消失不见了。两个敌对的民族与国际联盟合作，共同完成了双方的战后重建工作。这种心态变化有三个成因：国民组织暂时瓦解；支持和平主义、反对民族主义的工党迅速在两国上台；国际联盟强有力地介入，详细调查了战争的起因，并用惋惜的态度向两国和世界曝光了这场战事荒唐的导火索。

我们已经详细研究分析了两个由小事引发，影响却很大的事件，或许堪称整个人类史上最富戏剧性的事件。你们要认真思考这个事件——由于判断失误或飞机仪表的故障，法国飞行员迷失方向，在和平信息已经发出后仍使伦敦遭受灾难。如果不发生这个意外，英法两国就不会损失惨重。而且，如果战争能被及时地避免（当时眼见就要成为现实），那么全世界理智一方的力量将会得到极大加强。本来脆弱的团结意志将会得到巩固，不是等到冲突发生之后才占据上风，控制人们的惊恐情绪；而是能够为基于互信的长期政策奠基。的确，此时此刻，人类内心固有的冲动已经形成了一种微妙的平衡，若不是因为这小小的意外，英国的和平信息所激发的运动或许会平稳快速地向人类联合的目标发展。这就是说，在长期战争泛滥导致人类精神衰退之前，这场运动或许能取得成功，而不是亡羊补牢。若真如此，人类的第一次“黑暗时代”就不会到来。

3. 英法战争后的欧洲

现在，一个微妙的变化开始影响地球上所有人的心态走向。这个变化之所以引人注目，是因为从美国或中国的角度来看，这场战争毕竟还是一个微不足道的骚乱，与刚刚独立的好斗小国之间的吵闹毫无两样，一个年迈的文明在其衰退期也会发生这样的争斗。如果用美元来计算，这次战争的损失对已经富有的西方和潜在富有的东方来说并不算惨重。大英帝国，这个由不同民族组成的独一无二的大榕树，自此在世界外交领域确实失去了举足轻重的作用。但由于现在将这些民族联系起来的纽带完全是一种感情上的连接力量，所以帝国并没有因主干遭遇的不幸而瓦解。实际上，对美国经济帝国主义政策的普遍忧虑，也促使这些殖民地保持对英国的忠诚。

然而，这种小规模的冲突确实造成了无法挽回且影响深远的灾难。尽管英法两国人的性格差异导致他们之间的冲突，但双方常在不知不觉中，在调和与明晰欧洲整体心态方面进行过合作。尽管他们的失误使西方文明遭到了破坏，但是，要想拯救这个容易陷入盲目的世界，他们固有的德行——虽然从中也产生了弊端——是必不可少的。尽管法国在国际政策中有其根深蒂固的盲目性和刻薄性，英国的怯懦甚至还要更糟，但两国对文化的影响是有益的，在此时此刻也是急需的。尽管两国的偏好和理想不尽相同，但与西方其他民族相比，英法人民有着更审慎的批判性，两国最优秀的人物身上同样体现着冷静与创造性的智慧。这种特质带来了各自的缺点。具体来讲，英国人谨小慎微，这常常导致道德上的懦弱；而法国人的盲目自满和狡黠，则往往被掩盖在现实主义的表象下。当然，两个国家内部也是千差万别的。英国人之间各有不同，但在一定程度上，大多数英国人都具有典型的英伦特色，由此也在世界上发挥着独一无二的影响力。他们相对冷漠、怀疑、小心、务实、坚韧。英国人知足，不易激动，所以一面宽宏大量，另一面却对外人尖酸刻薄；既能发扬英雄主义精神，也会胆怯悲观地放弃那些对人类存亡来说至关重要的终极奋斗目标。法国人和英国人同样会违反人道主义，但方式方法截然不同。法国人的特质是不能心平气和地正视自己，于是会在盲目中犯错。英国人犯错则常常是由于胆怯，眼睛倒是瞪得很大。英法两国在国民常识、观念统一这方面冠绝全球；但又最容易以常识的名义背叛自己的观念。所以，他们有着背信弃义的不良口碑。

在当时，民族特点和爱国情操的差异不是人类之间最根本的区别。在每个国家里，共同的传统或文化氛围对国民产生着统一的影响，但是在国民内部，各种心态倾向都是存在的，尽管比例可能各有不同。人类之间最明显的文化差异——狭隘民族主义与世界主义的差异——就跨越了国界。世界范围内，新事物正在兴起，比如近来发展起来的、博爱的世界性“国家”。如今，在每片土地上都有大批觉醒的人。无论他们的气质、政治态度和信仰是什么，都忠诚于人类并因此团结在一起。不管这里的人类指的是物种，还是一种昂扬奋进的精神。不幸的是，这种新崛起的意识仍然被陈旧的偏见所干扰。在某些人的头脑里，捍卫人类精神被真诚地等同于捍卫某个国家，且被认为是所有智慧的基础。其他人则认为社会不公激发了一种无产阶级意识，尽管这种心态本质上是倾向于世界主义的，但表现出来的狂热宗派意识对捍卫者和敌对者产生了相同的影响。

还有另一种情感，它不如世界主义那么清晰和容易被察觉，但也对人类的心灵产生了影响。那就是忠实于客观智慧的认识，心怀困惑与崇敬地仰望一个即将展现在人们面前的世界——一个威严的、浩瀚的、精彩的世界，而人类在其中起到的作用注定是悲剧性的、微不足道的。毫无疑问，许多民族早已在积极探求这种客观智慧的认识。但在这方面，英国和法国超越了其他国家。另外，即使在这两个民族中，也有反对这种认识的强大势力。与当代其他民族一样，这类人容易陷入狂乱冲动。的确，法国人的思想通常来说眼界清晰务实，鄙夷模糊不清的思想，评判也是公允的，但偏偏对“法国”这个念头执着不休，以至在国际事务中往往显得小家子气。不仅在国内，而且在整个欧洲乃至美国，法国与英国确实一道成为激励客观冷静思想产生的主要力量，这种思想是西方文化中最卓越罕有的成分。在基督教控制的 17 世纪和 18 世纪，英法两国便率先对客观世界本身产生了兴趣，创建了自然科学，并从怀疑论出发，建立起最辉煌灿烂的思想大厦。后来，主要还是法国人和英国人利用科学技术揭示了人类世界与物质世界的奥秘，比如这两个世界之间真正的关系。对这些令人振奋的发现欢呼雀跃的，也主要是这两个民族中出类拔萃的人物。

随着英法两国的衰落，这种冷静思考的伟大传统开始黯然失色。欧洲现在被德国领导。尽管德国人有实践才能，为人类历史做出了学术上的贡献，他们也有辉煌的科学研究和一丝不苟的哲学研究，但德国人本质上还具有浪漫主义的精神。对他们来说，这种倾向既是优点也是缺点，所以德国人能从他们最优秀的艺术和深邃的哲学思想中获得一定的灵感，不过，这也使他们不善自我批判，高傲自大。德国人比其他西方人更急切地去揭示事物的奥秘，又对人类的理性少有怀疑，因此往往会回避、忽视某些不可辩驳的事实。由于这种特质，德国人富有建构思想体系的雄心，在这方面有着巨大的建树。缺乏德国人的参与，欧洲人的思想早已陷入混乱。但在无序的事物面前，他们对秩序和体系的激情，使他们的论证结果时常带有偏见。在并不稳固的根基上，他们巧妙地维持着通天的阶梯，避免它轰然倒地。于是，如果没有来自莱茵河与北海以外的粗粝批评，德意志民族的灵魂就无法充分地自我表现。由于对自身浪漫主义的茫然焦虑和缺乏冷静，这个伟大的民族偶尔会通过荒谬的野蛮行径来展现自己的气概，或者通过坚忍不拔、取得巨大成功的工商活动来使国民固有的梦幻情怀得到满足；但是，他们真正需要的是更加彻底的自我批判。

除了德国，还有俄罗斯。俄罗斯人的行事原则同样需要建立在自我批判的基础上，甚至比德国人更加需要。自布尔什维克革命以来，在俄罗斯广袤的田野与森林中，村镇和大都市内部都出现了崭新的艺术和思维模式。这种思维模式中又融入打破旧习的热情、丰富的感知能力以及源于个人渴望的非常卓越的、往往凭借神秘或直觉获知的超验能力。美国人和西欧人首先对个人生活产生兴趣，其次才是社会这个整体。对这些民族来说，忠诚会引发消极的自我牺牲，他们的理想一直就是培养技艺超众的个人。社会就是造就天才的摇篮。但俄罗斯人无论是源于其天生禀赋，还是其长久的暴力政治、宗教信仰和真正的社会革命，都容易在团体中流露出自卑的心态，也容易自发地崇拜高于个体的事物，无论是社会、上帝还是盲目的自然力量。西欧人是能够认识到人类的渺小的。如果只把人类视为茫茫繁星中的某个物种，人类又算得上什么呢？他们甚至可以推断出，人类只不过是宏大宇宙主题中的一个小小分支。但是，西欧人通过非凡的才智做到这一点；而俄罗斯人，无论是东正教徒、托尔斯泰的信徒，还是狂热的唯物主义者，都能够凭借知觉，凭借直接的体悟达到同样的认识，不需要进行艰苦的探索。而且一旦实现了自己的理想，俄罗斯就会从中感受到喜悦。但由于俄罗斯人在理性上有所欠缺，所以他们的感知是困惑的、变动的，而且不乏误解。除此之外，这种体悟只会引发冲动，却不能指导行动。西欧和东欧应该互相勉励，互相补充，这一忠告确实是意义深远的。

布尔什维克革命以后，俄罗斯文化中出现了一个任何现代国家都不曾了解的新要素。旧政权被真正的无产阶级政权取代，新政权尽管有时会过于狂热，但它废除了旧的阶级专政，鼓励最底层的民众自豪地参与到伟大的社会运动中去。更重要的是，淳朴的俄罗斯人在政治革命的同时，没有把物质财富看得很重，并且形成了西欧人无法接受的“视金钱为粪土”思想。其他国家专注积累或炫耀财富，俄罗斯人却会自然地投入本能的享受或文化活动之中。

与其他国家相比，俄国市民不太容易被传统束缚。面对变化着的世界，初人精神正是从这里展开了一场崭新的、真诚的大变革。新生活方式等事物正在从市民传播给农民。在亚洲各地，一群日益壮大的、坚韧勇敢的人正把目光转向俄罗斯，他们所求的不只是机器，更是理念。有时，俄罗斯似乎即将把人类共同面临的秋天转变为生机盎然的春天。

布尔什维克革命以后，新俄罗斯遭到西方的抵制，并因此度过了一个自我意识汪洋恣肆的阶段。共产主义思想和唯物主义思想成了新生改革运动中无神论教派的信条。一切批评都遭到严苛的压制，这些批评的力度远超其他国家对俄国的批评。政府教导俄罗斯人把自己当成人类的救世主。但是，随后经济上的隔绝开始妨碍布尔什维克国家政权的发展，所以新的文化慢慢在形成、传播。俄罗斯与西方的经济交流逐渐恢复，文化交流也开始加深。俄罗斯直觉性的、神秘的超然态度开始自成一派，其自身也在自我巩固与加强，这主要表现在与西方最优秀思想的脱离上。然而，打破旧习的思想遭受到了压制。崇尚感官享受和冲动的生活方式被一场新的批判运动改变了。唯物主义思想一直以来都是源于被曲解但对客观“现实”产生的极其强烈的神秘直觉。这种唯物主义思想开始与更理性的斯多葛主义思想融合，后者是西方思想史中的一朵奇葩。与此同时，通过与农民文化的接触和亚洲人民的交流，新生的俄罗斯开始将英法沉重的祛魅精神与东方式的直觉狂喜熔于一炉。

这两种态度的融合现在是人类主要的精神需求。如果不能将两者结合为统摄性的观念，就会导致民族在精神上的混乱。此时，这一融合对俄罗斯最优秀的思想家来说，正显得越来越紧迫。如果西方思想能够继续和风细雨地滋润俄罗斯，那么这个理想或许真的能够实现。

但事实并非如此。随着美国与德国的崛起，英法两国的经济陷入持续衰退，现在连思想的自信也遭到了动摇。几十年来，英国已经注意到新兴国家正在抢夺它的市场。利益损失在国内导致一系列的问题，使英国感到窒息。这些问题必须通过大刀阔斧的改革才能解决。这是一场需要勇气和活力的运动，没有理想抱负的民族是没有出路的。不久，英法战争便爆发了，整体局势每况愈下。但英国没有遭遇法国发生的那种精神错乱，不过其整个心态却发生了变化，原本作为“欧洲稳定器”的作用也减弱了。

对法国来说，文化生活此刻陷入严重的困境。如果不被贪婪的民族主义逐渐毒化，法国最终是能够从打击中恢复过来的。对法国来说，爱国反而有害于国民。他们如此疯狂地推崇美妙的法国精神，以至他们视所有的其他民族为原始人。

然而在俄罗斯，两个德国思想体系建构者的伟大成果——共产主义和唯物主义，却从未受到批判。另一方面，实践共产主义的运动也被逐渐削弱，因为俄罗斯越来越受西方，特别是美国金融界的影响。官方的唯物主义信条也逐渐堕落为荒唐的言论，因为对俄罗斯人的思想来说，它只不过是舶来品。因此，上述两者在实践与理论之间存在着深刻的矛盾。曾经生气勃勃和前景光明的文化现在遁入虚伪。

4. 俄德战争

在俄罗斯，共产主义的理论与个人主义的现实之间的矛盾，导致欧洲下一场灾难的发生。俄罗斯和德国之间的机械与谷物贸易繁荣，本应结为紧密的伙伴。事实证明，如果没有美国的资金支持，俄罗斯的产业结构是无法建立的。渐渐地，这种影响也改变了以实现共产主义为目标的体制。从波罗的海到喜马拉雅山脉和白令海峡，牧场、林地、机械耕种的良田、油田和大量涌现的工业城市，都越来越依靠美国的金融和组织。但是在俄罗斯人的头脑中，资本主义的象征不是美国，而是个人主义并不兴盛的德国。明明是俄罗斯人自己背叛了共产主义理想，却自以为是地憎恶起德国来，以此平复不安。这种倒错的敌意得到美国人的煽动。美国人有很强的个人主义意识，他们的国家空前繁荣，现在轻蔑地对俄罗斯人的信条采取了容忍的态度。其实，美国人只关心如何将俄罗斯的金融控制在自己手里。当然，事实上导致俄罗斯人自我背叛的是美国，而且美国精神才是与俄罗斯精神最不相容的。但此时，美国的财富对俄罗斯是不可或缺的，所以美国导致的仇恨要由德国去承受。

德国人内心愤恨不平，因为美国人夺走了他们最有利可图的领域，尤其是俄罗斯亚洲油田的开采权。人类的经济生活一度依赖煤炭，但是近来石油被认为是更方便的能源，由于地球上石油的储量远远低于煤炭，且原油的消耗彻底失控，甚至达到浪费的程度，所以石油的缺乏已经凸显。因此，对尚未开采的油田实施国有化已经成为各国政治事务中的主要内容，也成了战争的主要导火索。由于美国已经开采并消耗了本国大部分的原油资源，所以为了与资源依然丰富的中国竞争，它致力于排挤德国在俄国油田中的势力。难怪德国人感到愤愤不平，但失误是他们自己造成的。在奉行共产主义思想的俄罗斯伺机改变世界的时候，德国已经取代英国成为欧洲个人主义的新旗手。德国渴望与俄罗斯开展贸易，同时又担忧被俄罗斯的社会主义信条所侵蚀。特别是共产主义运动最早是在德国工人间展开的，更强化了这层担忧。后来工业秩序稳健地恢复过来，共产主义思想对工人的吸引力也随之减弱。即便如此，德国内部的反共论调依然故我。

于是，欧洲的和平一直处于由俄罗斯和德国两个国家争斗而引发的危险之中，而他们之间的差异在于理想而非实践。一方虽然信仰共产主义理念，却被迫将许多公共权利让渡给雄心勃勃的个人；另一方理论上立基于私营企业制度，实际上却越发偏向社会主义。

双方都不希望战争。双方对军事荣耀都不感兴趣，因为军国主义已经声名扫地。双方表面上都不主张民族主义，因为尽管民族主义还有影响力，但已不被称颂。尽管双方都宣称主张国际主义与和平，但都互相指责对方奉行狭隘的爱国主义。这样看来，欧洲尽管比以往更加平静，但注定要爆发战争。

与大多数战争一样，英法战争增强了人们对和平的渴望，但也使和平不如从前那样牢固。人们之间缺乏信任，这种不信任不仅仅是国家间存在已久的不信任，而且还是一种对人性极具破坏力的不信任。后者就像人们对精神错乱的恐惧一样对人类产生了巨大的影响。有些人表面上全心全意地以“欧洲人”自居，却担心随时会屈服于某种迅速蔓延的荒谬的爱国主义，并卷入进一步瓦解欧洲统合的运动中去。

这种担心是促使“欧洲联邦”建立的一个动机。除俄罗斯外，联邦各国都愿意放弃他们的主权，接受统一的管辖，武器也集中管理。从表面上看，这场运动的动机是和平，但美国人认为其目的是为了对付自己，于是美国退出了国际联盟。美国的“天敌”中国留在国联中，希望利用它与敌手对抗。

从外部来看，“欧洲联邦”起初确实是作为一个联系紧密的整体出现的；但从内部来看，它是不稳定的，每次遇到严重的危机就会分裂。我们没有必要去关注这一时期发生的许多小规模战争，尽管它们对经济和心理的累积效应是严重的。然而，欧洲最后确实在情感上做到了亲如一家。但是对这种联合，共同的信仰远不是主因，对美国的共同担忧才是。

欧洲最终走向联合是俄德战争的结果，这场战争的诱因既有经济上的，也有情感上的。欧洲所有的民族一直用惊恐的目光注视着美国。美国试图用金融控制俄罗斯，欧洲人民还担忧很快就要遭受同一暴君的奴役。人们认为损害俄罗斯的利益也会打击美国脆弱的地位。但发动这场战争的真正原因是情感层面的。英法战争结束五十年后，一位二流德国作家出版了一本典型的德式书籍，只是内容卑劣。每个民族都有独特的美德，因此也有独特的弱点。该书观点鲜明，但语言太过放肆。作者用单一的准则去解释繁多的世事，虽然不乏详尽的细节与貌似合理的观点，但仍显露出作者令人吃惊的天真。作者在书中精彩地阐述了心中的世外桃源，但从更广泛的范围上来看，书的内容依然空洞。在这部连篇累牍的两卷本中，作者声称宇宙是二元体，一方是优越的北欧精神，一方是低劣的斯拉夫精神。前者受神圣权利的控制，富有英雄主义；后者则缺乏自律和独立精神。作者根据这一原理对历史和进化的全部历程进行了解释，而且在谈论当代世界时，该书公然指出斯拉夫文化正在毒化欧洲。其中一个词语特别引起俄罗斯人的狂怒：“俄罗斯亚人的猿猴般的脸。”

莫斯科方面要求作者道歉并停止该书的发售。柏林方面对书中的辱骂表示遗憾，但态度并不真诚，同时还强调了言论自由。随后俄罗斯在广播中加大了讨伐的声音，最终爆发了战争。

对关注太阳系内人类思想发展的人来说，这次战争的细节并不重要，但战争后果产生的影响是重大的。莫斯科、圣彼得堡和柏林在空袭中被摧毁。整个俄罗斯西部被最新型的致命毒气淹没，不仅动植物被毁灭，而且从黑海到波罗的海之间的土地多年寸草不生，不再适合人类居住。不到一周，战争就宣告结束，参战人员被一片面积庞大的无人区分隔出来。然而，战争的影响是持久的。德国人开启的进程连他们自己也无法终止。残留的毒气继续被方向不定的风吹到欧洲和西亚的所有国家。春季来临时，在大西洋沿岸一带，所有花朵在含苞待放时尽皆枯萎，新生叶子的边缘干枯皱缩。人类也未能幸免：在战场以外的地区，孩子和老人是受伤害最大的群体。大量毒气随风飘过广大地区，并随着风向吹向八方，于是毒气席卷了整个欧洲大陆。毒气吹到哪里，当地孩子们的眼睛、喉咙和肺就会像植物的叶子一样受到伤害。

经过多次辩论之后，美国最终决定进军欧洲，保护其在俄罗斯的利益。中国也开始调动军队。但还没等美军战备完成，毒气传播的新闻就使其改变了对策。美国没有施加惩戒，而是提供了援助。这是美国表达善意的姿态。但是从欧洲的实际情况来看，美国的援助收益远大于成本，因为大部分的欧洲地区不可避免地落入美国的经济控制。

简而言之，俄德战争让欧洲团结在反美情绪之下，同时欧洲人的精神状况也显著恶化了。这一方面是战争本身的影响，另一方面是毒气产生的社会危害效应。有些年轻人变得体弱多病，而且厌世。从这场战争结束到美欧战争爆发的三十年间，欧洲承受了大批人口无力工作的沉重负担。欧洲人比以往更缺乏强健的智慧，更加被束缚在重建家园的具体事务中。

对人类来说，更大的灾难是，俄罗斯试图融合西方智性与东方神秘主义的新文化运动搁浅了。

欧洲的没落

1. 欧洲与美国

欧洲各国以外有两个更强大的国家，他们之间的敌意越发强烈。这是意料之中的事情，因为一个国家拥有最古老、最优秀的文化；另一个却是最年轻、最自信的国家，并宣称其崭新的精神就是人类未来的精神。

在远东，尽管中国是完全的东方国家，且很大程度上受到俄罗斯的影响，但已经半美国化了。中国一直在坚持不懈地改良稻田，推进铁路建设，规划长期的工业发展。中国对世界上其他的国家非常友好。从前，在取得统一和独立的进程中，中国从激进的布尔什维克主义中获益匪浅。俄罗斯崩溃后，其文化在东方找到了继续生存的沃土。它的神秘主义影响了印度，社会主义理想又影响了中国。中国确实没有接受共产主义理论，更没有去实践共产主义。但中国学会了将自身越来越投入一个充满活力、全心全意的执政党怀抱，从社会整体而非人类个体的角度去体验周围的事物。然而其国内也充斥着个人主义观念，无论执政者怎样，整个国家已经培育出了一个埋头苦干、努力勤奋的工薪阶层。

在西方，美利坚合众国公开宣称自己是全球的保护人。它引起了普遍的恐慌和嫉妒。美国人的进取心为其赢得了普遍的尊重，但他们的自满遭到广泛鄙视，而这种自满却使美国人迅速改变着人类的整体特征。此时，全球的每一个人都在使用美国的产品，每一个地区都有美国的资本在支持着当地劳工的生活。另外，美国的印刷机、留声机、半导体、电影放映机和电视机不停息地将美国思想渗入地球的每个角落。年复一年，天空中回荡着纽约欢乐的声音，美国中西部地区的宗教热情也得到广泛传播。尽管遭到鄙视，但不容置疑的是，美国强势地影响了整个人类。如果美国将自己最珍贵的思想成果奉献给世界，那倒也没什么。然而不可避免的是，只有它最恶劣的东西得到了传播。美国是有潜力成为伟大的国家的，但通过种种的粗鄙机器，只有它最庸俗的某些特点传播到了国外。于是，美国内部劣等阶层的有害思想彻底地腐蚀了整个世界，美国社会中高尚的成员也受到了影响。

事实上，美国文化中的精华总是无力抵御其中的糟粕。美国人确实为人类的思想发展做出了巨大的贡献。他们为将哲学从古老的枷锁中解放出来尽了一份力。他们为科学的发展做了大量严谨的研究。在天文学领域，他们使用贵重的观测仪器观察澄澈的天空，做了大量的研究，最终揭示了恒星和星系的特性。尽管美国文学不免粗疏，但他们也构思出了一些新的表达方式和欧洲人不易理解的思维方式。他们还创立了崭新辉煌的建筑学。他们还有善于组织的天才，将无数人有机协调起来，这是其他民族想都不敢想的，更别提具体实现了。实际上，他们最优秀的人才常用一种全新的专注心态和极大的勇气，去面对陈旧的理论和价值问题，所以迷信之雾在美国精英面前立刻消散。但是，这些最伟大的精英在庞大的自欺欺人的顽固分子群体面前就成了少数派。令人惊讶的是，顽固派陈腐的宗教学说得到乐观主义的年轻人的支持，而这种盲目的支持让人难以容忍。事实上，在这样一个民族中，青年人尽管朝气蓬勃，却遭受到压制，缺乏成长的环境和机会。回顾人类漫长的发展期，当面对这样历史悠久的民族时，我们发现他们的命运已经被环境和品性决定了，从中还能感受到命运开了一个令人沮丧的玩笑：自认为能够让世界恢复活力的人，反而将它带入精神的荒漠，最后不可避免地使它沦入衰朽时期，经历一个漫漫长夜。

这是不可避免的。但是，美国当时毕竟是一个大有希望的国家，拥有超过所有其他民族的与生俱来的天赋。在美国人身上汇集了所有民族的优点，比其他任何民族在精神上都充满活力。美国人身上融合了盎格鲁 - 撒克逊人的倔强、日耳曼人在细节和组织方面的才能、意大利人的快活乐天、西班牙人的热情，还有凯尔特人炽烈的情感。这个国度里，还有热情冲动的斯拉夫人、朝气蓬勃的黑人，还会发现暗淡但隐约使人兴奋的印第安人的踪迹，在西部还有少量的蒙古人。毫无疑问，互不容忍从某种程度上使这些群体互相分离，然而这些人逐渐融合为一个民族，他们为自己的个性骄傲，为自己的成功骄傲，为自己在国际舞台上的理想骄傲，也为自己以人为中心的宇宙观骄傲。如果能被进一步合理地疏导，如果能够投入人类生活中更艰深的领域，这强大的力量就会战无不胜！亲身经历灾难或许让这个民族敞开了心扉。美国人如果能够与一个更加成熟的文化进行交流，或许可以使他们更加智慧。但是，美国人沉醉不已的成功使他们感到自满，从而无法向不如自己成功的对手学习。

然而，这种孤立保守的心态终将会衰落。只要英国仍然是强大的经济对手，美国就不可避免地用猜忌的目光注视着它。但是，现在英国经济颓势尽显，文化却走入最后一个巅峰时代，美国人对它的态度反而宽容大度起来。优秀的美国人开始窃窃私语，认为也许自己的国家无与伦比的繁荣根本不足以证明大部分美国人精神上的伟大和道义上的正直。少数坚守文道的作家开始指出美国缺乏自我批评精神，无法接受对自己不利的玩笑，根本没有当代英国最优秀、最可贵的公正和谦逊的心态。这些举动或许会很好地给全体美国人上一课，让他们认识到这些，毕竟这有助于削弱他们野蛮的利己主义，并再次竖起耳朵去感受躁动地球以外的寂静。再次竖起耳朵吧，近年来物质上的成功已经震聋了他们的双耳。当时，美国大陆上有一些文化的孤岛虽然不断萎缩，但还是奋力让自己摆脱粗俗与迷信的漩涡。这座孤岛上的人们曾向欧洲寻求援助，当英法两国错误地陷入放纵和战争时，他们还试图挽回颓势。英法两国的错误使很多最优秀的思想家死去，他们的文化影响力也永久地被削弱了。

随后，德国开始代表欧洲发声。德国是美国经济上强大的竞争对手，而美国对它的影响却不大。另外德国的批评，尽管通常语气很严厉却迂腐，但很少带有嘲讽，所以不能大力批判美国的自满情绪。于是，美国在美国精神的泥潭里越陷越深。大量的财富、精力和成功的发明被用到愚蠢的用途上。尤其是，美国生活完全是围绕着对强大个人的崇拜而组织起来的，这种崇拜式的理想是欧洲的战争步入尾声的时候才逐渐产生的。没有这种理想意识的美国人通常位于社会底层，他们要么用未来美好的理想安抚自己，要么加入追星的行列去体验他人的满足感，要么对自己的美国国籍得意扬扬，为政府傲慢的对外政策拍手叫好。掌权者只要权力不丢就沾沾自喜，而且不假思索地炫耀着自己的权力，骄傲自大，一如往昔。

欧洲从俄德战争的灾难中恢复过来的时候，几乎不可避免地要与美国发生摩擦，因为欧洲长期以来在美国金融的摆布下已痛苦不堪，而且欧洲人的日常生活越来越受到大批高傲的外国“贵族”势力的冲击，这股势力便是来自美国的商人。只有德国相对比较容易摆脱这种影响，因为德国的经济实力依然强大。但在德国，跟其他地方一样，与美国人的摩擦不断。

当然，欧洲和美国都不期待战争。双方都十分清楚战争意味着商业繁荣的结束。而且对欧洲来说，战争很可能意味着失去一切，因为众所周知，人类的破坏力量已经更加强大了，如果发动残酷的战争，强大的一方会将对方彻底抹除。但是，“事故”最终还是如意料之中地发生了，激起大西洋两岸人民的盲目愤怒。在意大利南部，一个美国人遭到谋杀，欧洲媒体随即散布了一些不妥的言论。美国媒体上则出现了攻击性的报复言论。同时，一个意大利人在美国中西部被私处绞刑。紧接着，罗马爆发了对美国人的屠杀，形势难以遏制。美国派遣空军去占领意大利，但遭到欧洲空军的拦截。实际上，早在宣战前，战争就已经爆发了。这次双方空军的遭遇或许给欧洲带来了不幸，但只是暂时遏制了美国进攻的脚步。敌人已经全力以赴地准备发起毁灭性攻击了。

2. 神秘武器之源

正当美国人发起总动员的时候，一件有趣的事情发生了。某国际科学家协会正在英国的普利茅斯开会，一名来自中国的年轻物理学家提出，希望向专家委员会进行汇报。他一直在找寻通过物质湮灭来利用亚原子能的方法。于是，由四十人组成的国际委员会怀着激动的心情来到德文郡北部海岸的哈特兰角。

一个雨后晴朗的早晨，科学家们聚集在伦迪岛西北十八公里左右的地方，这座岛屿的峭壁显示出不同寻常的情况。委员们聚集在这里，穿着雨衣坐在兔子出没的草地上，一大群海鸟在他们头顶盘旋。

这是一个优秀的团队，每个成员都出类拔萃。从某种程度上说，他们都具有各自民族的个性。每个人都是那个时代典型的科学家。放在过去，科学家或许代表着对唯物主义的盲信和矫揉造作的愤世嫉俗。但是，现在公然宣称“所有自然现象都是宇宙精神的表现”这一同样盲目的信念却蔚然成风。在这两个截然不同的时代，科学家在认真研究工作之外的信念时都是很盲目的，往往只是凭借个人偏好，就像选择娱乐活动与食物一样。

在这个群体中，我们可以介绍其中的几位。德国代表是一位人类学家，秉承人类由来已久的追求，坚持强健体魄与精神，用肉体力量努力展示着日耳曼民族固有的特征。法国代表是位精神矍铄的心理学家，怪癖是收藏古今的武器，他用和善的犬儒主义心态注视着此次会议的进程。英国代表是一位本民族为数不多的知识分子，虽然在物理学研究上没有多少建树，却对历史悠久的英国脏话土语颇有心得，而且乐于将自己辛苦劳动的成果分享给同事。协会会长来自西非，以人猿杂交研究而闻名。

一切就绪后，会长解释了此次会议的目的：亚原子能的利用已经成为现实，此次就是给大家做一个演示。

这位年轻的中国科学家是蒙古族人，他站起身来，他从公文箱里取出一个形似老式步枪的仪器。他一边展示着，一边用传统中国士人的腔调开始讲解："在具体描述精微的原理之前，我将通过展示这最终产品的功能来说明其重要性。我不仅可以湮灭物质，还可以长距离精准地进行操作。其次，这个过程是完全可控的。作为一种破坏手段，我的仪器是完美的。作为人类建设工作所需的能源，它有着巨大的潜力。先生们，这是人类历史上伟大的时刻。这是一件能够永远终结人类相互残杀的器物，现在，我要把它交给我面前的科学家组织。今后，这个伟大的协会——各位都是它的精英——将成为地球仁慈的主人。凭借这个小小的设备，你们就能避免愚蠢的战争。凭借另一个我即将完成的设备，在需要的时候，你们能获得无限的工业能源。先生们，我有幸向各位展示这件有益的设备，而你们将成为这个星球的绝对主宰。"

这时，英国代表用古英语咕哝了一句，"求上帝保佑"。（Gawd 'elp us！）这句古英语的意思只有他自己知道，在其他不懂物理学的外国人的脑海里，这个古怪的词语被认为是与新能源相关的一个术语。

接着，中国科学家又做了一段讲解。他身体转向伦迪岛方向，指着它说："那个岛不再适宜居住，而且给过往船只带来了航行上的危险，所以我要将它移除。"他一边说着，一边把仪器对准远处的峭壁，口中没有停下："这个扳机最终会激发分子的正负电荷，两种电荷会在岩石表面的某点互相湮灭。被激发的原子又会触发旁边的原子，从而无限地传播下去。第二个扳机会让电荷湮灭停下来。除非我将它停下来，否则这个过程会不断进行下去，最终或许会让整个星球毁灭。”

这时，旁观者中有人感到焦虑不安，但这年轻人仔细地瞄准，接连扳动了两个扳机。仪器没有发出任何声音。迷人的小岛上也看不到有什么变化。英国人发出咯咯的笑声，但很快就不笑了。远处的峭壁上出现了耀眼的光点。光点越来越大越亮，最后大家只能眯着眼继续观察。越来越大的光点照亮了云彩下面的一切，使太阳投射在旁观者身旁的金雀花花丛的影子瞬间消失。小岛面向不列颠岛的一侧骄阳似火，让人无法忍受。然而，炽热的光焰很快就被沸腾的海水形成的云雾遮住了。突然，这个方圆五公里的花岗岩小岛变成了碎片，密密麻麻的大石块被抛向天空，下面慢慢升腾起一个由碎石和蒸汽构成的巨大蘑菇云。这时，巨响也传到了科学家那里，他们都用手捂住耳朵，眼睛还是痛苦地望着海湾方向，浑身布满白色石灰。同时，爆炸中心处形成了高高的巨浪，足以吞没一艘货船，朝比迪福德和巴恩斯特布去了。

旁观者一跃而起，喧闹起来。这凶险一幕的年轻制造者却欣喜若狂地注视着这出奇观，看到只是余波便已如此强大，感到惊讶不已。

休会期间，众人去了旁边的一个小教堂听取研究报告。穿过教堂大门的时候，他们看到蒸汽和烟尘已经消散，伦迪岛重新出现，被海水环抱。《圣经》被庄重地拿开，窗户也被打开，往外排一排宗教气息。事实上，尽管对相对论和量子理论的早期唯心主义解释已经使科学家们习惯了对宗教的尊重，但他们中的许多人进入宗教场所时，仍然会觉得窒息。当科学家们在古朴坚固的长椅上就座后，会长解释说，他们在此开会已经得到了教会的准允，因为教会已经意识到，由于科学家逐渐揭示了物理学的精神基础，科学和宗教今后必定会成为紧密的盟友。另外，此次会议的目的就是要探讨一个至高无上的奥秘。科学将发现奥秘，宗教使奥秘变得高尚。会长对年轻的能量仪器设计者的成功大加赞扬，并请他在会上发言。

然而就在这时，年长的法国代表准备插话，大家给了他发言的机会。他将近一百四十岁了，长寿秘诀是内在的强大精神，而非任何物理技术。这位高龄老人谈起了过去人类更智慧的年代。在逐渐衰退的文明中，年长者往往眼界更开阔，更有活力。他的长时间演讲辞藻华丽且推理严谨。他说："毫无疑问，我们是这个星球上的智慧源泉。由于我们对事业有强烈的使命感，所以我们无疑更加真诚。唉，但是我们终究还是人，不时地犯些小错误，做些不明智的事情，所以我们被赋予的力量不会带来和平。相反，它只会延续民族仇恨，使整个世界走向混乱。那将破坏我们诚实正直的精神，并最终使我们变成独裁者，顺便将科学毁灭。最终可能由于一个小的失误，整个世界就会被引爆，导致的灾难让我们后悔不已。我知道，欧洲肯定会被大西洋对岸那些精力充沛但是未经磨难的无知孩童摧毁。这听上去虽然阴暗，但其他的选择却要糟糕得多。先生们，我们怎能袖手旁观呢！对思维成熟的人来说，你的了不起的发明会起到很大作用，但我们的心智还远未开化——不，绝对不可以给我们。所以，我非常遗憾地请求你销毁自己精妙绝伦的设备，而且如果可能的话，从你的大脑中删除这些非凡研究的记忆。但最重要的是，不要把你的原理讲给我们听，讲给任何人听。"

这时，德国代表抗议说放弃就意味着懦弱。他简要地介绍了自己的观点，他认为在组织有序的科学引领下，在用科学原则组织起来的宗教启示下，整个世界会井井有条。他说：“毫无疑问，放弃就是拒绝上帝给我们的礼物，直到最近，我们才偶然地在最微小的量子中发现了上帝的存在。”其他发言者也提出了正反两方面的意见。但很快，明智的一方占了上风。在场科学家们显然受到了世界主义的感召。实际上，由于他们对民族主义的疏离，连美国代表都开始鼓吹使用这种武器，虽然它显然会用来对抗自己的同胞。

最终，代表一致投票要求——不，是命令——销毁仪器和相关资料，然而同时表达了对这位中国科学家深深的敬意。

年轻人站起身来，从提箱中取出仪器，用手抚摸了一下。他站在那儿很久，一言不发，目光凝视着仪器，其他人显得有些焦躁不安。最后他说：“我将尊重会议的决定。销毁十年辛勤研究的成果，特别是这件仪器。确实很悲哀，我曾期待赢得人类的感激之情，但相反，我成了一个被抛弃的人。”他又陷入沉默，然后往窗外望去，并从口袋里拿出望远镜，向西边观望。“看，美国人来了。先生们，美国人的战斗机群正在逼近。”

所有代表都站起来，涌向窗户。在西面高高的天空中，一列稀稀疏疏的黑点隐约向南北两个方向展开。英国代表说：“看在上帝的面上，再用一次你的武器吧，否则英国就完蛋了。美国人会在大西洋上空杀死我们的同胞的。”

中国科学家把目光转向会长。所有人都异口同声地喊：“击落它们！”只有法国人表示抗议。美国代表抬高嗓门说：“飞机上的人是我的同胞，还有我的朋友，可能还有我儿子。但他们真的疯了！他们想要做极其可怕的事情，暴徒心理！击落他们吧！”中国科学家依然在注视着会长，会长马上点了点头。法国人开始痛哭流涕。于是，靠在窗台的年轻人逐一瞄准每个小点，顷刻间所有的小点变成了刺眼的火球，然后消失。教堂内出现了长时间的寂静。大家私语起来，他们盯着那个中国人，表现出了焦虑和反感。

代表们在教堂旁边的空地上匆忙地举行了仪式。他们点起了火，将仪器和同样致命的研究资料烧毁。此刻，表情严肃的中国科学家要与每个人握手，然后说道：“由于我内心的秘密无法被销毁，所以我必须从地球上消失。将来某个更值得尊重的人种会再次发明这一技术，但今天我对这个星球来说是个潜在的危险。所以，由于我愚蠢地未能意识到我生活在野蛮人之中，我要用古老的智慧自我解脱，从此消失。”他说着就倒在地上，停止了呼吸。

3. 欧洲荼毒

流言通过口口相传和广播传遍世界。一个岛被神秘地炸毁；美国战斗机群神秘地被消灭在空中；在这些事件发生的附近地区，一些著名的科学家正聚在一起开会；欧洲政府努力寻找这位无名的救世主，要向他表示感谢，然后将这项技术拿为己用。科学协会的会长报告了会议和投票的情况，他和同事立刻被逮捕了。为了让他们吐露秘密，先是道德“压力”，后来更是身体“压力”。全世界都确信他们真的知道这个秘密，而且会使用。

与此同时，人们了解到当初美国空军指挥官在击败欧洲空军后，得到的命令只是在英国上空“展示肌肉”，因为两国正在进行和平谈判。而在美国国内，各大公司已经向政府发出威胁，如果继续在欧洲实施不必要的暴力行为，他们将采取抵制措施。美国的大企业在态度上总体与世界保持一致，因为他们意识到，欧洲的衰亡将不可避免地削弱美国的金融实力。但意外的灾难降临到了趾高气扬的美国空军身上，导致美国人内心产生了盲目的憎恨感。参加和平谈判的人一下子陷入茫然。这样一来，中国人的攻击行动非但没有拯救英国，反而让它厄运当头。

几天来，欧洲人生活在极度的恐慌之中，他们不知道会有什么恐怖的事情随时发生在他们身上。难怪政府竟然用拷打的方式希望从科学家那里获取有关的秘密。难怪四十名相关人员里，只有一人，即英国代表通过撒谎解救了自己。他承诺尽最大努力去“回忆”错综复杂的湮灭过程。在严密的监视下，他利用自己有关物理学的知识，试图发现中国人的窍门。幸好他完全找错了方向，他自己也明白这一点。但他的首要动机是保命，后来他想了一个计策，让研究工作进了死胡同，会无限期地拖延下去。这个英国人的“背信弃义”让最顶尖的物理学专家投入毫无价值的研究中，从而避免了任性的、毫无同情心的人类将地球摧毁的悲剧。

美国人有时十分和善，此刻，举国上下却对英国人和所有欧洲人无比痛恨。他们用最新研制的毒性最强的毒气袭击了欧洲，最终所有的人如洞中老鼠一样被毒死在城市里。美国人使用的毒气效力会在三天内消散。这样，美国的防化部队就可以在袭击后的一周里清理每一座城市。许多第一波进入被袭击后如死一般寂静的城市的人，在看到横尸遍野的悲惨场面后马上就会精神失常。毒气首先在地面发挥作用，然后像潮水一样涌起，吞没了楼顶和塔尖，还有山冈。不仅成千上万由于第一波毒气窒息而死的人躺在大街上，屋顶上也遍布尸体。这些人为了逃避低处的毒气，挣扎着绝望地爬向高处。入侵者到达后，他们便在高处注视着那些地面上倒下的、身体扭曲的人们。

就这样，欧洲被彻底击垮了。所有的文化娱乐中心全被毁掉了。只有位于高原和山区的农业区未受到毒气的侵蚀。欧洲精神今后只能以破碎混乱的印象存在于美国人、中国人、印度人和其他民族的心里。

当然，许多英国的殖民地已经不受欧洲人控制，而是落入美国人掌中。显然，战争已经分化了大英帝国。加拿大站在美国一边。南非和印度宣布中立。澳大利亚同样中立，但不是由于怯懦，而是因为与交战双方都交好。新西兰人退到大山中，不可思议地英勇抵抗了美军达一年之久。新西兰人单纯、勇敢，几乎对欧洲精神毫无了解。尽管他们已经美国化，却朦胧地忠实于欧洲精神，或至少忠实于欧洲主义一个方面的象征——“英国”。他们的忠诚，或者说天生的固执，是无与伦比的。当他们最后抵抗不下去的时候，许多人——既有男人也有女人——没有屈服，而是选择了自杀。

但此次战争最难化解的痛苦不是由败者，而是由胜者承受。因为当美国人的激情开始慢慢退却的时候，他们无法随随便便用自欺的方式掩饰屠杀罪行。他们本质上不是残忍而是善良的民族。他们认为世界是一个人类自由自在寻找快乐的地方，而他们正是最大的快乐制造者。然而，他们被卷入这场难以置信的犯罪，所以美国人的内心充满着一种集体犯罪感。他们一向自负而心胸狭隘，但现在他们身上的这些品行走向极端甚至疯狂。无论作为个人还是集体，他们越来越害怕受到批评，越来越倾向于责备和憎恨别人，越来越自以为是，对批判思想越来越敌对，越来越迷信。

就这样，曾经受众神恩宠的高贵民族受到诅咒，同时诅咒着别人。

美国和中国

1. 竞争

欧洲衰落后，人类的效忠意识逐渐凝结为对美国和中国这两个国家的情感。其他国家人民的爱国热情渐渐转化成了对中美之一的忠诚。最初确实有许多两败俱伤的冲突。若要详细阐述人类这个阶段的历史，肯定会有以下事件：北美重演“南北战争”故事，融合了本已美国化的南美拉丁民族；日本，曾经对新生的中国横行霸道，现在却受到社会变革之害，最终成了美帝国主义的牺牲品；这种奴役处境使日本更加从情感上转入中国的怀抱，最后通过英勇的独立战争获得自由，并加入由中国人主导的“亚洲联盟”。

关于这段历史的详尽记述还要包括国际联盟的兴衰。它从来没有变成全球政府，而是各国政府的联合会，成员国都把本国主权放在首位。尽管如此，国际联盟还是逐渐获得了凌驾于各国之上的声望和权威。尽管在基础结构方面还存在不足，但联盟是一个推动全人类意识发展的有形支点，是很宝贵的。起初国际联盟如履薄冰，只是凭借着格外的谨慎才得以存续，对“列强”几乎到了卑躬屈膝的程度。然而，国家联盟逐渐地获得了道德上的权威，所以哪怕实力再强的国家，也不敢公开强硬地违反联盟意志，或拒绝“高等法院”的裁决。但由于人类还是普遍爱国，而非爱国际，所以当一个国家失去首脑、局面失控、违背承诺、陷入恐慌时，侵略仍然司空见惯。英法战争就是典型事例。有的时候，成员国还会分成两大阵营，国际联盟于是暂时被分裂，被遗忘。例如在俄德战争期间，美国支持俄罗斯，而中国支持德国。欧洲崩溃后，整个世界一时间陷入国际联盟与美国双边对峙的局面。但国际联盟由中国主导，已经不再是世界主义的化身。尽管如此，纯粹地忠诚于全人类意识的各国，还是努力将美国拉回国际联盟，最后成功了。

尽管联盟未能阻止“大战”，但在阻止长期困扰人类的小规模冲突上还是卓有成效的。近来世界和平得到了确保，除了联盟本身分化为两大阵营的时候。不幸的是，随着美国和中国的崛起，阵营分裂越来越常见。在美国新南北战争期间，人类试图再建立一个联盟，要成为“世界主权者”，控制所有国家的武器装备。不过，世界主义虽然强大，但狭隘民族主义更强大，最终导致联盟在日本问题上公然分化为二，双方阵营都声称从旧联盟继承了世界主权。但实际上，两个阵营都受到某种超国家情感的控制——一个阵营忠诚于美国，另一个阵营忠诚于中国。

这种状况在欧洲衰落后不到一个世纪的时间里出现。在第二个世纪的时间里，两大阵营都确定了政治立场和主要思想。一方是富有的、关系紧密的“美洲大陆联盟”，加上几个穷亲戚——南非、澳大利亚、新西兰、彻底被打倒的西欧，还有渺无人烟的俄罗斯一部。另一方则是亚洲和非洲。实际上，古老的东西方差异现在成了政治归属感与阵营组织的基础。

双方内部当然都有文化上的差异，中国与印度思维方式之间的差异就很大。中国人注重外表，对感性、高雅、实用感兴趣；而印度人则倾向透过外表发现本质，认为人生不过是现实的一瞬罢了。所以，一般的印度人从不关注现实社会问题。他们对建设美好世界缺乏兴趣，因为他们在骨子里认为世界不过是幻影。在思维层面，中印两国的共性还不如中西之间，但由于对美国的忧虑，两个东方大国团结在一起。他们至少有一个真正的共同点：两国人民都仇恨由来自美国的旅行商人、传教士和野蛮征服者所组成的奇异团队。

由于中国相对美国较弱，而且中国人为美国工业的无孔不入感到愤懑不已，所以中国的民族主义情绪更盛。美国确实声称放弃了民族主义，为世界政治和文化的统一而奋斗。但它设想的统一是在美国统领下进行的，而且美国人眼里的文化就只有美国文化。亚洲和非洲认为，这种世界大同对自己缺乏同情。在中国，人们齐心协力地肃清文化中的外来要素，然而取得的成就只是表面上的——辫子和筷子重新成为闲暇时的时尚，古典名著又成了学校的必修课。但一般人的生活态度依然是美国式的。虽然中国人在政治上是反美的，但他们不仅使用美国的餐具，穿美国制造的鞋，使用美国的留声机和节省人力的家用器具，还学习欧洲的语言，本国语言中也渗入美国俚语，报纸和广播也采用美国模式。他们每天从电视屏幕上了解到美国人生活的方方面面和一切美国公共事件。他们抽香烟，嚼口香糖，放弃了鸦片和线香。

很大程度上，中国人的思维方式是反形而上学的，但终归躲不开形而上学，所以他们接受了朴素唯物主义。这种学说是由最早期的行为主义者带动流行的，认为唯一的现实是物理能量，心智不过是身体应激反应所构成的系统。行为主义以前在清除西方的迷信方面起到了很大作用。而且，它一度也确实是人类思想发展的最主要节点。

中国人确实吸收了这种富有潜力但不切实际的早期学说。但在行为主义发源的地方，它已经逐渐被大众贪图安逸的思想所败坏，最后变成了一种诡异的招魂术。这种新观点认为，尽管生命的最终形式确实是物理能量，但物理能量是与圣灵相连的。在这个时期，美国思想最引人注目的特点是行为主义与激进的原教旨主义的结合，这是一种退化的、变质的基督教形式。其实，行为主义本身最初是一种颠倒过来的清教思想，它主张，心灵得到救赎需要接受一套粗糙的唯物主义教条。之所以变成这样，主要原因在于，正人君子讨厌这种变形的行为主义，而早期的行为主义者又表示不可理解。之前的清教徒厌弃一切肉体冲动；后来的清教徒依然自以为是地践踏着心灵产生的欲望。但由于物理学内部不断增强的唯心主义倾向，行为主义和激进的原教旨主义找到了一个汇合点。现在，人们认为物理世界的终极元素是多种多样、任意活动的“量子”，而“量子”又是由“精神”活动控制的。唯物主义者和唯心主义者的融合是多么容易啊！本质上，他们在心态上从来相差不远，只是信奉的教条截然相悖而已。真正的分歧双方，一边是真正的心灵主义者，另一边是唯心主义者和唯物主义者。所以，基督教教派中最信仰唯物主义的信徒和科学教派中最教条主义的人很快就会找到表达双方统一性的方法，更可以否认一切让人类精神融汇起来的更精微的能力。

这两种信仰同样尊重低级的物质运动。接下来我要讲中美思维方式最深刻的差异。对美国人来说，任何形式的活动本身就是目的；而对中国人来说，真正的目的只有一个，那就是心境平和，一切活动都是朝着它前进的。只有当平衡被打破时，人们才会采取行动。在这方面，中国与印度一致，双方都喜欢先思考再行动。

于是，中印两国对财富的欲望不像美国那样强烈。财富是使事物和人运动的动力，所以在美国，财富已被坦诚地认为是上帝的气息和人类固有的圣灵。上帝是至高无上的“统领”和宇宙的“主宰”。他的智慧被认为是令人惊叹的巨大力量，他的爱是对其臣民的慷慨给予。天才的故事是教育的基石，富人作为上帝的主要代表而受到尊重。美国大企业中典型的美国男人可能在外面炫耀财富，但自己生活却很朴素。他注重华贵只是为了向众人展现自己的卓越身份。典型的中国富人会用一种微妙的、持久的审美眼光去享受奢侈，而且很少会为了虚妄的权力而牺牲财富。

另一方面，由于美国文化完全专注个人生活的价值，所以美国人在贫困人口的福利方面就要比中国人更敏感。因此，美国式资本主义条件下的劳工生活要比中国式资本主义下好得多。在中国，这两种资本主义同时存在。在美国工厂工作的中国工人在美国制度下过得很好，相比起来，在中国工厂工作的工人简直是凄惨的奴工。许多中国产业工人买不起汽车，更不用说飞机了，这成了许多自以为是的美国老板愤慨的原因。中国的这种状况未能引起革命，而且尽管美国工厂的条件要更优越，但中国的老板还是能招到大量劳工，这不禁使人困惑。事实上，普通中国工人并不想通过操纵由私营工厂主占有的机器，以此进行象征性的自我表现，而是想要安定的生活和放松的休闲时光。“近代”中国曾爆发过严重的阶级仇恨。几乎每一个中国工业中心都发生过工人残杀雇主随后宣布成立独立城邦的事情。但对中国来说共产主义是陌生的，且没有一次尝试取得长期成功。后来民族主义党的地位变得牢固，最严重的工业弊病也得到解决，于是阶级感情便被甚嚣尘上、反对美国干涉的爱国主义所取代，为美国老板工作的工人常被称为汉奸。

普通中国人敬重文化人[①]，而且在自己的生活中也会东施效颦。但事实上，这种文化同样肤浅，并不比它摒弃的权力崇拜强多少。它是一种清廉崇拜，一种文字崇拜。当然，这里的文字主要不是之乎者也，而是浩如烟海的现代科学理论，尤其是纯数学。过去在中国，中举当官要死记硬背儒家经典，现在考察的则是物理学、生物学、心理学，特别是经济学和社会理论的能力。官方不鼓励求取仕途的人去思索数学的哲学基础，但至少要掌握这门庞大学科的一个分支。由于老师灌输给学生的信息量很庞大，所以学生们没有时间去考虑不同学科间的互相联系。

然而，中国有一种高尚的、难以言状的情操，初人的希望就寄托于此。党内的少数人具有一种创新精神，他们是这个时代人类精神奋进的源泉和起点。这些思想家明白人类的渺小性，但他们依然自视为宇宙中的王者。在实证主义和相当浅薄的形而上学主义基础上，他们建立了自己的社会理想和艺术理论。在艺术的实践和熏陶中，他们确实目睹了人类最伟大的成就。他们对民族遥远的未来持悲观态度，对美国的福音主义持鄙视心态，所以他们认为生活的真谛就是，在公正的环境中，创造复杂而统一的人类生活模式。用他们的话说，社会是至高无上的艺术品，是人类交往的脆弱的、易逝的纹理。他们认为，不仅个人生活，或许整个人类的事业都是一场悲剧，而且要按照悲剧艺术的标准去评价它们。当把他们自己的精神与美国人的精神进行对比时，他们中的一位说

① 这里的“文化人”，强调“以文化人”，对自己而言，就是将“文化”融入自己体内，变成自己的一部分；对他人而言，就是用“文化”引导他人融入“文化”。——编者注

道："美国是一个在装备奢侈、电力充足的游戏室里玩耍的顽童，这个顽童自诩靠自己的机械玩具能改变世界。而中国是一个傍晚在自家庭院散步的绅士，格外情迷花草的芳香和庭院的规整，因为空气中弥漫着冬季的第一丝寒意，而耳中回荡着不可抗拒的野蛮人的传言。"

这种态度中有些令人钦佩的精神，它也是时代急需的，但也有一个致命的不足。在最优秀发扬这种精神的倡导者中，它上升为一种对平凡生活的呼唤，超然而热烈，同时又极易退化成消极自满和繁文缛节。事实上，由于中国注重外表的传统，这种精神面临着陷入腐化的危险。在某些方面，美国精神和中国精神是互补的。一方焦躁不安，一方心平气和；一方热情奔放，一方波澜不兴；一方笃信宗教，一方尊崇艺术；一方是浅薄的神秘，至少是浪漫的，一方是传统而理性的，但不适于长期沉入严谨思维。如果双方能够合作，这两股精神力量会取得伟大的成就。另外，双方有一个共同的致命缺陷：求真的兴趣都不大。这种兴趣是一种永远无法满足的冲动，令人困扰又给人启发，是自由运用批判性才智的激情，是对事实艰苦卓绝的求索，曾是欧洲甚至美国早期的荣耀，眼下却在初人身上荡然无存。在这一缺陷的基础上，另一个不利条件削弱了他们的力量：缺乏玩世不恭的智慧，而之前的人们会互相戏谑，会自嘲，甚至呵佛骂祖。

他们虽然有这个弱点，但如果运气好的话，或许也会成功。然而我要说，美国精神逐渐削弱了中国的清廉，从而破坏了一次中国得救的机会，甚至不啻带来了一场灾难。这种半是偶然、半是必然的灾难周期性地降临在初人头上，仿佛是某种神灵的外在意志——此处的神并不想要任其摆布的有灵傀儡，而是更欣赏卓越的创造力。

2. 冲突

美欧战争之后是一个世纪的小规模民族冲突，又经历了一个世纪充满紧张的和平期，这期间美中之间的厌恶越发浓重。和平期接近尾声时，很多人在原则上接受了世界主义，摒弃民族主义，但是根深蒂固的部落情结仍潜伏在每个人的心头，随时准备卷土重来。地球已是一个被和谐地组织起来的经济整体，各个地区的大企业都对爱国主义不加掩饰地加以蔑视。这段时期里，成年人都自觉地、毫无保留地主张国际主义与和平主义。然而，这种信仰虽然从逻辑上无懈可击，但追求冒险的生命欲望却总是想要削弱它。持久的和平与改善的社会条件极大减少了生活中的危险和困苦。人们只要还保持着野性的冲动，想要发泄原始的勇气和内心的愤怒，这里就有战争的一席之地，除此之外也没有对社会无害的替代手段。人类自然渴望和平，然而仍然不自觉地需要战争让他们的英勇与顽强得以表达。这被压抑的好战意志不时地通过不理智的狭隘民族主义迸发表现出来。

最终不可避免地爆发了一场严重的冲突。与以往一样，冲突源于经济和情感两方面的因素。经济上的原因是燃料需求。一个世纪前的严重油荒让人类清醒过来，国际联盟将全球的油田乃至煤田都纳入整体管辖。国际联盟还实行了严格的管理制度，调控这些宝贵资源的使用。尤其是原油，只有确实没有替代品可用的企业能够使用。对燃料的全球控制或许是国际联盟最伟大的成就，直到国际联盟解体为止，该政策一直在执行。但在命运的捉弄下，这项明智的政策却成了文明没落的主因。这种政策将煤炭耗尽的时间大大推迟，然而那时人类的智慧也大大衰退，竟无力应对这场危机。人类没有及时进行调整以适应新的局势，所以最终陷入崩溃。

就在人类寻找对策的时候，他们发现南极洲的石油储量很大，开采有利可图。遗憾的是，它并不属于世界燃料管理委员会的管辖范围。美国是第一个进入该油田的国家，发现了大机遇，并将其视为在全球推行美国化的契机。中国对美国化表示担忧，所以要求这片新油田的开采由世界燃料管理委员会管理。几年来，双方在这个问题上日益狂燥，陷入"原油民族主义"的漩涡。战争似乎逐渐成为不可避免的解决手段。

然而与以往相同，冲突的实际诱因还是一场意外——印度童工丑闻遭到曝光。十二岁以下的男女儿童被迫做繁重的工作，而在这个凄惨的国度，他们唯一能做的探索就是早尝禁果。美国政府提出抗议，言辞间以全球卫道士自居。印度立即搁置了将要进行的改革，如对待好管闲事的人一样，对美国进行了回应。美国借口"得到了世界上所有道德民族的认同和支持"，威胁要派调查组解决问题。中国站出来斡旋，力争其对手和伙伴继续保持和平，承诺如果美国撤销对东方道德观的过度污蔑，它也会保证印度不再雇佣童工。但为时已晚，美国在中国的一家银行遭到袭击，西方终于向东方宣战。

亚洲和北非各国在地理上连成一片，而美国及其附属国则有着更优越的经济组织。战争初期，双方都没有像样的武器装备，因为战争长期被视为"非法"。但这没有产生任何影响，因为当时的战斗可以大量使用民用飞机。飞机上装载毒气、烈性炸药、带病毒的微生物，还有杀伤力极高的"超生物体"，当时的科学家们有时将其视为最简单的生命，有时又视为最复杂的分子。

战事初期很激烈，之后越来越弱，拖了整整四分之一个世纪。在战争即将结束之际，非洲大部分地区被美国控制，但因为南非人成功地在尼罗河源头投下了毒药，埃及成了无人区。欧洲占领军是体格健壮的中亚人，他们当时已经在考虑入主中国的问题了。欧洲学校开始教授拼音化汉语。但英国没有学校，也没有人口，因为在战争初期，美国就在爱尔兰建了一个空军基地，使英国遭受无数次毁灭性打击。飞行员来到伦敦上空，仍能从乱糟糟的绿色和灰色残骸中辨认出牛津大街和河岸街。当年为了保护自然免遭城市文明侵蚀，令人艳羡的国家“风景区”在英国各地设立起来，现在却完全遭到破坏。在世界的另一端，日本诸岛同样遭到袭击，因为美国人试图在那里建一个空军基地，直插敌人的心脏，但最终未能得逞。然而，目前中国和美国本土都未严重受损。后来美国生物学家研究出了一种毒性巨大的细菌，比现今已知的任何物质的传染性和杀伤力都强。它可以瓦解神经系统的最高级功能，即便人类只受到轻微感染，脑力活动也会即告停止，严重的话甚至会立即死亡。美国军队凭借这一武器使中国的一座城市陷入混乱，飘散的细菌进入该省几位高官的大脑，使他们的行为与言语失调。人们将犯错归罪为触碰了细菌，这成了当时流行的开脱借口。迄今仍未找到阻止瘟疫传播的有效方法。在发病初期，病人变得焦躁兴奋，胡编借口，四处闲逛。“美国疯病”似乎就要传遍中国大地了。

总的来说，美国占据了军事上的优势。但从经济角度来讲，承受更大损失的反而是美国，因为他们高度发达的社会很大程度上依赖国外投资和对外贸易。此刻，美国大陆上出现了真正的贫穷，还有严重的阶级斗争征兆，但斗争双方不是工人和资本家，而是工人和战争的必然产物——独裁的军事统治阶级。大企业一开始向爱国热潮屈服，但很快就想起了愚蠢和极具毁灭性的战争对贸易的影响。其实对双方来说，民族主义热情只持续了数年，之后对敌人的恐惧就取代了对冒险的渴望。公众被灌输了“敌人是魔鬼”的思想。交流断绝二十五年后，许多人都把两国的思维差异视为物种隔绝一般。所以美国教会鼓吹中国人没有灵魂，说中国人最早进化成人的时候，撒旦进行了干预，将他们设计为狡猾且毫无亲切感的人。他在中国人身上种下了贪求感官享受的本能，让中国人对神视而不见，对美国人荣耀的目标——“为了活力而努力”——视而不见。如同史前时期新生哺乳动物清除掉了行动迟缓的、残忍的、不合时宜的爬行动物一样，现在新兴的、富有感情的美国注定要从地球上清除掉如爬行动物的蒙古人。而在中国，官方观点认为美国人是典型的生物退化产物，像所有的寄生生物一样，他们只注重低等的行为方式，却失去了融入高等自然的机会。而现在“地球上的绦虫”，正用他们强大的占有欲去蚕食人类的高级官能。

这些都是官方的论调。但对战争的担忧近来使双方都产生了对政府的严重不信任，人们表现出不惜任何代价来实现和平的强烈意愿。因为战争决定了双方政府能否继续自己的统治，所以他们极其痛恨国内的和平主义者，甚至比敌方还要痛恨。一国的特工发现对方国内的和平主义者在密谋时，甚至不惜将情报知会敌国。

所以，当太平洋两岸的两国大企业和工人最终决定共同努力阻止战争的时候，谈判代表也很难见面。

3. 太平洋小岛上的会晤

除了政府外，整个人类现在都真诚地渴望和平，但在美国有两种势均力敌的观点：一种观点单纯致力于实现全球政治与经济统合；另一种观点则狂热地鼓吹将美国文化强加给东方。在中国也有两种截然不同的观点：一种观点认为，为了实现和平和繁荣，要大力发展商业，牺牲理想；另一种观点主张要保护好中国文化。即将秘密会面的两人都带有典型的本民族特性。两人的会面既有商业的动机，也有文化的动机，但往往是前者占据主导。

终于，两国战争进行到了第二十六个年头。某个夜晚，两架从东西方而来的水上飞机在太平洋小岛汇集，停在一个偏僻的水湾里。赤道地区曾经硝烟弥漫，只能看见残月，如今海浪却在月下波光粼粼。这时，从两架飞机上分别走下一人，然后他们各自划着橡皮舟到了岸边。两人在沙滩上会合，握手，其中一人表现得彬彬有礼，另一人虽然友善，却有些不自然。此时，太阳已经从海洋的远端探出头来，投射着光芒，并散发着热量。中国人摘掉飞行头盔，特意展开盘着的辫子，脱下厚重的保护服，天蓝色的丝织衣裤映入眼帘，上面有金龙刺绣图案。另一个人用几乎毫无掩饰的厌恶目光看着对方的服饰，然后脱掉外衣，炫耀着得体的灰色大衣和马裤。这是当时美国商人潜意识中对清教主义回归的一种表现。中方代表抽着烟，两人坐下来谋划着地球的未来。

双方的会谈心平气和，没有出现任何不愉快，因为他们早已签订了具体措施的协议，要立刻废除所有国家政府。双方代表都充满信心地认为，只要双方在太平洋两岸同时努力，事情就会得到圆满解决，因为两国的金融势力与伟大人民都是可以信赖的。为了取代国家政府，他们要建立一个世界金融理事会，由全球各大金融工业巨头和工会代表组成。美国代表担任会长，中国代表任第一副会长。理事会负责监督全球经济重组的进程。东方的工业状况要与美国保持一致，但美国必须停止对南极洲的垄断。那片富饶的处女地将由理事会负责管辖。

会谈期间，两国代表偶尔会提及东西方文化的巨大差异，但他们都认为这无足轻重，不应该成为商业谈判中的障碍。

此时发生了一件小小的意外，却造成了很大的影响。初人情绪不稳定的天性使他们非常容易受到这些意外的伤害，尤其是在自身的衰退期。

一个人从海角处游进小海湾，打断了会谈。她出现在浅滩，从水里出来，走向创造世界国家的两个人。她皮肤呈黄褐色，面带笑容，裸露着身体，长时间游泳使她的乳房高高隆起。她站在两人面前，显得有些犹豫不决。两人之间的关系瞬间发生了变化，但双方都没有意识到。

“大海美丽的女儿”，当时的亚洲人与外国人交往时，会故意使用这种古奥的英语，专门跟美式英语拉开距离，他现在就是这样，“我们两个生活在陆地上的人能为你做什么呢？我不知道我的朋友会做什么，但我愿意为你效劳。”他的眼睛亲切地打量着女人的全身，但似乎依然不失礼数。她用手挤了挤头发里的海水，仰慕者的目光为她更添风采，然后她站到说话的中国人面前。

但美国人提出了抗议：“无论你是谁，请不要打扰我们。我们正在谈论非常重要的事务，不能浪费时间。请离开。你赤身裸体，对文明人太无礼了。现代国家是不许赤身游泳的，我们对这点非常在意。”

身体未干的黄褐色皮肤女子有些难过，但脸色更红润了。闯入者刚要离开，中国人却喊道：“别走！我们的商务谈判马上就结束。你的出现让我们精神振作起来了。你是谁？你来自哪个国家？我的人类学知识肤浅，所以无法推断你的背景。尽管你晒了不少太阳，但肤色比当地人白皙。你有希腊人的乳房；你的嘴唇更像是古埃及人雕琢的作品；你的头发正在变干，在较暗的光线中，看上去好像是金黄色的。还有你的眼睛，让我仔细观察一番，大大的，非常机敏，和我的同胞一样，又如印度人的内心一般高深莫测。我看你的眼睛不是纯黑色的，而是黎明前天空的蓝紫色。你身体各部位的完美统一征服了我的心和灵魂。”

在中国人高谈阔论时，她恢复了镇静，时不时地用目光扫视着美国人，但美国人的目光始终躲避着她。

她说话的腔调和中国人很相似，但奇怪地带有古英语的口音。她说：“我当然是混血儿。不要称我为大海的女儿，请称我为人类的女儿，因为每个种族的漂泊者都在这岛上播下了他们的种子。我知道，我的身体显示了多族血统的特征。我的思维可能也与你们不同，因为我从未离开过这个岛。尽管我不到二十五岁，但对我来说，20 世纪的历史比今日模糊的时事意义更加重大。一位隐士教我读书，两百年前，他生活在欧洲，是一个非常活跃的人，但在漫长的生命即将走到尽头时，他来到岛上隐居。他很疼爱我，是长者对小辈的疼爱。日复一日，他教会我如何洞察历史上伟大人物的心灵，但对这个时代的知识，他却没有传授给我。既然他已经去世，我便努力让自己熟悉当今时代，但我仍然用以往时代的视角去观察所有的事物。”她转向美国人，“所以，如果我违反了当代的习俗，那是因为没有人向我这与世隔绝的大脑里灌输裸体是不体面的思想。我孤陋寡闻，就是野人。如果我能有幸体验你们伟大的世界该多好！如果战争结束，我必定去周游世界！”

“你真是性感迷人，”中国人说，“多么优雅，多么有教养的野人啊！

跟我去现代的中国度假吧。只要你妩媚动人，在那里你也可以裸泳。”

她并未对这邀请做出任何反应，而是似乎陷入幻想之中。于是她心不在焉地继续说道：“或许我不该如此焦躁不安，如此梦想去感受世界。然而，能去感受母性该多好！岛上有许多人经常给我爱抚，让我的感情世界更加充实。但我无法将自己托付给他们中的任何人。虽然他们很可爱，但我不愿意让他们中的任何一个人做我孩子的父亲。”

美国人有些焦躁不安，但中国人用低沉的声音插话。“我，”他说，“我，世界金融理事会的副会长愿意为你提供体验母性的机会。”

女子表情沉重地注视着他，然后像对待一个提出过分要求的孩子似的微笑着。但美国人立即站起身，对身穿光滑丝绸的中国人说：“你或许知道，美国政府正在向你的国家第二次投放毒气，让你的人民精神错乱，比上一次还要厉害。你们是抵御不了这种新型武器的，如果要我拯救你们，片刻都不能耽搁。你也不要耽搁时间，因为我们必须同时行动。现在事情都谈妥了，但我离开前有话要说。你对这女子的行为让我强烈地意识到，中国人的思想和生活方式出了问题。我渴望和平，所以我不会过多地干涉这个问题。我现在通知你，当理事会建立的时候，我们美国人必定会劝诫你们改掉这些恶习，为了这个世界，也为了你们自己。”

中国人起身回应道：“这个问题一定要现在解决。我们从没指望你们接受我们的标准，所以你也不要指望着我们去接受你们的标准。”然后他又走向那女子，向她微笑。他的微笑激怒了美国人。

我们不必关注两位代表之间的具体争论。他们两人尽管胸怀世界，但都对对方的价值观表现出了蔑视。无需多说，美国人严肃了起来，盛气凌人，而对方越发漫不经心，冷嘲热讽。最终，美国人抬高嗓门，发出最后通牒。“除非在世界联合的协约里加入一条，”他说，“你必须承诺你们会进行大规模的革新，否则我们绝不会签署。实际上，我的同事们早就提出来，要想合作，这是前提。当时我拒绝了他们的要求，担心那样会损害协约，但现在看来，这是非常必要的。你必须教育你的人民，用科学的宗教武装他们。你们学校的教师必须承诺教授当代基础物理学和行为科学，必须崇拜‘神圣能量’。变革是痛苦的，但我们可以帮助你们。你们需要一支强有力的审查官队伍，他们直接对理事会负责。他们要确保你们改正好色的缺点，因为你们在其中浪费了大量的‘神圣能量’。只有你们同意这些要求，我们才会停止战争。上帝的律法也要遵守，要知法守法。”

这时女子打断了他的话，说：“告诉我，你们的‘上帝’是什么？欧洲人崇拜爱，不是‘能量’。‘能量’指的是什么？是不是让机器快速运转的东西？激活以太的东西？”

他直截了当，照本宣科地回答道：“上帝是无处不在的行为精神，当你需要的时候，它就会现身。上帝指派伟大的美国人让宇宙走向现代化。”他停顿片刻，看了看他那架线条流畅的水上飞机。然后加重语气说：“快点儿！时间多么宝贵。要么你为上帝工作，要么你因不信上帝而受罚。”

女子走近道：“这项狂热事业中必定有伟大的一面。但不知何故，尽管我的内心告诉我你是对的，但我在潜意识中仍然表示怀疑，肯定是哪里出了差错。”

“差错！”他咄咄逼人地走近她，笑着说道：“当一个人的灵魂本身就是行动时，他怎么会把‘行动是神圣’理解出差错呢？我一生中一直在为伟大的上帝、能量服务，从汽车修理厂学徒到世界总统。难道美国人没有用成功证明自己信仰的正确性吗？”

她感到极度欢喜，但仍然困惑地盯着他。“你们美国人有些执迷不悟，”她说，“但你真的很伟大。”她紧盯着他的眼睛，突然把一只手放在他身上，坚定地说：“从你的言谈举止来看，你是对的。无论如何，你是个好人，是个真正可靠的人。带我走吧！做我孩子的父亲吧！带我去美国那些值得冒险的城市，我要与你共同奋斗。”

理事长突然对她的身体产生了渴望，连他自己也觉得奇怪，而女子似乎也看出了这点。但是，他转向副会长说道：“她看到了真理。你呢？你是要战争，还是回应上帝的召唤，与我们携手？”

“是牺牲我们的肉体，还是我们的灵魂？”中国人痛苦地说，但语气不是很坚定，因为他并非思想狂热的人，“灵魂只不过是肉体行为的协调整体，而且尽管存在着小小的争议，但归根结底，我们都认为协同行动是当今大势所趋，更何况这位女子更青睐美国人的气质。另外，亚洲人的生活方式至少有一点高贵的地方：它不会仅仅因为宣传手段就屈服，反而会由于竞争者的存在而愈发强大。鉴于这些事实，我接受你的条件。但是，由外部势力逼迫中国接受并实施这么大的变革，这有损尊严。你一定要给我时间，让我在亚洲培育本土的能量主义者，他们会宣传你的主张。恕我直言，他们或许会给你的主张赋予一种现在还不曾有的优雅。即使如此，我们也要保证南极洲要由全球一同管理。”

随即双方签署了条约，但也起草签署了一条新的秘密附加协议，由“人类的女儿”做双方的见证人，签字的字体清晰、丰满、古朴。

女子分别握住双方的一只手，说道：“世界终于得到了统一。但我不知道能维持多久。我似乎听到了旧导师责骂的声音，好像说我很愚蠢。但他使我感到失望，所以我选择了一个新的导师——世界之师。”

她放下中国人的手，好像要把美国人拉走。而美国人尽管感情专一，也有美好的后半生在纽约等待着他，但他还是渴望用自己的清教徒外衣触碰她沐浴阳光的肉体。接着，她就将他领进了棕榈树林。

副会长坐下来，点了一支烟，在深思，在微笑。

美国化的世界

1. 第一世界国的建立

现在欧战结束已经三百八十年了，至少世界统一的目标已经实现，可惜初人的精神状态在此之前受到了严重的损害。

我们不必赘述从各国争霸到世界金融理事会的历史，只需要知道美中采取了共同行动，而两国的军政府却发现自己正被跨国企业的消极抵抗削弱。在中国，这一过程几乎是在瞬间和平地完成；但在美国，严重的骚乱持续了几周，茫然的政府试图进行军事镇压。然而民众渴望和平，并且尽管几位企业巨头被射杀，四处都有工人倒下，但反对政府的力量是无法抵抗的。很快，执政寡头便垮台了。

新秩序建立在一套宏大的工团社会主义体制基础上。从理论上说，每个行业都由各自的成员用民主方式进行管理，但实际上都由个别有权势的人操控。行业之间的协调由世界工业委员会负责，它是各个行业领袖探讨全球整体事务的基础。每个行业在委员会的地位高低，部分取决于其在全球的经济实力，部分取决于公众的敬重程度，因为人们的行为举止已经被分别评定为“高尚”或“卑鄙”，而“高尚”的未必是经济实力最强的。于是，委员会之上就出现了一个高尚“行业”内部圈，声望从高到低的排序大概是：金融、航空、工程、陆运、化工和体育。但真正掌权的不是委员会，也不是内部圈，而是金融理事会。理事会由十二名百万富翁组成，以美国会长和中国副会长居首。

这个威严的委员会内部难免有分歧。开始运作后不久，副会长就试图推翻会长，将会长与自称“人类的女儿”的有色人种女子的关系泄露出去。他本料想丑闻会激怒看重道德的美国民众，损害会长在他们心目中的英雄形象。但会长凭借其天才之举成功解救了他自己，维护了世界的统一。他并没有否认对他的指控，反而认为那是他的荣誉。他说，他在征服那名女子时感受到了巨大的成就感。如果没有大胆地牺牲自己的纯洁，他就不配当世界总统，他就永远是个普普通通的美国人。那名女子的血管里流淌着所有民族的血液，她的思维里交融着所有文化。后来的多次交往证实，他从与她的结合中体验到了与东方精神的融合，获得了对人类的强烈同情，而他肩挑如此重担，正需要这种素质。在私人生活中，他自称坚守着纽约的一夫一妻制，并且承认自己犯下了罪孽，要永远受到良心折磨。但作为世界总统，他要义不容辞地捍卫世界。世上万物的存在都要以物质为基础，所以他的精神统一必须通过与“人类的女儿”的肉体结合体现。他在广播中沉痛地表示，那名神秘女子的出现使他突然觉得战胜了道德上的不安，突然得到了神圣的力量，在香蕉树下完成了与“世界”的结合。

“人类的女儿”（穿上了体面的服装）优美的身材通过电视让全世界人民得以欣赏。她的面庞融合了亚洲和西方的特点，成了人类统一最有力的象征。地球上的所有男人都梦想成为她的情人，所有女人都愿意与她交往。

毫无疑问，有人说“人类的女儿”拓展了会长的思维，这不无道理，因为他对东方的政策显露出了意想不到的智慧。他经常用说服的手段让中国人接受起初满怀疑窦的政策。

会长对私生活的辩解提高了他在亚洲和美国两地的声望。美国人对故事中充满情调的宗教信仰非常着迷。美国男人中间很快流行起了一种时尚：与当家的妻子严守一夫一妻的规矩；同时在外面另有一位或多位“象征”妻子——可能在东方，也可能在另一座城市、另一条街道。而在中国，人们起初对会长是冷淡、容忍的态度，这段小插曲过后，他反而获得了喜爱。在某种程度上，由于会长的机智，或者说他的“象征”妻子的影响力，中国愈发美国化，而且并未引起动荡。

在世界国家成立后的几个月时间里，中国一直在全神贯注地应对“美国疯病”，这是昔日敌人——美国人——戕害中国人的武器。华北沿海地区已彻底陷入混乱，工业、农业和交通都陷入停滞。在全国范围内，无数人挣扎在精神错乱和饥荒中，吞食野草，甚至争抢死者遗骸。过了好久，疫情才得到控制。之后几年仍然偶有爆发，每次爆发都会引起全国性的恐慌。

对一些守旧的中国人来说，好像所有的人都轻微地受到了病毒的影响，因为在全国出现了一个自称“能量主义者”的新教派，表面上看是自发生长出来的，致力传播一种主张行为纯洁的佛教思想。说也奇怪，这信仰得到了很大的发展，以至不过几年光景，整个教育系统就被它的支持者掌控了。当然了，期间也不乏老牌大学的保守派进行抵制和斗争。然而饶有趣味的是，虽然这种“新道路”获得了广泛认同，中国年轻人也被灌输了尚动的思想，而且随着工资水平的大幅提高，所有工人都有了私家车，但在中国大众的心目中，仍然只不过是通往静的途径。所以，一名中国物理学家提出能量最重要的表达形式是原子内各种力量的平衡时，中国人便将它运用到了自己身上，声称静是强大力量之间完美的平衡。于是，东方对当时的宗教思想做出了自己的贡献，动静由此达到了统一，两者都有自然科学原理的基础。

2. 科学的主导作用

现在，科学在初人中享有特殊的尊崇。这倒不是因为人类在多年前的鼎盛时期进行了缜密的科学研究，也不是因为人类通过科学洞察了物质世界的本质，而是人们通过运用科学原理，让物质世界发生了天翻地覆的变化。科学理论曾经是流变的，现在却被固定下来，成为一套复杂的教条。然而，科学创见在改良工艺领域仍然发挥着巨大的作用。于是，在求知欲已经完全衰落的人类中间，科学支配了一切想象力。科学家不仅被视为知识的化身，更是权力的化身，科学幻想再离奇，也有人相信。

第一个世界国家建立后的一百年间，中国境内开始流传“原动力神”的神秘故事，这是一种以科学为终极奥义的信仰。按照它的说法，人类可以利用质子与电子排斥产生的能量。这种能量本来是多年之前由一位智慧卓绝的中国物理学家发现的，现在的流言却是：它一直由某个科学精英团体保存着，等待人类在适宜的时候启用。新兴的能量主义教派声称，真正的发现者是佛陀的化身，由于当时的世界尚不适合接受这至高无上的发现，所以就把秘密托付给了那位中国物理学家。基督教徒中间也流传着类似的传说，传说的主角是同一个人。当时西方宗教中势力最强大的是“革新基督教兄弟会”。它认为发现者是圣子，圣子第二次降临时曾提议将神圣力量的秘密公开，为世界带来新的千禧年。但是，他发现人们甚至还不能实践第一次降临时提出的更初级的福音，也就是“爱”。所以他为了人类而殉道，把秘密托付给了科学家们。

全球的科学工作者早已组成了一个紧密的团体——国际科学院，只有通过考试，并交纳高额会费才能被接纳，授予“科学家”的称号，并享有进行科学研究的权利。如果想就任要职，很多职位必须先取得科学家的资格。另外，据说国际科学院掌握了许多学术秘密，成员们都发誓不会泄露出去。有流言说，至少有一个人在泄密不久后就神秘死去了，而且秘密本身其实并不重大。

作为自然知识的全部内容，科学已经发展到了极其复杂的地步，一个人最多也不过能掌握它的一小部分。于是，某一分支的学者几乎对其他领域毫无了解，庞大的“亚原子物理学”尤其如此。这个学科包括许多研究，每一项研究的复杂程度，都堪比基督教盛行时的十九世纪的所有物理学累加起来。由于日益增长的复杂性，各领域的学者更加不愿意去批判性地看待其他领域的原理，甚至不会尝试去理解。各个细小的分支敝帚自珍，也尊重其他分支的敝帚自珍。早些时候，最卓越的科学家和技术哲学家曾试图从哲学角度对科学进行整合与批判。但是，作为严格技术学科的哲学已不复存在。当然，通俗的伪科学依然存在，它是由记者用引人眼球的时髦字眼构建出来的，虽然以科学为基础，但不过是模糊不清的观念——或毋宁说是假说框架。但是，真正的科学家以拒绝接受这不牢靠的框架为荣，即便有时他们也会无意地涉及它。每个科学家都强调说，自己的专业研究肯定会不可避免地让大多数同行都觉得高深莫测。

在这种情况下，当流言宣称神秘的原动力神已被物理学家们所了解的时候，亚原子物理学的学者们既不愿公开表示其实自己并不掌握这个奥秘，也乐于相信这个奥秘实际上掌握在其他学科的科学家手中。于是，科学家整体的行为强化了大众的信念，即科学家知道奥秘，只是不会泄露。

首个世界国家成立大约两个世纪后，世界总统宣布科学与宗教的正式结合时机已经成熟，并召集这两大领域的领袖举行了一场会议。在那个已成为世界主义圣地的太平洋小岛上，人们建起了一座摩天大厦：和平天堂。来自佛教、伊斯兰教、印度教、革新基督教兄弟会和南美洲现代天主教的领袖们一致同意，他们之间的差异只是表达上的。每个人都是神圣能量的崇拜者，无论是通过运动还是紧张的静止来表达。每个人都承认神圣能量的发现者是最终极、最伟大的先知，或者说是真神的“运动”的化身。在当代科学中，人们很容易证明这两个概念其实是同一的。

在人类发展的早期，我们通常会把异端邪说挑出来，用火和剑将其根除。但现在对统一性的渴望可以在满堂喝彩声中，通过明辨而消除异议来实现。

会议除了公开提出各宗教殊途同归外，还要推动科学与宗教的统一。会长说，所有人都知道，某些科学家掌握了终极奥秘，但他们很明智，肯定不会承认。科学组织和宗教组织融合，更好地引导人类的时机终于到来了。所以，会长要求国际科学院从成员中选拔并组建一个团体（成员要由教会批准）来专门管理至高奥秘，他称之为“科学家圣会”。这些至高奥秘的管理人所需费用由公共部门承担。他们要全心全意为科学服务，特别是要以最科学的态度研究对原动力神的崇拜。

到场的少数科学家明显地感觉不安，但大多数还是在凝重考虑后表现出了兴奋。神职人员中同样存在两种截然不同的声音，但总体上，人们感觉教会通过这次会议将科学独有的声望吸纳到了自身之中。于是，科学家圣会注定成为第一次世界文明衰亡前处理人类事务的决定性力量。

3. 物质成就

除了偶尔会爆发地方性冲突，而且很快会被世界警察制服以外，人类已经在同一个社会中生活四千年了。在第一个千年里，物质进步的速度很快，但后来基本上就毫无进展了，直到最终崩溃。人类的所有精力都消耗在维持社会运行上，直到经历了三千年的奢侈生活后，某些基本能源突然枯竭。人类的思维已经迟钝，无法应对这一新的危机，最终整个社会秩序彻底瓦解。

我们可以跳过伟大人类文明的早期历程，而去观察它在这一重大变革来临前的表现。

人类此时的物质环境一定会使其所有的前辈吃惊不已，甚至包括那些真正意义上更加文明的人类。但我们末人却感受到一种极端的伤感，甚至是滑稽感。这种滑稽感不仅表现在物质发展与文明之间的完全混淆上，而且与我们的社会相比，物质发展本身也极其欠缺。

人类精心利用全球每一寸陆地。除了众多被当作博物馆和游乐场保存下来的野生保护区外，没有一块土地依旧保持着自然状态。过不了多久，农业和工业区的差异将不复存在。所有的陆地都将被城市化，当然不是早期拥挤的工业城市，但毕竟是城市化。到处都能看到工业和农业在互相融合，这种结果部分得益于空中运输，部分得益于农业的迅猛发展。人造材料的快速发展可以让高楼大厦像电缆塔那样高高屹立，高度达到四千多米，地下可达八百米深，地面跨度更是几乎达到八百米。这些建筑通常是十字形分区，每层的交叉中心都建有空降平台，为超小型私人飞机服务，因为私人飞机已成为每个成人生活中必不可少的工具。这些巨大的柱形建筑预示着一个即将到来的更加宏伟的建筑时代，它们在所有的地方都得到了不同程度的应用。这些建筑之间的距离必须大于高度。另外，除了在极寒冷地区，两幢建筑之间的距离很少超过三十二公里。每个地区的整体外观都像一片片被砍倒的高大树干。云彩常常环绕在这些人造山峰的中部，或遮住最下面几层。最上面几层的居民早已熟悉这耀眼的云海奇观，高楼如小岛点缀四周。由于最上面几层海拔较高，所以有时不仅要有暖气，还要有空气加压和供氧系统。

在居住区和工业区之间，农田、公园和野生保护区到处都随着季节变化而或绿或黄。为重型车辆运输修建的灰色路网遍布地球陆地，但轻型和客运交通运输全部由空运完成。在人口稠密地区，地面以上八千米的高空有许多飞机在飞行，大型客机来往于大陆之间。

很久以前，人类的创业精神将文明传播到了世界各地。撒哈拉现在是湖区，遍布着大量阳光充足的度假区。加拿大境内的北极岛屿被定向热带洋流巧妙地变暖，成了精力充沛的北方人的家园。南极洲沿岸同样也在变暖，开采内陆矿产资源的人们现在永久居住在那里。

推动文明不断前进的能源大部分来自埋藏在地下的史前植物残留物，主要是煤。尽管世界国家成立后，南极洲的能源资源开采相当节约，但新的石油供应在不到三个世纪的时间里便停止，人类被迫用煤发电来驱动飞机。不久人类就明白了，南极洲煤田储量再丰富也并非取之不竭。石油供应的中断让人类吸取了教训，让他们感受到了真正的能源危机。心怀世界的人们正在学会将所有人类视为自己的同胞，他们的视野更加开阔，并能用超前的眼光观察事物。在世界国家成立后的一千年中，社会健康发展，人类众志成城，决心不让后代责怪他们浪费能源。所以，人类当时不但建立了严格的经济制度（第一个大规模的世界性规划），还致力开发可持续能源风能，并得到了广泛的使用。在每幢建筑物上、每座高山上都安装了大批风车用来发电，每个大瀑布旁边也安装了设施让水直接流进发电轮机。更重要的是，人类开始利用火山能和地热能。人类期望这样可以彻底解决能源问题。但即使在人类才智更加卓越的世界国家初兴期，创造性人才也比前辈逊色，而且并没有找到真正令人满意的解决方案。于是在这段文明史中，火山能仅能作为南极洲巨大煤层储量的补充。由于某些不可知的意外，在这一区域，煤埋藏得比其他地区要深，地心热在该地区（与其他地区一样）强度不够，无法将更深的地层转化为石墨。另一种潜在能源是潮汐能，但对它的利用被科学家圣会禁止，因为海潮运动来自天文现象，所以潮汐能被认为是神圣不可侵犯的。

在第一世界国较有活力的初期，最伟大的物质成就或许是预防医学。尽管生物领域的基础科学研究早就变得墨守成规，但它们仍然不断带来实际的效益。人们再也不必害怕自己或亲人会遭受癌症、肺结核、心绞痛、风湿病和精神失常带来的痛苦。微生物不再危害世间。分娩不再是一种磨难，女性身份再也不是痛苦的来源。慢性病和残疾都被根除。只有衰老继续存在，但这也会通过生理学领域中的返老还童技术不断得到缓解。过去，这些由来已久的缺陷和痛苦一直折磨着人类，恐惧或莫名其妙的失望困扰着许多人，消除这些隐患将给人类带来普遍的愉悦心情和乐观态度，这对前人来说是无法实现的。

4. 第一世界国的文化

以上是这段时期的物质成就。在这段时期，人工技术发展迅速、产品和设计极其复杂、经济社会繁荣兴旺，人类历史上从未如此辉煌。在人类历史早期，人类确实曾怀有远大的理想，但是民族主义狂热阻碍了经济一体化的进程。然而当代文明的发展已经彻底摆脱了民族主义，人类在几个世纪的和平时间里继续巩固取得的成果。但这样做的结果是什么？贫困和病痛已被消灭，人们的精神已从沉重的负担中解脱出来，勇于进行伟大的冒险。但不幸的是，人类的智慧水平此时严重下降。于是，这段时期的文化贫乏和自鸣得意，甚至比臭名昭著的十九世纪还要显著。

每个人的饮食都合理充足，身体健康。他们在经济上也是独立的。每天工作时间不超过六个小时，经常只有四个小时。每个人都公平地享受着工业成果，在长假里，人们都开飞机去世界其他地方旅游。有的人很幸运，在四十岁时就成了富翁，但如果运气没那么好，一般八十岁前也会变得富足，享受接下来的一百年寿命。

虽然物质繁荣，但人类仍然是奴隶。无论在工作岗位还是闲暇时间，人们都很兴奋，有时会被百无聊赖的懒惰打断片刻，但这会被认为是有罪和讨厌的。除非是少数最成功的人，否则人们很容易被“想”所困扰，但它太没有定性，完全称不上“思”。他们有时也会被“想要”困扰，但同样太盲目，不能被称为“向往”。每个人和他所有的同代人都被一定的思想所控制，这些思想阻碍了人类去过纯粹的人类生活。

在这些观念中，人类还有追求进步的理想。对个人来说，宗教教义赋予他的目标是航空技术的不断发展、合法的性自由和百万富翁的地位。对人类来说，理想仍是进步，只是这类进步中同样缺乏智慧。技艺更加高超、巡航距离更远的航空技术，更加广泛的合法性行为，规模更大的生产与消费，它们共同组成了一个愈发复杂的有序社会体系。在过去的三千年时间里，这种粗放式的发展的确微不足道，但毕竟值得骄傲，而非令人难过。这意味着目标几乎已经实现，各项工作的完善使人类有理由去公开神秘能量的秘密，一个更加充满活力的时代已经到来。

对“运动”的崇拜统治着一切人类的思想。原动力神，即“原始动力”，要求人类信徒投入快速、复杂的活动中。每个人是否能获得永生，取决于他是否履行了这项义务。奇怪的是，人类曾相信，永生作为人体的内在属性，是可以实现的。尽管科学早已打碎了这一幻想，但出现了另一个补偿性的信仰，其基本思想是：用运动证明自身者便可得到永生，凭借着奇迹生活在原动力神不断运动的心灵中。所以，从出生到死亡，个人必须尽可能多地去履行运动这一义务，无论是肌肉活动还是支配自然力量。在诸行业中，有三个最受科学家圣会赞许：飞行员、舞蹈演员和运动员。每个人都要掌握一部分这三项职业的技能，这是宗教思想要求的。职业飞行员和航空学工程师、职业舞蹈演员和运动员在生活中更受到专门优待。

多种因素导致飞行员成为特别受爱戴的职业。作为交通方式，空中运输具有极其重要的现实意义；作为最快捷的运动方式，它成了人类崇拜的至高无上的行为。飞机的外形让人联想起古代基督教的标志，这使得飞行具备了额外的神秘意义。尽管基督教精神已彻底消亡，但其许多标志在新的信仰中被传承下来。飞行独领风骚的另一个原因是：由于战争已不复存在，不必要的危险飞行自然成了那些天生爱冒险的人的绝佳选择。青年男女们冒着生命危险去实践原动力神的荣耀，追求自身的救赎，年长者则从年轻人展现高超技艺的表演中间接地体会到了满足感。除了追求虔诚的空中杂技带来的紧张和刺激外，人类已无法投入精力去关注和平与统一。在频繁举办的“神圣飞行日”活动中，人类都要在各个宗教活动中心举行特殊的集体或单独飞行仪式。节日来临之际，天空中就会有数千架飞机组成复杂的图案。飞机在不同的高度盘旋、翻跟头、急升、俯冲，队形非常整齐。不同高度的飞机做着不同的舞蹈动作。它们相互补充，就好像是各种飞鸟自然演化的产物，只不过动作复杂性高了上千倍，同时遵循着同一个不断处于变动的主题。突然间，所有飞机都下降到地平线，把天空留给四飞、双飞和单飞的飞行明星。夜晚同样有大量飞机挂着彩灯，在高空用火焰绽放变幻无穷的图案。除了空中舞蹈外，还有一个已存在八百年的传统：密密麻麻的飞机定期排成近一万公里长的队形，拼写出原动力神的信条，这样就可以让其他星球看到这些活动着的文字。

在每个人的生命中，飞行起着很重要的作用。新生婴儿出生后，会立即被飞行女祭司固定在一个降落伞上从空中投下，然后平稳地被父亲驾驶的飞机机翼接住。这个仪式替代了（被视为对神圣能量的妨碍而遭禁止的）避孕法。由于对许多婴儿来说，类人猿的抓抱天性都已消失，所以大部分新生儿在投下后都会撞在机翼上身亡。到了青年，无论男孩还是女孩都要首次自己驾驶飞机，还要接受许多严格的飞行考试。从中年开始，即从一百岁开始，人们不再希望在飞行领域有更大的发展，但为了锻炼仍继续每天飞行。

另外两项仪式性活动——跳舞和竞技体育——同样重要，参加者也不都在地面上。有的仪式活动，舞者要在空中的机翼上表演舞蹈。

舞蹈与黑人文化关系密切。黑人在当时的世界上占有非常特殊的地位。实际上，肤色不同现在已不是什么问题。航空领域里不断加强的交流促使黑色、棕色、黄色和白色人种互相融合，到处都洋溢着种族团结的气氛。不同种族的人在各个地方都不会表现出明显的性格差异。但是，各人种的特质仍然会时常出现在个体身上，尤其在当年的聚居区。对这些"返祖者"，人们通常会用特殊的、符合传统的态度去对待。比如说，典型的黑人性格是喜欢"体育"，那么人们就让他们从事最神圣的舞蹈工作。

在列国时代，北美的获释黑人奴隶后代极大地影响了白人的艺术和宗教生活，激发了人们对黑人舞蹈的狂热。这种狂热一直持续到初人的末期，这主要是由于黑人舞蹈具有性和原始的特征，因此受到被性禁忌压抑的民族喜爱。但还有更深层的原因。美国人当年是把奴隶强行抓过来的，而且一向蔑视他们的后代。后来，美国人无意识地用对黑人精神的狂热补偿了内心的愧疚。所以，当美国文化控制了整个世界的时候，纯种黑人成了神圣的阶层。由于他们被剥夺了许多公民权利，所以他们被认为是原动力神的私人仆役。他们一方面是神圣的，另一方面又受到排斥。黑人的这种双重地位集中体现在：在所有国家公园里，每年都要举行一次场面宏大的、由黑人主导的仪式。在仪式中，一名白人女子和一名黑人男子凭借高超的舞蹈技艺被选拔出来，长时间表演角色分明的故事性芭蕾舞。仪式表演的高潮是性侵犯，就在陷入癫狂的观众眼前进行。表演结束后，黑人用刀杀死对方并逃进森林，接着兴奋至极的人群去追捕他。如果他能成功逃到圣殿，余生里就会成为神圣的象征。如果被抓到就会被撕裂，或被全身浸泡高浓度酒精后活活烧死。这就是初人在当时的迷信活动。仪式的所有参加者都心甘情愿，因为人们坚定地认为，两人都会在原动力神的帮助下得到永生。在美国，这种"神圣私刑"是最受欢迎的节日，因为它既有性爱也有血腥，为有着禁忌或隐秘性生活的人提供了狂热的喜悦享受。在印度和非洲，性侵者通常是由"英国人"扮演，因为当年有的英国人会性侵当地人。在中国，仪式内容进行了彻底修改，性侵变成了亲吻，谋杀改成用扇子去触碰。

另一个种族——犹太人也被人们用类似的敬意与轻蔑的双重态度对待，原因却大不相同。在人类早期的历史中，由于他们整体上的智慧——特别是金融天才——加上无家可归的状态，他们成了社会的弃儿。现在，随着初人的衰亡，他们保存下了有关夸耀犹太人种种族完整性的神话。但严格来说，神话的内容可能不是事实，因为他们现在仍然受到排斥。无论如何，在世界舞台上，他们是不可或缺的、有影响力的民族。初人现在几乎只尊重一类治理活动：金融，无论是私人的还是世界性的。犹太人在世界国的金融管理方面拥有出色的成绩，远超其他种族，因为他们保留了对纯粹智慧的默默敬仰。因此，在智慧开始被普通人抛弃之时，人们寄希望于犹太人。他们身上有一种邪恶的狡猾感，他们被认为是邪恶力量的化身，被原动力神控制而为其服务。最后，犹太人创造了“商品垄断”等经营之道。这些宝贵的策略他们基本上都仅为自己所用，因为他们被迫害长达两千年，早就使他们永远地成为潜意识里（如果不是有意识）的狭隘民族主义者。所以，当他们控制了为数不多的需要原创性而非常规性的事务后，他们便借此巩固自己在世界上的地位。尽管他们相对聪明，但也经历了困扰整个世界的普遍粗俗化和局限性带来的痛苦。在某种程度上，他们能够对有效实现目标的实际方法提出批评，但现在他们却不能对控制其种族长达数千年的奋斗目标提出批评。在他们的心目中，智慧已经完全成为狭隘民族主义的马前卒。所以，人们常常能找到一个借口去解释为何犹太人普遍受到排斥，因为他们没有取得从狭隘民族主义跨越到世界主义这一伟大的进步，哪怕这对其他种族来说早已不仅仅是理论空想。当然，他们受到的尊重仍然是有充分理由的：在某种程度上，他们坚定不移地保留并利用了人类最独有的特征——智慧。

在原始时代，由于低劣个体难以生存下来，人类的智慧和理性这才保留下来。当人道主义成为时尚，低劣个体由公共开支供养着，所以物竞天择成了过时的东西。另外，这些不幸的人同样也无法做到深谋远虑或承担社会责任，所以他们不加节制地生育，恶劣行为进而威胁并影响了整个人类。因此，在西方文明发展的辉煌时期，这些不正常的人会被剥夺生育权。但后来的原动力神信徒认为，节育和避孕邪恶地妨碍了性机能。最终对人口的唯一限制法规是将新生儿悬挂在飞机上，这一方法尽管淘汰了弱者，但筛选出来的孩子大多身体强健，头脑却未必灵光。

长期如此，人类的智慧越来越衰退，可无人觉得遗憾。

人们普遍厌恶智慧是敬重天性的必然结果，而这又是崇拜运动的一个表现。人类活动的潜意识根源原动力神，因此要尽可能地不去阻碍自发冲动。个人进行推理活动当然是允许的，但只局限在工作环境中。即使专家，在没有获得许可的情况下也不能进行论证和实验。许可证很昂贵，而且必须证明研究目标是为了让世界更加活跃。旧时，怀着古怪好奇心的人会对传统方法进行批评，并提出一些“更好的”方法，但科学家圣会认为这是不好的，必须停止。在世界国家成立的第四个千年里，文明社会墨守成规，没有出现任何卓越的创新成果。

除了金融外，另一个知识探索领域是数学计算，它的确也受到人类的推崇。所有的仪式运动，所有的工业机械运动，所有可观察到的自然现象，都必须用数学公式进行详细的描述。记录数据归入科学家圣会档案库进行保存。用数学描述世界这项伟大的工程是科学家的主要工作。而且，为了让变动易逝的运动得到原动力神的庇护进而成为永恒，这被认为是唯一的方法。

对本能的狂热崇拜并没有必然地导致放纵、冲动的生活。完全没有。人们认为，最基本的天性是用行动崇拜原动力神。其中，最重要、最神圣的是性冲动。初人普遍认为这种冲动既神圣又污秽，所以性行为受到了严格控制。人们提及性行为，除非用隐语表达，否则是被法律禁止的。对宗教舞蹈中明显的性含义说三道四的人将被严惩。任何人只有通过飞行考试后才允许进行性行为或学习性知识。同时，人们可以通过阅读宗教作品和观摩宗教活动，获得许多曲解变态的知识，但官方对经文的解释纯粹是形而上的，与实际脱节。法定成人的标志是掌握飞行，即“获飞”。尽管有人十五岁就成功，但有的人到四十岁才达到。如果到四十岁仍未通过考试，那么他（她）会永远被禁止性行为或学习性知识。

在中国和印度，这种过度的禁忌要缓和一些。许多悠闲的人开始认为，把神圣的美国语言作为交流工具向“未成年人”灌输性知识是错误的，所以他们就用本土语言。同样，只要在野生保护区内，而且不使用美国语言，“未成年”性行为是允许的。这些手段受到循规蹈矩者的谴责，即使在亚洲也如此。

当一个男子“获飞”后，他就正式被传授有关性的神秘知识及其“生物－宗教”意义。他还被允许娶一位“家庭妻子”，并在通过更加严格的飞行测试后娶数名“象征”妻子。女人也是如此。这两种配偶之间有很大的差异。“家庭”丈夫和妻子共同出现在公众面前，他们之间的结合是不能分开的。“象征”夫妻，其中任何一方都可以解除关系。另外“象征”夫妻非常神圣，所以一般鲜为人知，甚至在公共场合也很少被提及。

相当多的人从未通过获得性行为的考试。这些人要么从未涉猎过性，要么沉溺于非法的亵渎神灵的性关系中。通过考试的人则可以与每个偶尔相识的人发生性关系。

在这种情况下，沉迷于性开放的群体中间自然存在外界不了解的狂热，他们总是从残酷的现实逃往梦幻世界。在这些非法组织中，有两个最为普遍。一个曲解了古老基督教中对“爱”的崇拜。按照他们的说法，所有爱都是以性为目的，所以在做礼拜时，无论是个人还是集体，每个人都必须与神发生直接的性关系。这样就形成了一种粗俗的生殖崇拜，这对那些不需要它的幸运儿来说是非常可鄙的。

另一个广泛传播的异端，部分源自被压抑的智慧冲动所沉积的能量。某些天生好奇的人在实践着它，但他们都缺乏智慧。这些崇尚智慧的可悲信徒们是受到了苏格拉底的启发。这位先贤大哲认为，没有清楚的概念就没有清晰的思考，而没有清晰的思考，人类就缺乏完整性。他的最后一批信徒在崇拜真理的炽烈程度上不比恩师逊色，却彻底丧失了他的精神。他们说，只有理解真理，人才能获得永生，而只有首先理解概念才能理解真理。所以，他们在私下会面中无休止地争辩事物的概念，时刻冒着进行非法智慧活动而被逮捕的危险。但是，他们试图解释的事物并非人类思想的基本概念。他们断言，这些基本概念的定义早已经由苏格拉底及其追随者解决了。所以，这些极端的苏格拉底信徒将这些作为事实接受下来，其实是严重的误读。于是，他们试图去定义的是世界国，是宗教传统，是男人和女人的情感。他们认为鼻子嘴巴、建筑山脉，云彩的形状，全都只是世界的表象。他们坚信正在将自己从流俗之见中解放出来，并获得与苏格拉底的同道情谊。

5. 没落

第一世界国文明的衰退是由于突然中断的煤炭供应。最早的煤田早在几个世纪前即已告罄，新发现的煤田显然也无法永续。几千年来，煤的主要供应来自南极洲，这片大陆非常富饶，近来在世界公民们的糊涂头脑里出现了一种迷信的观点，认为这里的煤用之不竭。尽管有严格的审查制度，但还是有消息传出说，钻井在地底最深处也没有发现任何远古植物的沉积物。起初，整个世界都不相信。

当时人们应该制定合理的政策，取消用于飞行仪式的庞大开支，因为它用到的资源比整个工业的消耗量还要大。但对原动力神的信仰者来说，这是绝不可能的。另外，它也会威胁到飞行精英，这个势力强大的阶层现在宣布，公开神圣能量秘密的时机已经到来，号召科学家圣会开启新纪元。各个地方的喧嚣和纷乱使科学家陷入尴尬的困境。他们宣称，公开的时间已迫近，但尚未到来，从而为自己赢得了时间。他们已经接收到了天启：煤炭断绝是对人类信仰的终极考验。飞行仪式中对原动力神的服务必须加强，不得削弱。人类必须专心宗教，尽可能少花精力在世俗事务上。原动力神相信人类信仰至诚之后，就会派科学家拯救他们。

起初这种解释竟然被广泛地认同，这就是科学的威望。飞行仪式最终被保留下来，所有奢侈品交易被取消，即使重要的服务也被缩减至最低限度。由此失业的工人改行务农，因为人们觉得机械动力仅限于耕种的局面应该尽快改变。这些变革对组织力的要求非常高，远远超过人类当时的能力。混乱四处扩散，只有某些犹太人还在努力维持人类的组织。

这场围绕经济和自我否定的伟大运动带来的第一个结果就是，在许多从前过着无聊安逸生活的人群之中引发了精神上的觉醒。普遍的危机感和迫近的新奇感更起到了强化的作用。宗教尽管在这个时代有其普遍的权威性，但已经成为一种仪式上的，而非内心体验上的事情。宗教开始打动许多人的心，但实际上并不是真正崇拜性质的运动，而是模糊的敬畏感，与自大不无联系。

但随着这种狂热所带来的新奇感的逐渐消退，生活变得越发动荡，即使内心最充满激情的人也开始惊恐地注意到，在无所作为的时刻，他们心存极度的、不敢面对的疑虑。随着局势的进一步恶化，即使无休止运动的生活也不能压制这些邪恶幻想。

人类现在的确正在遭遇一场前所未有的、由经济灾难引发的心理危机，它源于由来已久的不健康心态。必须记住的是，每个人都曾经是个求知的孩子，但失败的教育让他们学会了丢掉被喻为撒旦精神的好奇心。最终，整个人类陷入一场本末倒置的压抑运动：对智慧冲动的压抑。突发的经济变革影响了全球的所有阶层，将令人震惊的好奇心、偏执的怀疑论推向关注的焦点，这种心理在之前一直埋藏在心灵的最深处。

我们很难想象当时困扰着整个人类的奇异精神错乱。在某些情况下，它会通过身体眩晕发作而表现出来。经过几个世纪的繁荣发展、墨守成规和信仰正统思想，人类突然被恶魔般的疑虑附身。尽管无人谈及，但在每个人的内心，那个魔鬼扬起了正在耳语的头，每个人都被同伴们的忧郁目光所困扰。的确，生活环境的彻底改变在嘲笑着人类轻信的头脑。

在人类早期的历史中，这种世界性的危机会有助于唤醒他们，帮助他们恢复心智健康。危机首次带来压力的时候，他们或许会放弃文化中的挥霍习惯。但是，如今古老的生活方式太根深蒂固，以至这个了不起的、充满奇观的世界忠实地，甚至是矢志不渝地急于将资源浪费在规模庞大的航空展示上。此时，人类这样做并非出于对正义和效率的追求，而仅仅是急切的无意识行为。有些小型啮齿动物在迁徙过程中会被海水的侵蚀所阻挡，所以它们当中每年都会成千上万地被淹死。初人像这些动物一样，无助地沉浸在仪式性行为中。但他们与旅鼠等啮齿动物不同，是有人性的，缺乏信仰让他们意志消沉，只是他们不敢承认没有信仰这一事实。

为了清楚地了解这怪异的心态，我们需要仔细观察此刻人类的行为。在巴芬岛北岸发生了一起重大的典型事件。巴芬岛高楼林立，岛上的人们正在为新年飞行做最后的准备，想给其他岛上的人们一个惊喜。每座建筑的飞机起降区都停满了飞机和忙碌的飞行员。其中一架飞机正由一位母亲做着最后的准备工作，她的儿子边看边帮忙。那天下午，与许多其他人一样，她也极度紧张。长期以来，食物供给不仅不卫生，而且数量也不足，集中供热的温度也难以令人满意，最上面的几层室温非常低。更加糟糕的是，男孩天真地用亵渎神明的词语嘲笑母亲。不过，她在内心不禁与儿子产生了共鸣。为何要花费精力举行这个仪式？人们为何不用自己的能源定额去南美购物？原动力神当然不会让他的信徒在饥寒交迫中浪费时间去举办飞行表演大会。原动力神绝不会仅仅为了让信徒证明对自己的爱，便让他忍饥挨饿。原动力神如果让人们挨饿，那就说明他是野兽。无论如何，她无力颤抖的时候，表演飞行特技是相当危险的。她用正确的回答让他安静下来，但没有任何效果，因为她自己都不能被那些说辞打动。她的双手出现了失误，眼泪模糊了视线。这时扳钳滑落，她指关节处的皮被擦伤。

两个人走到窗前，朝外面森林铺就的地毯望去。地势实际是崎岖的，但从高耸的位置望去显得如此平坦。西边的天空已经染上红霞。远处的两座建筑在其衬托下矗立着，就像两个直立的黑色巨人。

“太阳正在落山，”母亲说，“可是我们还未准备好。”于是，两人安静地整修了一会儿飞机，直到可怕的警报声响起。他们穿好飞行服时，通向室外的机库门滑开，一股冷风扑向他们。他们爬进飞机，等待起飞。男孩嘎嘎吱吱地嚼着来之不易的饼干。又一声刺耳的警报响过，他们被弹射出去，直接飞入耀眼的天空。他们在从不同楼层弹射出的机群中显得非常渺小，大家竞相飞向紫色的苍穹。远处的高楼里同样出现了密密麻麻的机群。

起初，飞行的愉悦和大群飞机梦幻般的出现驱散了所有的烦恼。几乎每个飞行员都感觉到了一阵运动的狂喜，这既是初人的荣誉也是毁灭的成因。他们不停地翻筋斗、盘旋、爬升、直飞、俯冲，编织着令人眼花缭乱的队形，机身上色彩斑斓的装饰灯点缀着黑暗的夜空。他们组成了一道喧嚣但有序的银河，从地平线的一端延伸到另一端。

头顶上，天狼星在蜿蜒盘旋，猎户星不为所动，懒洋洋地躺着。

按照活动安排，新年庆祝仪式上的空中舞蹈会从午夜逐渐升级，在黎明时分达到高潮。所有舞蹈演员都希望通过高涨的热情来保持精力充沛。但在这种场合下，许多飞行员惊讶地发现，自己正被身体疲劳和精神倦怠困扰，其中就有那对母子。儿子愉快的心情已被郁闷取代，他甚至还对生活境况做了深刻的反思。他认为自己是一只幼鸟，一只鹰将他抓住并带到天空，使其无力的翅膀受伤。鹰不是他的母亲，而是无形的飞行精神，它的控制力太强了，连母亲也无法摆脱。现在这幻想变成了焦虑，因为他注意到母亲对飞机的操控也开始不稳。

现在，最重要的时刻即将来临。东边的天空已经有了暖意。所有飞行员都竞相向东方飞去。他们垂直爬升，越飞越高，在阳光中闪过。他们在空中密集飞行，拼写出原动力神的圣名。然后飞行员降低高度，返回黑暗之中。他们一次又一次地俯冲、飞驰、降低高度，最终阳光在他们身下触摸到了山顶。

母亲冰冷的双手正在忙乱地操作着，她感觉头有点眩晕。整个夜里，她都在轮流地同两个敌人做斗争：绝望和困倦。一次次她把自己从嗜睡状态拉回来；一次次她清醒地意识到残酷的事实：自己和儿子在这个终将毁灭的世界里是多么无助。最后在疲惫和痛苦引起的幻觉中，她好像清晰地看到了脚下地球的全貌——方格状的森林和耕地，投射出长长影子的高楼，还看到北极的海峡上，老人们徒劳地探寻着通向淘金圣地的东方之路，天真地搜集黄铁矿石。她还看到了格陵兰的冰山、印度、非洲，甚至透过奇异的透明地心，看到遍布灌溉耕地的澳大利亚。那里的人们看上去都古怪地倒立着！简直就是疯子！整个地球到处都是疯子。他们的头顶上，毫无灵性的炙热沙尘充斥着天空。她用双手捂住了眼睛。飞机失控几秒钟，偏离了方向，在空中旋转，最终在松树林中失事。

那天晚上也有其他飞机遭遇不幸，到处都有伤亡。有的人在黎明进行的野外特技飞行时失误，飞机一头撞在地上。有的人觉得理想破灭，惊恐之中故意撞毁飞机。还有少数人竟敢打破常规飞离机群，亵渎神灵，独自飞行，结果被视为忤逆原动力神而被击落。

与此同时，科学家们在热切、秘密地研究着古代的科学资料，希望发现被遗忘的法宝。他们也进行了秘密实验，却沿着由与“发现者”同时代的狡猾英国人设定的错误路线进行。最终的结果就是，好几位研究人员要么被毒死，要么被电死，一所著名的大学也被炸毁了。这一事件给公众留下了深刻印象，他们推测，事故的原因是对神圣能量进行的窥测过于大胆。这种误解激励绝望的科学家去创造更加显赫的“奇迹”，并且利用它们去抚平饥饿的产业工人内心的焦虑。当一个代表团到达农业部办公室外，要求他们为工业提供更多的面粉时，“原动力神”奇迹般地引爆了代表们踩着的地面，尸体被抛向旁观的人群。当中国的农学家举行罢工，要求得到合理的电力份额时，“原动力神”用毒气对付他们，导致数以千计的人窒息死亡。全世界的人被这种神直接干预的态度刺激，他们曾经心怀疑惑和不忠，现在又变得虔诚而顺从。于是世界又缓慢前行了一阵，尽可能地接近过去四千年的发展水平。当然，饥饿和疾病的总体水平有所上升。

但随着生活条件变得越来越严峻，人们的顺从不可避免地变成了绝望。某些勇敢的人开始公开质疑科学家的智慧，甚至动摇了对宗教的虔诚，特别是现在衣食等必需品都如此短缺，为何要花费那么多资源在飞行仪式上？难道在神灵眼里，这种无助于事的奉献活动不会是嘲笑吗？自助者天助之！此时，人类的死亡率已经上升到了惊人的地步。憔悴和衣衫褴褛的人们开始在公共场所行乞。在有的地区，全部人口都在挨饿，而理事会却袖手旁观。在其他地方，丰收的庄稼却由于缺乏劳力而烂在地里。在全球各地，人们愤怒地疾呼，盼望着新时代的到来。

科学家们现在有些惊慌失措。他们的科研毫无成果，而且今后的所有风力和水力能源都要用于第一产业了。即便如此，今后许多人还是会挨饿。物理学会会长向理事会提议将飞行仪式的规模缩小一半，作为向原动力神的妥协。丑恶的真相被一位著名的犹太人公之于众，大部分人根本没有胆量承认这个秘密：神圣秘密的陈腐传说是一个谎言，否则为何物理学家们总是在拖延？消息传遍全球，所有人都感到惊愕与愤怒。各地的人们都起来反抗科学家，反抗他们操纵的管理机构。残杀和报复很快发展为内战。中国和印度宣布独立，却无法统一全国。在美国，这个昔日的科学和宗教根据地，政府暂时保持住了其权威，但由于地位岌岌可危，所以应对方式愈发残忍。最终政府错误地使用了毒气和细菌武器。当时医学衰朽已极，无人能找到遏制其破坏的方法。整个美洲大陆都无法抵挡肺病和精神疾病的侵袭。昔日用于打击中国的“美国疯病”，现在正摧毁着美国自己。丧心病狂、只想报复当局的暴徒们摧毁了大型水力和风力发电站。所有的人都消失在互相残杀之中。

在亚洲和非洲，表面上的秩序井然维持了一段时间。然而，美国疯病现在也降临到了这里。没过多久，人类文明便陷入死寂。

只有在世界上土壤天然肥沃的地区，从疾病中死里逃生的人们才依靠土地资源勉强维持了生计，其他地方都是凄凉的景象。丛林慢慢地恢复了自己的主权。